普通高等教育规划教材

机电工程项目管理

▶ 马琳伟 编

JIDIAN GONGCHENG
XIANGMU GUANLI

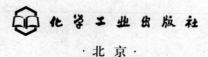

化学工业出版社

·北京·

内 容 简 介

本教材以项目管理的基本理论和方法为基础，参考机电工程专业建造师的知识和能力要求，融合机电工程项目管理所要求掌握的法律、经济、管理和实务的核心内容，紧扣机电工程项目特点，系统介绍了从事机电工程项目管理所要具备的基本知识体系和能力要求。本教材将国家重大工程项目与课程内容密切关联，体现课程思政的教学要求。

本教材的主要内容包括机电工程概述、机电工程项目管理概述、机电工程施工招投标及合同管理、机电工程设备采购管理、机电工程施工及资源管理、机电工程施工进度管理、机电工程施工预结算及成本管理、机电工程施工安全及环境管理、机电工程施工质量管理、机电工程试运行及竣工验收管理等。

本教材可以作为机械类、电气类等专业学生项目管理相关课程教材，也适合从事相关工作的人员参考使用。通过本教材的学习可构建起机电工程专业建造师所要求的基本知识体系，熟悉机电工程项目管理的主要内容和基本方法，初步掌握从事机电工程项目管理工作的基本技能，可为以后从事工程项目管理相关工作打下坚实的基础。

图书在版编目（CIP）数据

机电工程项目管理/马琳伟编. —北京：化学工业出版社，2021.8（2025.2重印）
普通高等教育规划教材
ISBN 978-7-122-39456-9

Ⅰ.①机… Ⅱ.①马… Ⅲ.①机电工程-项目管理-高等学校-教材 Ⅳ.①TH

中国版本图书馆 CIP 数据核字（2021）第 130732 号

责任编辑：韩庆利　　　　　　　　　　　文字编辑：宋　旋　陈小滔
责任校对：刘　颖　　　　　　　　　　　装帧设计：史利平

出版发行：化学工业出版社（北京市东城区青年湖南街 13 号　邮政编码 100011）
印　　装：三河市双峰印刷装订有限公司
787mm×1092mm　1/16　印张 15¾　字数 387 千字　2025 年 2 月北京第 1 版第 4 次印刷

购书咨询：010-64518888　　　　　　　　售后服务：010-64518899
网　　址：http://www.cip.com.cn
凡购买本书，如有缺损质量问题，本社销售中心负责调换。

定　　价：49.00 元

前　言

随着社会进步和科技发展，人类生产和生活的各个领域都离不开机械设备，特别是随着信息技术的发展，万物互联的智能装备将进一步把人类从繁重的生产劳动中解放出来，从而能够将更多的智力和体力资源投入到创造性的、管理性的活动中去。因此，机械设备的覆盖度将更广，使得机电安装工程项目在数量上激增，需要更多具备机电工程项目管理知识和能力的专业项目管理人员；机械设备的智能化程度将更高，使得机电安装工程项目的复杂度也随之跃增，对从事专业机电工程项目管理的人员提出了更高的挑战。

我国目前机电工程项目管理的专业人员需要具备建造师资质。专业技术人员在从事现场工作多年以后，通过国家统一考试合格后方可获得建造师资质，从而可被企业聘为项目经理，从事相应专业的项目管理工作。因此，项目经理不仅需要具备项目管理的理论知识，还要熟悉相关法律法规标准和规范，并且要具备工程现场经验。在现实情况下，工程项目管理的实际管理中，有些现场经验和理论、标准规范之间存在一定的错位，从而导致管理上的冲突和不规范之处。要从根本上改变这种现象，就需要从事项目管理的专业人员能够及早地构建起合格建造师所要求具备的知识体系和能力培养方向，然后在规范的框架下通过现场工作积累经验。

本书适用于机械类、电气类等相关大类专业的高等教育学生。在具备诸如机械设计、材料加工、电工电子等基本专业基础知识的基础上，学习机电工程项目管理的相关知识，并通过案例提高解决问题的能力。本书的特点是以建造师所需要具备的法规、经济、项目管理和实践等方面的知识框架体系为基础，对其进行融合，并有所侧重地介绍机电安装工程项目管理中的重点和难点内容。通过本书的学习，为从事机电工程项目管理构建起完整的项目管理知识体系，并培养基本的分析、组织和管理能力，明确未来职业发展所需进行自我学习提高的方向和途径，并为进一步深入学习打下坚实基础。

本书在编写过程中，紧密结合了"新工科"建设、工程教育专业认证以及"课程思政"建设的新要求，在每章中设置了"延伸阅读与思考"一节，选取和章节所讲内容紧密联系的我国重大建设工程项目，在介绍背景资料的基础上，引导学生自主查阅资料并展开有针对性的调研，完成与章节知识相关的课程论文。这既是本书编写的独特之处，也是对结合工程实际进行案例教学的探讨。

编　者

目 录

第1章　绪论 ··· 1

　1.1　机电工程简介 ··· 1

　1.2　项目管理简介 ··· 3

　1.3　课程目标及内容 ··· 6

　本章练习题 ··· 7

第2章　机电工程概述 ··· 8

　2.1　工业机电安装工程 ··· 8

　　2.1.1　机械设备安装 ··· 8

　　2.1.2　电气工程安装 ··· 10

　　2.1.3　管道工程施工 ··· 16

　　2.1.4　静置设备及金属结构安装 ··························· 18

　　2.1.5　发电设备安装 ··· 20

　　2.1.6　自动化仪表安装 ······································ 23

　　2.1.7　防腐蚀工程 ··· 26

　　2.1.8　绝热工程 ··· 27

　　2.1.9　炉窑砌筑工程 ··· 28

　2.2　建筑机电安装工程 ··· 30

　　2.2.1　建筑管道工程 ··· 30

　　2.2.2　建筑电气工程 ··· 31

　　2.2.3　通风与空调工程 ······································ 32

　　2.2.4　建筑智能化工程 ······································ 34

　　2.2.5　电梯工程 ··· 36

　　2.2.6　消防工程 ··· 37

　2.3　机电工程的划分 ··· 39

　　2.3.1　工业机电工程的划分 ································· 39

　　2.3.2　建筑机电工程的划分 ································· 40

　2.4　机电工程安装技术 ··· 41

　　2.4.1　工程测量技术 ··· 41

　　2.4.2　焊接技术 ··· 42

　　2.4.3　起重技术 ··· 44

2.5 延伸阅读与思考 ·········· 46
　　2.5.1 万吨模锻压力机 ·········· 46
　　2.5.2 京沪高铁电气工程 ·········· 47
　　2.5.3 上海中心大厦通风空调系统 ·········· 48
本章练习题 ·········· 50

第3章　工程项目管理概述 ·········· 53

3.1 工程管理与工程项目管理 ·········· 53
　　3.1.1 工程管理 ·········· 53
　　3.1.2 工程项目管理 ·········· 54
3.2 工程项目的组织 ·········· 56
　　3.2.1 项目结构图 ·········· 56
　　3.2.2 组织结构图 ·········· 57
　　3.2.3 合同结构图 ·········· 58
　　3.2.4 工作任务分工表 ·········· 59
　　3.2.5 管理职能分工表 ·········· 60
　　3.2.6 工作流程图 ·········· 60
3.3 工程项目的管理与监理 ·········· 61
　　3.3.1 项目经理 ·········· 61
　　3.3.2 项目经理部 ·········· 62
　　3.3.3 工程项目的监理 ·········· 63
　　3.3.4 工程项目的风险管理 ·········· 64
3.4 机电工程项目的全过程管理 ·········· 64
　　3.4.1 机电工程项目的组成 ·········· 65
　　3.4.2 机电工程项目的分类 ·········· 65
　　3.4.3 机电工程项目的建设环节管理 ·········· 66
3.5 延伸阅读与思考 ·········· 72
本章练习题 ·········· 72

第4章　机电工程施工招投标及合同管理 ·········· 74

4.1 机电工程项目的招标 ·········· 74
　　4.1.1 招标项目范围 ·········· 74
　　4.1.2 招标项目类别 ·········· 75
　　4.1.3 招标方式 ·········· 75
　　4.1.4 招标基本程序 ·········· 76
4.2 机电工程项目的投标 ·········· 80
　　4.2.1 投标策略 ·········· 80
　　4.2.2 编制投标书的要点 ·········· 80
　　4.2.3 电子投标方法 ·········· 81
4.3 机电工程施工合同管理 ·········· 82

4.3.1 施工合同的类型及风险 ……………………………………… 82

4.3.2 施工合同的实施 ……………………………………………… 84

4.3.3 施工合同的索赔 ……………………………………………… 85

4.4 延伸阅读与思考 ……………………………………………………… 89

本章练习题 ……………………………………………………………… 91

第5章 机电工程设备采购管理 ………………………………………… 93

5.1 工程设备采购工作程序 ……………………………………………… 93

5.1.1 设备采购的工作阶段 ………………………………………… 93

5.1.2 设备采购的中心任务 ………………………………………… 94

5.1.3 设备采购文件 ………………………………………………… 95

5.2 工程设备采购询价与评审 …………………………………………… 95

5.2.1 设备采购询价 ………………………………………………… 95

5.2.2 设备采购评审 ………………………………………………… 96

5.3 设备购置费用计算 …………………………………………………… 96

5.3.1 国产设备的原价 ……………………………………………… 97

5.3.2 进口设备的抵岸价 …………………………………………… 97

5.3.3 设备运杂费 …………………………………………………… 99

5.4 工程设备监造及检验 ………………………………………………… 100

5.4.1 工程设备监造 ………………………………………………… 100

5.4.2 工程设备检验 ………………………………………………… 101

5.5 延伸阅读与思考 ……………………………………………………… 102

本章练习题 ……………………………………………………………… 104

第6章 机电工程施工及资源管理 …………………………………… 105

6.1 机电工程施工组织设计 ……………………………………………… 105

6.1.1 施工组织设计编制原则和依据 ……………………………… 105

6.1.2 施工组织总设计 ……………………………………………… 106

6.1.3 单位工程施工组织设计 ……………………………………… 107

6.1.4 施工方案 ……………………………………………………… 108

6.1.5 施工方案评价 ………………………………………………… 109

6.1.6 施工组织设计的实施 ………………………………………… 110

6.2 机电工程施工资源管理 ……………………………………………… 111

6.2.1 人力资源管理 ………………………………………………… 111

6.2.2 工程材料管理 ………………………………………………… 113

6.2.3 工程设备管理 ………………………………………………… 118

6.2.4 施工机械管理 ………………………………………………… 119

6.2.5 施工技术与信息化管理 ……………………………………… 120

6.2.6 资金使用管理 ………………………………………………… 122

6.3 机电工程施工协调管理 ……………………………………………… 124

6.3.1 施工现场内部协调 ·· 124

6.3.2 施工现场外部协调 ·· 126

6.4 延伸阅读与思考 ··· 127

本章练习题 ··· 128

第7章 机电工程施工进度管理 ·· 131

7.1 施工进度计划 ··· 131

7.1.1 施工进度计划的类型 ··· 131

7.1.2 横道图施工进度计划 ··· 133

7.1.3 单代号网络施工进度计划 ··· 133

7.1.4 双代号网络施工进度计划 ··· 135

7.1.5 双代号网络计划相关时间参数的计算 ·· 136

7.2 施工进度控制与调整 ·· 139

7.2.1 机电工程施工进度控制 ·· 139

7.2.2 机电工程施工进度调整 ·· 140

7.3 赢得值法进度分析与控制 ·· 141

7.3.1 赢得值法的基本值和基本评价指标 ·· 142

7.3.2 赢得值法的偏差分析方法 ··· 143

7.3.3 项目费用及进度综合控制方法 ··· 144

7.4 延伸阅读与思考 ··· 145

本章练习题 ··· 146

第8章 机电工程施工预结算及成本管理 ··· 150

8.1 机电工程施工预算 ··· 150

8.1.1 建设项目总投资 ·· 150

8.1.2 建筑安装工程费 ·· 151

8.1.3 安装工程定额及施工图预算 ·· 155

8.1.4 工程量清单的组成与应用 ··· 157

8.2 工程款支付管理及结算 ··· 160

8.2.1 工程款的支付管理 ··· 160

8.2.2 竣工结算管理 ··· 162

8.3 机电工程施工成本管理 ··· 164

8.3.1 成本计划编制 ··· 164

8.3.2 施工成本控制 ··· 166

8.3.3 施工成本分析 ··· 169

8.3.4 成本考核 ·· 173

8.4 延伸阅读与思考 ··· 173

本章练习题 ··· 175

第9章 机电工程施工安全及环境管理 ··· 176

9.1 安全管理体系 ··· 176

9.1.1 安全管理机构 …………………………………………………………… 176

9.1.2 安全管理制度 …………………………………………………………… 177

9.1.3 安全管理实施与改进 ………………………………………………… 180

9.2 风险管理与应急预案 ………………………………………………………… 181

9.2.1 风险管理的策划与实施 ……………………………………………… 181

9.2.2 应急预案的分类与实施 ……………………………………………… 182

9.3 安全隐患及事故管理 ………………………………………………………… 183

9.4 职业健康安全管理 …………………………………………………………… 184

9.4.1 施工现场职业健康管理 ……………………………………………… 184

9.4.2 施工现场职业健康安全 ……………………………………………… 185

9.5 绿色施工及文明施工 ………………………………………………………… 189

9.5.1 施工现场环境管理 …………………………………………………… 189

9.5.2 绿色施工管理 ………………………………………………………… 190

9.5.3 文明施工管理 ………………………………………………………… 192

9.6 延伸阅读与思考 ……………………………………………………………… 194

本章练习题 ………………………………………………………………………… 196

第 10 章 机电工程施工质量管理 ……………………………………………… 198

10.1 施工质量管理体系 ………………………………………………………… 198

10.1.1 施工质量相关法规 …………………………………………………… 198

10.1.2 质量控制体系 ………………………………………………………… 200

10.1.3 PDCA 质量控制循环 ………………………………………………… 201

10.2 施工质量管理的实施 ……………………………………………………… 201

10.2.1 施工质量管理的策划与实施 ………………………………………… 202

10.2.2 施工质量影响因素的预控 …………………………………………… 204

10.3 施工质量检验及质量分析 ………………………………………………… 207

10.3.1 施工质量检验的类型及规定 ………………………………………… 207

10.3.2 施工质量统计的分析方法及应用 …………………………………… 210

10.3.3 施工质量问题和质量事故 …………………………………………… 215

10.4 延伸阅读与思考 …………………………………………………………… 217

本章练习题 ………………………………………………………………………… 218

第 11 章 机电工程试运行及竣工验收管理 …………………………………… 221

11.1 试运行管理 ………………………………………………………………… 221

11.1.1 机电工程试运行的组织 ……………………………………………… 221

11.1.2 单体试运行管理 ……………………………………………………… 222

11.1.3 联动试运行管理 ……………………………………………………… 225

11.1.4 负荷试运行管理 ……………………………………………………… 226

11.2 机电工程竣工验收管理 …………………………………………………… 227

11.2.1 竣工验收的分类和依据 ……………………………………………… 227

11. 2. 2　建设项目竣工验收 ……………………………………… 228

11. 2. 3　施工项目竣工验收 ……………………………………… 230

11. 2. 4　机电工程竣工验收的实施 ………………………………… 233

11. 3　机电工程保修与回访管理 ……………………………………… 236

11. 3. 1　机电工程保修管理 …………………………………………… 236

11. 3. 2　机电工程回访管理 …………………………………………… 237

11. 4　延伸阅读与思考 …………………………………………………… 238

本章练习题 ………………………………………………………………… 240

参考文献 ………………………………………………………………… 242

　　机电设备是现代社会中不可或缺的重要生产和生活工具，遍布我们目所能及的任意角落。机电设备种类繁多，要使这些设备能够正常运转并相互协同配合完成复杂的工作，需要通过专业的工程项目，完成机电设备的安装、调试和试运行，使其满足使用要求。

　　所谓项目，按照美国项目管理协会（PMI，project management institute）在《项目管理知识体系指南（PMBOK®指南）》一书中的说明，是为创造独特的产品、服务或成果而进行的临时性工作。开展项目是为了通过可交付的成果达成目标。可交付的成果是指在某一过程、阶段或项目完成时，必须产出的任何独特并可核实的产品或服务能力。可交付的成果可以是有形的，如一座工厂、一栋建筑等，也可以是无形的，如一份设计方案、一项咨询服务等。项目是组织创造价值和效益的主要方式。在当今商业环境下，组织领导者需要应对预算紧缩、时间缩短、资源稀缺以及技术快速变化的情况。商业环境动荡不定，变化越来越快。为了在全球经济中保持竞争力，公司日益广泛利用项目管理，来持续创造商业价值。

　　在项目开展中，为了高效且有保障地获得可交付的成果，需要通过项目经理的有效组织将知识、技能、工具和技术应用于项目活动中，并合理运用与整合那些完成特定项目所需的管理过程。因此，项目经理不仅需要具备所从事领域的相关专业知识，而且也要掌握项目管理的知识，并能熟练使用各种管理工具，如 PROJECT 等管理软件。

　　根据我国《建造师执业资格制度暂行规定》（人发［2002］111 号）的明确要求，从事大中型工程项目的管理者必须具备注册建造师资格。作为建造师，可以从事的建设工程项目范围很广，包括建筑工程、公路工程、铁路工程、民航机场工程、港口与航道工程、水利水电工程、市政公用工程、通信与广电工程、矿业工程、机电工程等专业领域。机电工程和建筑工程一样是众多专业领域中较为基础性的专业，在其他专业中都包含有机电工程的内容。

1.1 ● 机电工程简介

　　机电工程是完成机械设备、电气设备或者机电一体化成套设备建造设计、施工、调试、试运行直至交工的技术和管理活动的集合，通过机电工程项目可为建造的工业体安装其功能所需的主设备及辅助设备，也可为建筑体安装与之相配套的机电设备，达到正常使用。

　　机械设备可以分为通用机械设备和专用设备。通用机械设备包括泵、风机、压缩机、输送设备等。专用设备包括电力设备（如火力发电设备、核能发电设备、风力发电设备、光伏发电设备）、石油化工设备（静置设备、动设备）、冶炼设备（如冶金设备、建材设备、矿业设备）等。

　　电气设备主要包括电动机、变压器、电器（如开关电器、保护电器、控制电器、限流电器和测量电器等）、高压成套设备（如高压断路器、高压开关柜、电抗器、接触器、继电器、互感器等）。

机电一体化成套设备是将机械设备、电气设备、控制系统等结合于一体，融合了机械、电子、计算机、控制、通信，以及人工智能等技术的自动化装备，如数控机床、工业机器人等。

各类机电设备不仅广泛应用于机械、汽车、电子、电力、冶金、矿业、建筑、建材、石油、化工、石化、轻纺、环保、农林、军工等行业，而且也广泛应用于民用、公用建筑中。机电工程按照所安装机电设备所应用的场合，分为工业机电工程和建筑机电工程。工业机电工程包括机械设备安装、电气工程安装、管道工程施工、静置设备及金属结构安装、发电设备安装、自动化仪表安装、防腐蚀工程、绝热工程、炉窑砌筑工程等。建筑机电工程包括建筑管道工程、建筑电气工程、通风与空调工程、建筑智能化工程、电梯工程、消防工程等。无论是工厂还是民用建筑，除了建筑物本身之外，还必须安装满足生产功能需要或满足生活办公需要的相应设备和装置。这些设备和装置的安装设计、采购监造、安装实施、调试、试运行和竣工验收各阶段的活动都属于机电工程的范围。

图1.1 汽车工业体系的上下游产业

例如为了生产和使用汽车，需要上下游产业的诸多厂矿企业相互配合才能完成。汽车工业的上下游产业体系如图1.1所示，在这个产业体系中需要有石油开采、石油化工、电力生产、原材料生产与加工、汽车零部件生产、汽车总装、汽车维修等形形色色的生产制造厂。

以车身覆盖件的生产过程为例，发电厂以燃煤、石油、核能等为原料通过发电设备生产电力，并通过输送线路向生产厂提供基本能源。采矿厂通过采矿、选矿等过程获得铁矿石，在冶炼厂

通过炼钢高炉的初步冶炼获得铁锭，再由钢厂经过重新冶炼和轧制获得优质钢板。车身制造厂使用由压力机组成的冲压生产线将钢板加工成车身覆盖件，经过装配生产线完成车身装配后，再经涂装生产线完成涂装作业。由此可见，要完成车身的生产，需要建设相应的生产制造厂，这些生产制造厂的建造过程包含了上述所有的工业机电安装工程的内容。图1.2所示的是武钢5号3200m³高炉，这是我国自行设计的第一座大型现代化高炉。图1.3所示的是东风本田的现代化汽车装配线。

图1.2 武钢现代化炼铁高炉

图1.3 东风本田的现代化汽车装配线

在民用建筑的建造中，完成土建施工、主体结构施工之后，为满足建筑的功能要求，需要安装相应的机电设备以及配套设施。如大型教学楼的机电工程内容包括管道系统安装、多媒体系统安装、电梯安装、中央空调及通风系统安装、监控系统安装、门禁系统安装以及消防系统安装等。图 1.4 所示为建筑自动扶梯安装，图 1.5 所示为中央空调安装。

图 1.4　自动扶梯安装

图 1.5　中央空调安装

在机电工程项目施工中，往往有多项安装内容，不仅管路系统和电气线路复杂，而且设备类型多样。因此机电工程施工的复杂性较高，对现场的项目管理提出很高要求。必须依据科学的管理理念、通过高效的管理手段和措施，才能确保机电项目按照时间要求和质量要求完成作业。

1.2 ➡ 项目管理简介

项目管理并非新概念，它已存在千年之久。长城、金字塔、泰姬陵等古代工程，巴拿马运河、商业喷气式飞机、国际空间站等近现代工程，就是项目成果的典型案例。这些项目成果是领导者和项目管理者在工作中应用项目管理实践、原则、过程、工具和时代工具的结果。二十世纪中期，项目管理逐渐被确立为一种职业，项目管理者以项目经理的角色基于项目管理知识体系实现对项目的过程管理。

项目管理就是将知识、技能、工具与技术应用于项目活动，以满足项目的要求。项目管理通过合理运用与整合特定项目所需的项目管理过程得以实现。项目管理使组织能够有效且高效地开展项目。

有效的项目管理能够帮助个人、群体以及公共和私人组织达成业务目标，满足相关方的期望，提高可预测性，提高成功的概率，在适当的时间交付正确的产品，解决问题和争议，及时应对风险，优化组织资源的使用，管理制约因素（例如范围、质量、进度、成本、资源），平衡制约因素对项目的影响（例如范围扩大可能会增加成本或延长进度），以更好的方式管理变更。

项目管理不善或缺乏项目管理可能会导致项目超过时限、成本超支、质量低劣、返工、项目范围扩大失控、组织声誉受损、使得相关方不满意，并最终使正在实施的项目无法达成目标。

项目管理过程、工具和技术的运用为组织达成目的和目标奠定了坚实的基础。一个项目可以采用三种不同的模式进行管理：作为一个独立项目（不包括在项目组合或项目集中）、在项目集内或在项目组合内。如果在项目组合或项目集内管理某个项目，则项目经理需要与项目集和项目组合经理互动合作。例如，为达成组织的一系列目的和目标，可能需要实施多个项目。在这种情况下，项目可能被归入项目集中。项目集是一组相互关联且被协调管理的项目、子项目集和项目集活动，以便获得分别管理所无法获得的利益。

有些组织可能会采用项目组合，以有效管理在任何特定的时间内同时进行的多个项目集和项目。项目组合是指为实现战略目标而组合在一起管理的项目、项目集、子项目组合和运营工作。图 1.6 展示了项目组合、项目集、项目和运营在特定情况下如何关联的。

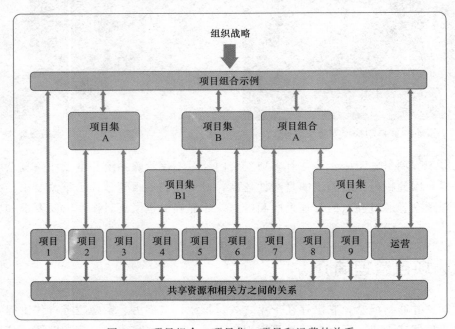

图 1.6　项目组合、项目集、项目和运营的关系

项目集管理和项目组合管理的生命周期、活动、目标、重点和效益都与项目管理不同；但是，项目组合、项目集、项目和运营通常都涉及相同的相关方，还可能需要使用同样的资源，而这可能会导致组织内出现冲突。这种情况促使组织增强内部协调，通过项目组合、项目集和项目管理达成组织内部的有效平衡。

（1）项目集管理

项目集管理指在项目集中应用知识、技能与原则来实现项目集的目标，获得分别管理项目集组成部分所无法实现的利益和控制。项目集组成部分指项目集中的项目和其他项目集。项目管理注重项目本身的相互依赖关系，以确定管理项目的最佳方法。项目集管理注重作为组成部分的项目与项目集的依赖关系，以确定管理这些项目的最佳方法。

项目集和项目间依赖关系的具体管理措施可能包括：

① 调整对项目集和项目的目的和目标有影响的组织或战略方向；

② 将项目集的范围分配到项目集组成部分；

③ 管理项目集组成部分之间的依赖关系，从而以最佳方式实施项目集；

④ 管理可能影响项目集内多个项目的项目集风险；

⑤ 解决影响项目集内多个项目的制约因素和冲突；

⑥ 解决作为组成部分的项目与项目集两者之间的问题；

⑦ 在同一个治理框架内管理变更请求；

⑧ 将预算分配到项目集内的多个项目；

⑨ 确保项目集之中所包含的项目能够实现效益。

例如，建立一个新的通信卫星系统就是项目集的一个实例，其所辖项目包括卫星与地面站的设计和建造、卫星发射以及系统整合。

（2）项目组合管理

项目组合是指为实现战略目标而组合在一起管理的项目、项目集、子项目组合和运营工作。项目组合管理是指为了实现战略目标而对一个或多个项目组合进行的集中管理。项目组合中的项目集或项目不一定彼此依赖或直接相关。

项目组合管理的目的是指导组织的投资决策；选择项目集与项目的最佳组合方式，以达成战略目标；提供决策透明度；确定团队和实物资源分配的优先顺序；提高实现预期投资回报的可能性；实现对所有组成部分的综合风险预测的集中式管理。此外，项目组合管理还可确定项目组合是否符合组织战略。

要实现项目组合价值的最大化，需要精心检查项目组合的组成部分。确定组成部分的优先顺序，使最有利于组织战略目标的组成部分拥有所需的财力、人力和实物资源。

例如，以"投资回报最大化"为战略目标的某基础设施公司，可以把油气、供电、供水、道路、铁路和机场等项目归并成一个项目组合。在这些归并的项目中，组织又可以把相互关联的项目作为项目组合来管理。所有供电项目归类成供电项目组合，同理，所有供水项目归类成供水项目组合。然而，如果组织的项目是设计和建造发电站并运营发电站，这些相互关联的项目可以归类成一个项目集。这样的话，供电项目集和类似的供水项目集就是基础设施公司项目组合中的基本组成部分。

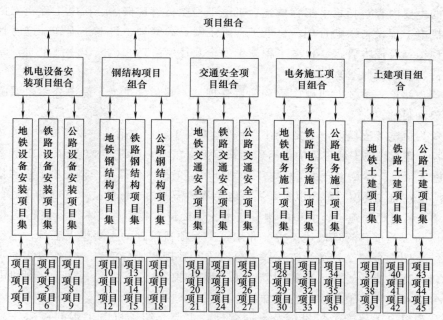

图 1.7 ××公司的项目组合示例

再例如，××公司是一家大型机电设备安装公司，具有机电工程施工总承包、钢结构工程专业承包、建筑机电安装工程专业承包等多种资质。在激烈的市场竞争中，在做强机电设备安装市场的同时，在钢结构工程、交通安全设施、电务施工、土建工程也呈现多元发展的局面。经过多年的市场发展，该公司在地铁施工、铁路施工、公路施工等三个施工领域形成了优势。为了提升项目管理的效率，该公司将三个施工领域的所有机电设备安装、钢结构工程、交通安全设施、电务施工和土建工程归类为一个项目组合进行管理，如图1.7所示。在这些归并的项目中，按照项目间的关联性再将其进行组合管理，可以将上述各类工程分别归类为不同的项目组合，将机电设备安装项目组合为机电设备安装项目组合，将钢结构工程项目组合为钢结构项目组合，将交通安全设施项目组合成交通安全项目组合，将电务施工项目组合为电务施工项目组合，将土建工程组合为土建项目组合。同时，也可以将相同领域中的同类项目归类为一个项目集，比如将该公司所有地铁施工中的机电设备安装归类为一个项目集，将所有铁路施工的电气化改造归类为一个项目集。

1.3 ➲ 课程目标及内容

机电工程项目管理既有一般工程项目管理的普遍性管理内容和管理方法，也有针对机电设备安装所特有的管理内容和管理方法。项目管理是通过项目策划和项目控制，实现对项目的投资控制、进度控制、质量控制、合同管理、安全管理、信息管理以及资源的组织和协调。项目管理涵盖的阶段包括设计前的准备阶段、设计阶段、施工阶段、动用前的准备阶段和保修期等。机电工程项目管理还包括特有的设备监造、调试与试运行等方面的内容。

本书的内容紧扣机电工程的项目管理，以一级建造师机电工程专业所要求掌握的法律、经济、管理和实务的核心内容为依据，系统地介绍从事机电工程项目管理所要具备的基本知识体系。

本书的主要内容包括机电工程概述、机电工程项目管理概述、机电工程施工招投标及合同管理、机电工程设备采购管理、机电工程施工及资源管理、机电工程施工进度管理、机电工程施工预结算及成本管理、机电工程施工安全及环境管理、机电工程施工质量管理、机电工程试运行及竣工验收管理等。

第1章为绪论，主要对机电工程和项目管理从宏观角度进行了简单介绍，明确本书将要讲述的对象和目的。

第2章为机电工程概述，主要介绍工业机电安装工程中包括机械设备安装等在内的九项主要施工内容，建筑机电安装工程中包括建筑管道工程在内的六项主要施工内容，涵盖了机电工程常见的施工项目。本章也介绍了机电工程划分单位工程、分部工程、分项工程和检验批的依据和其中所包含的主要项目等，以及开展机电工程所需要的关键的技术基础知识。此外，本章还概要介绍了机电工程施工作业中的测量技术、焊接技术和起重技术三项核心技术。

第3章为工程项目管理概述，主要介绍了工程项目管理的主要组织工具，包括项目结构图、组织结构图、合同结构图、工作任务分工表、管理职能分工表、工作流程图等。本章还介绍了项目管理机构和管理人员的配置以及工程监理的作用。此外，本章还对机电工程项目的组成、分类和建设环节管理进行了详细介绍。

第4章为机电工程施工招投标及合同管理，主要介绍了机电工程的招标方式和招标流程，以及投标策略和投标书的编制要点等。在施工合同管理部分详细介绍了施工合同的类型、合同实施全过程的关键环节，以及施工合同的索赔管理等。

第5章为机电工程设备采购管理，主要介绍了工程设备采购工作程序、工程设备采购询价与评审、设备购置费用计算，以及工程设备监造及检验等。设备采购费用分别介绍了国产设备和进口设备采购费用计算方法。工程设备监造是机电工程项目所特有的管理内容，在本章对监造的方法、监造人员、监造工作手段等进行了详细介绍。

第6章为机电工程施工及资源管理，主要介绍了施工组织设计、施工资源管理和施工协调管理等。详细介绍了施工组织总设计、单位工程施工组织设计、施工方案的内容及实施；施工过程中所涉及的人力资源、工程材料、工程设备、施工机械、施工技术与信息化和资金等资源的管理要点；施工的协调包括施工现场内部的协调和施工现场外部协调的方法。

第7章为机电工程施工进度管理，主要介绍了不同的施工进度计划、施工进度控制与调整的方法，以及进行进度分析和控制的赢得值方法。施工进度计划中详细说明了双代号网络的绘制和时间参数计算方法。赢得值法中详细说明了赢得值的相关概念及通过赢得值分析项目进度和项目费用的方法。

第8章为机电工程施工预结算及成本管理，主要介绍了施工预算方法、工程款支付管理及结算以及施工成本管理等。施工预算中详细介绍了施工安装费的构成、安装工程定额、施工图预算以及工程量清单等。施工成本管理中主要介绍了成本计划的编制、成本控制和成本分析等。

第9章为机电工程施工安全及环境管理，主要介绍了施工风险管理及应急预案、施工现场职业健康安全管理以及绿色施工和文明施工等。

第10章为机电工程施工质量管理，主要介绍了施工质量管理策划与质量影响因素的预控以及施工质量检验和质量分析方法。

第11章为机电工程试运行及竣工验收管理，主要介绍了机电工程的试运行、竣工验收，以及保修与回访管理。在试运行中，详细介绍了单体试运行、联动试运行和负荷试运行等管理内容；在竣工验收管理中，详细介绍了竣工验收的分类和依据，建设项目竣工验收和施工项目竣工验收，以及机电工程竣工验收的实施等。

通过本书的学习，可以构建起机电工程专业一级建造师所要求的基本知识体系，熟悉机电工程项目管理的主要内容和基本方法，初步掌握从事机电工程项目管理工作的基本技能，可为以后获得机电工程专业一级建造师执业资格从事项目管理工作打下坚实的基础。

本章练习题 ▶▶

1-1 调研一个厂矿车间，列举车间中的机电设备，并将其按照通用设备和专用设备进行归类。

1-2 调研一个写字楼，列举其中的设施、设备和装置，试分析哪些属于机电安装工程的项目内容。

1-3 调研一项国家重大工程建设，如三峡工程、西气东输、西电东送、南水北调、青藏铁路、高速铁路等，了解工程的项目组成、项目管理和项目建设等情况。

第2章
机电工程概述

机电工程可分为工业机电安装工程和建筑机电安装工程两大类。工业机电安装工程主要涉及各种工业门类的生产制造厂的机电设备安装，建筑机电安装工程主要涉及工业和民用建筑物内的相关机电设备安装。机电工程的活动包含了设计、采购、安装、调试、试运行、竣工验收各个阶段。

2.1 ➲ 工业机电安装工程

工业机电安装工程是在各种工业门类的生产制造厂建设过程中完成主设备、辅助设备以及配套机电设施安装的施工活动，主要涉及机械设备安装、电气工程安装、管道工程施工、静置设备及金属结构安装、发电设备安装、自动化仪表安装、防腐蚀工程、绝热工程、炉窑砌筑工程等。

2.1.1 机械设备安装

机械设备在生产制造厂中都是必不可少的，如汽车制造厂中的车身冲压机床、车身焊接机器人、车辆组装生产线等。《机械设备安装工程施工及验收通用规范》（GB 50231）适用于各类机械设备安装工程施工及验收的通用部分，依据该规范开展机械设备安装作业，可以提高机械设备安装工程的施工水平，促进技术进步，确保工程质量和安全，提高经济效益。

2.1.1.1 机械设备安装的主要方式

机械设备种类繁多，有的设备体积和质量小，如电动机等；有的设备体积和质量大，如锻压机械等。对不同的设备，可以采用与之相适应的安装方式，如整体安装、解体安装或模块化安装等。

整体式安装是指对于体积和质量不大的设备，现有运输条件可以将其整体运输到安装现场，直接将其安装到设计指定的位置。整体安装的重点在于保证设备的定位精度和各设备间的相互位置精度。

解体式安装是指对某些大型设备，由于运输条件限制，无法将其整体运输到安装现场，出厂时只能将其分解成部件进行运输，在安装现场重新按设计、制造要求进行装配和安装。解体安装不仅要保证设备的定位精度和各设备间相互位置精度，还必须再现制造、装配的精度，达到制造厂的标准，保证其安装精度要求。

模块化安装是指对于某些大型、复杂的设备，重新按设备的设计、制造要求，设计成模块，除保证组装的精度外，还要保证其安装精度要求，同时达到制造厂的标准。

2.1.1.2 机械设备安装的核心内容

设备安装的核心内容是进行设备零部件装配以及液压、气动管路和润滑管路的安装。零部件装配主要包括零件的连接与紧固，联轴器装配、离合器装配、制动器装配、滑动轴承装配、滚动轴承装配、传动带装配、链条装配、齿轮装配，以及密封件装配等。液压、气动管路和润滑管路的安装主要包括管道准备、管道焊接、管道安装、管道酸洗、管道冲洗、管道吹扫，以及管道压力试验与涂漆等作业内容。

2.1.1.3 机械设备安装的一般程序

机械设备安装的一般程序如图 2.1 所示。

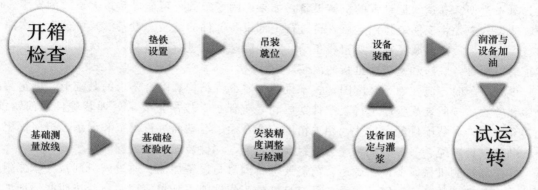

图 2.1 机械设备安装的一般程序

机械设备在运抵安装现场后，必须根据设备装箱清单和随机技术文件对设备及其零部件按名称、规格和型号逐一进行清点、登记和检查，其中重要的零部件还需按质量标准进行检验，形成检验记录。设备检查完毕之后入库备用。

为了保证机械设备的稳定运行，需要将机械设备安装在基础之上。首先要对设备基础进行测量放线，这是实现机械设备平面、空间位置定位要求的重要环节。设备安装的定位依据通常为基准线（基准平面）和基准点（基准高程）。在机械设备就位前，应按工艺布置图并依据相关建筑物轴线、边缘线、标高线，划定设备安装的基准线和基准点。所有设备安装的平面位置和标高，应以确定的基准线和基准点为基准进行测量。

设备基础施工质量应符合国家标准《混凝土结构工程施工质量验收规范》（GB 50204—2015）的规定，其主要的检查内容包括设备基础混凝土强度的验收、设备基础位置和尺寸的验收，以及预埋地脚螺栓的验收。对于设备混凝土强度的验收，主要检查验收其混凝土配合比、混凝土养护及混凝土强度是否符合设计要求，对重要的设备基础应做预压试验，预压合格并有预压沉降详细记录，如汽轮发电机组、大型油罐等。对于设备基础位置和尺寸的验收，必须在设备安装前按照规范允许偏差对设备基础的位置和尺寸进行复检。对于预埋地脚螺栓的验收，预埋地脚螺栓的位置、标高及露出基础的长度应符合设计或规范要求。

在设备基础和设备之间要设置垫铁。设置垫铁的作用有两个，其一是能找正和调平机械设备，通过调整垫铁的厚度，可使设备安装达到设计或规范要求的标高和水平度；其二是能把设备重量、工作载荷和拧紧地脚螺栓产生的预紧力通过垫铁均匀地传递到基础上。

垫铁设置完毕，可以将机械设备吊装就位。吊装时应根据设备特点、作业条件和能够利用的起重机械，选择安全可靠、经济可行的吊装方案，并按照方案配置相应的工机具和人员，将设备吊装就位。特殊作业场所、大型或超大型设备的吊装运输应编制专项施工方案。方案拟利用建筑物结构作为起吊、搬运设备承力点时，应对建筑结构的承载能力进行核算，并经设计单位或建设单位同意方可利用。随着技术进步，计算机控制和无线遥控液压同步提升新技术在大型或超大型构件和设备安装工程中得到推广应用，比如安装电视塔钢天线、大型轧机牌坊、超大型龙门吊、石化反应塔等。

设备安装精度调整与检测是机械设备安装工程中关键的一个环节，直接影响到设备的安装质量。在吊装过程中应根据设备技术文件或规范要求的精度等级，调整设备自身和相互位置状态，例如设备的中心位置、水平度、垂直度和平行度等。

在设备安装中，除了少数可移动机械设备外，绝大部分机械设备需固定在设备基础上，尤其对于重型、高速、振动大的机械设备，如果不固定牢固，可能导致重大事故的发生。对于解体设备应先将底座就位固定后，再进行上部设备部件的组装。设备灌浆可分为一次灌浆和二次灌浆。一次灌浆是在设备粗找正后，对地脚螺栓孔进行的灌浆。二次灌浆是在设备精找正后，对设备底座和基础间进行的灌浆。

设备装配时，应在熟悉装配图、技术说明、零部件结构和配合要求的基础上，确定装配程序和方法。按照装配程序进行装配件摆放和妥善保护，按规范要求处理装配件表面锈蚀、油污和油脂，对装配件配合尺寸、相关精度、配合面、滑动面进行复查和记录，按照标记及装配顺序进行装配，一般装配顺序为：组合件装配、部件装配、总装配。

装配完毕的机械设备，在试运转前需要进行润滑与设备加油。通过润滑剂减少摩擦副的摩擦、表面破坏和降低温度，使设备具有良好的工作性能，延长使用寿命。按照润滑剂加注方式，一般划分为分散润滑和集中润滑两种。

设备试运转是综合检验设备制造和设备安装质量的重要环节，对满足试运转条件的机械设备，分别进行电气和操作控制系统调试、润滑系统调试、液压系统调试、气动和冷却系统调试、加热系统调试，以及机械设备动作实验后，进行整机空负荷试运转。

2.1.2 电气工程安装

电力工业是国民经济的重要部门之一，它为工业、农业、商业、交通运输和社会生活提供能源。电力系统是进行电能生产、输送和供给的工业体系，是由发电厂、电力网和电能用户所组成的完整庞大系统。电力系统中相关设施和设备的安装都属于电气工程的施工内容。电气工程安装主要包括配电装置安装与调试、变压器安装、电动机安装、输配电线路施工、防雷与接地装置的安装等内容。

2.1.2.1 电力系统的组成

电力系统的基本组成如图 2.2 所示。

发电厂是生产电能的工厂，把各种非电形式的能源转换成电能，根据所利用的能源不同，可分为火力发电厂、水力发电厂、核能发电厂、地热发电厂、风能发电厂、光伏发电厂、潮汐发电厂等。

变电所是变换电压和交换电能的场所。由于发电厂一般建在一次能源产地附近，而电能用户分布很广，需要远距离输电，必须将发电厂生产的电能以高压形式输送给电能

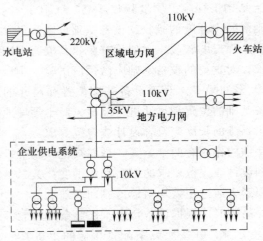

图 2.2 电力系统的基本组成

用户。发电厂的发电机受绝缘材料、制造成本等影响，直接生产的电能一般为 6kV、10kV

或 15kV，因此，在发电厂内需要用变压器将电能升高为 35kV、110kV、220kV 或 500kV 的高压电能。电能用户的用电设备的额定电压一般为 380/220V、3kV 或 6kV，因此，在电能用户区域也需要通过变压器将高压电能降为用电设备可以使用的低压电能。

变电所由电力变压器和配电装置组成。对于仅装有受电设备和配电设备，而没有变压器的装置则称为配电所。

电力网是输送、变换和分配电能的装备，是联系发电厂和用户的中间环节。电能用户是指将电能转换为生产或生活中所需能量的用电设备，也可称为负载。

2.1.2.2 电气工程安装的主要内容

电气工程安装的主要内容包括配电装置安装、变压器安装、电动机安装、输配电线路施工，以及防雷与接地施工等。

配电装置是发电厂与变电所的重要组成部分，是发电厂与变电所电气主接线的具体实现。配电装置是根据电气主接线的连接方式，由开关设备、保护设备、测量设备、母线以及必要的辅助设备组成，辅助设备包括安装布置电气设备的构架、基础、房屋和通道等。按照安装位置的不同，配电装置可分为屋内式配电装置和屋外式配电装置两种，另外还有装配式配电装置和成套开关式配电装置。装配式配电装置是指配电装置中的电气设备在现场组装，而成套开关式配电装置是指制造厂家先按照电气接线要求把开关电器、互感器等安装在柜中，然后成套运至安装地点。

变压器是输送交流电时变换电压和变换电流的电气设备。按照用途分类，可分为电力变压器、电炉变压器、整流变压器、工频试验变压器、矿用变压器、电抗器、调压变压器、互感器、其他特种变压器等。按照容量分类，可分为中小型变压器（电压在 35kV 以下，容量在 10～6300kV·A）、大型变压器（电压在 63～110kV，容量在 6300～63000kV·A）、特大型变压器（电压在 220kV 以上，容量在 31500～6360000kV·A）。

电动机是为机械装置提供动力源的重要设备。按照结构及工作原理分类，可分为交流异步电动机、交流同步电动机和直流电动机。按照用途分类，可分为驱动用电动机和控制用电动机。驱动用电动机又可分为电动工具用电动机、家电用电动机及其他通用小型机械设备用电动机。

输配电线路施工主要包括架空线路施工和埋地电缆施工。架空线路施工主要是架设电杆、铁塔、拉线等。埋地电缆施工包括直埋电缆敷设、排管电缆敷设，以及电缆沟或隧道内电缆敷设。

防雷工程是在输电线路、厂房、建筑物等设施上布设防雷装置。防雷装置包括接闪器、引下线、接地装置、电涌保护器，以及其他连接导体。接闪器有两大类，一类是可以接受雷闪的金属物体，如接闪针、接闪线、接闪带、接闪网等，另一类是可以起到过电压保护作用的设备，如管型接闪器、阀式接闪器、金属氧化物接闪器等。第一类接闪器安装在被保护设施或设备的高点，利用其高出被保护物的突出地位，把雷电引向自身，然后通过引下线和接地装置，把雷击电流引入大地，保护被保护物免受雷击。第二类接闪器并联在被保护设施或设备上，正常时该装置与地绝缘，当出现雷击电压时，装置与地变为导通状态并击穿放电，将雷击电流或过电压引入大地，起到保护作用。

接地施工主要包括特殊环境中的设备接地和防静电接地。在有爆炸性气体的环境中，以及在有爆炸性粉尘环境中，电气设备的金属外壳应可靠接地。防静电接地装置设置时，防静电的接地装置可与防感应雷和电气设备的接地装置共同设置。

2.1.2.3 电气工程安装的一般流程

电气工程安装的一般流程如图 2.3 所示。

图 2.3　电气工程安装的一般流程

电气设备在安装前要进行必要的检查，确保所安装的设备完好。设备安装时根据设备特点选择合适的基础和吊装机具完成设备本体安装。设备接线完成后再次进行必要的检查，确认零部件安装到位且接线无误，然后进行试运行，通过试运行检验安装质量。

（1）配电装置安装

配电装置的安装流程如图 2.4 所示。

图 2.4　配电装置的安装流程

配电装置到达现场后，应及时进行检查，包括检查包装及密封应良好，设备和部件的型号、规格和柜体几何尺寸应符合设计要求。配电柜安装应保证柜体基础型钢的安装垂直度、水平度允许偏差，基础型钢的接地应不少于两处。

配电柜体安装完毕后，还应全面复测一次，并做好柜体的安装记录，还应进行相应的试验和调整，包括高压试验和相关功能整定。高压试验应由当地供电部门许可的试验单位进行。配电装置应分别进行模拟试验、操作、控制、联锁、信号和保护，应正确无误、安装可靠。配电装置的整定内容包括过电流保护整定、过负荷告警整定、三相一次重合闸整定、零序过电流保护整定、过电压保护整定等。

配电装置送电前也必须完成相应的准备和检查工作。配电柜的送电验收由供电部门检查合格后将电源送进室内，经过验电、校相无误后，合高压进线开关，检查高压电压是否正常，合变压器柜开关，检查变压器是否有电，合低压柜进线开关，查看低压电压是否正常。分别合其他柜的开关。在空载运行 24h，无异常现象，办理验收手续，交建设单位使用。同时提交施工图纸、施工记录、产品合格证说明书、试验报告单等技术资料。

（2）变压器安装

变压器安装的一般流程如图 2.5 所示。

开箱检查是按照设备清单、施工图纸及设备技术文件核对变压器规格型号应与设计相符，附件与备件齐全无损坏。变压器无机械损伤及变形，油漆完好，无锈蚀。油箱密封应良好，带油运输的变压器，油枕油位应正常，油液应无渗漏。绝缘瓷件及铸件无损伤、缺陷及裂纹。充氮气或充干燥空气运输的变压器，应有压力监视和补充装置，在运输过程中应保持正压，气体压力应为 0.01～0.03MPa。

变压器二次搬运是将变压器从施工现场仓库转移至安装位置的搬运。二次搬运可采用滚

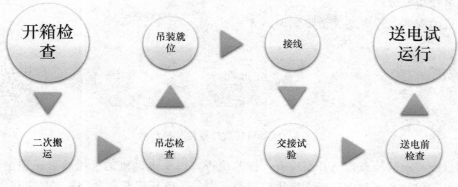

图 2.5　变压器安装的一般流程

杠滚动及卷扬机拖运的运输方式。变压器搬运过程中，不应有严重冲击或振动情况。利用机械牵引时，牵引的着力点应在变压器重心以下，运输倾斜角不得超过 15°，以防止倾斜使内部结构变形。

变压器安装前还应进行吊芯检查，检查内容包括铁芯检查，绕组检查，绝缘围屏检查，引出线绝缘检查，无励磁调压切换装置的检查，有载调压切换装置的检查，绝缘屏障检查，油循环管路与下轭绝缘接口部位检查。器身检查完毕后，必须用合格的变压器油进行冲洗，并清洗油箱底部，不得有遗留杂物。箱壁上的阀门应开闭灵活、指示正确。

变压器就位可用吊车直接吊装就位。变压器基础的轨道应水平，轨距与轮距应配合。装有滚轮的变压器，滚轮应转动灵活，在变压器就位后，应将滚轮用能拆卸的制动装置加以固定。

变压器的一、二次接线，地线，控制导线均应符合相应的规定，油浸变压器附件的控制导线，应采用具有耐油性能的绝缘导线。变压器一、二次引线的施工，不应使变压器的套管直接承受应力。变压器的低压侧中性点必须直接与接地装置引出的接地干线连接，变压器箱体、支架或外壳应接地（PE），且有标识。所有连接必须可靠，紧固件及防松零件齐全。

变压器的交接试验主要包括绝缘油试验或 SF_6 气体试验，测量绕组连同套管的直流电阻，检查所有分解的电压比，检查变压器的三相连接组别，测量铁芯及夹件的绝缘电阻，测量绕组连同套管的绝缘电阻和吸收比，绕组连同套管的交流耐压试验，额定电压下的冲击合闸试验，以及检查相位等。

送电前要完成必要的检查工作，确认各种交接试验单据齐全，数据符合要求。变压器应清理、擦拭干净，顶盖上无遗留杂物，本体、冷却装置及所有附件应无缺损，且不渗油。变压器一、二次引线相位正确，绝缘良好。接地线良好且满足设计要求。通风设施安装完毕，工作正常，事故排油设施完好，消防设施齐备。保护装置整定值符合规定要求，操作及联动试验正常。

变压器第一次投入使用时，可全压冲击合闸，冲击合闸宜由高压侧投入。变压器应进行 5 次空载全压冲击合闸，应无异常情况。第一次受电后，持续时间不应少于 10min，全电压冲击合闸时，励磁涌流不应引起保护装置的误动作。油浸变压器带电后，检查油系统所有焊缝和连接面不应有渗油现象。变压器并联运行前，应核对好相位。变压器试运行要注意冲击电流，空载电流，一、二次电压，温度等，并做好试运行记录。变压器空载运行 24h，无异常情况，方可投入负荷运行。

（3）电动机安装

电动机的安装过程中的关键步骤如图 2.6 所示。

图 2.6　电动机安装过程的关键步骤

电动机安装前的检查包括开箱检查、抽芯检查，以及电动机的干燥检查三项主要内容。开箱检查要求包装及密封应良好，电机的功率、型号、电压应符合设计要求。电机外壳、定子和转子完好，无锈蚀现象，且电动机的附件应无损伤。电动机的抽芯检查根据情况确定是否需要进行，当电动机出厂期限超过制造厂保证期限；或若制造厂无保证期限，但出厂日期已超过 1 年；或者是经外观检查或电气试验，发现电动机质量可疑时，都必须进行抽芯检查。当电动机绝缘电阻过小而不能满足相关要求时必须进行干燥，干燥方法包括外部加热干燥法，电流加热干燥法等。干燥时不允许用水银温度计测量温度，应用酒精温度计、电阻温度计或温差热电偶。定时测定并记录绕组的绝缘电阻、绕组温度、干燥电源的电压和电流、环境温度。当电动机绝缘电阻达到规范要求，在同一温度下经 5h 稳定不变后认定干燥完毕。

电动机安装时应在电动机与基础之间衬垫一层质地坚硬的木板或硬塑胶等防振物。地脚螺栓上均要套用弹簧垫圈，拧紧螺母时要按对角交错次序拧紧。应调整电动机的水平度，一般用水平仪进行测量。电动机垫片一般不超过三块，垫片与基础面接触应严密，电机底座安装完毕后进行二次灌浆。

电动机接线方式按电源电压和电动机额定电压的不同，可接成星形（Y）或三角形（△）两种形式。危险环境下电动机接线时，爆炸危险环境内电缆引入防爆电动机，可采用柔性钢导管，其与防爆电动机接线盒之间应按防爆要求加以配合。电缆引入装置或设备进线口的密封应符合要求。

试运行前检查时，应用 500V 兆欧表测量电动机绕组的绝缘电阻。对于 380V 的异步电动机应不低于 $0.5M\Omega$。检查电动机安装是否牢固，地脚螺栓是否全部拧紧。电动机的保护接地线必须连接可靠，接地线（铜芯）的截面不小于 $4mm^2$，有防松弹簧垫圈。检查电动机与传动机械的联轴器是否安装良好。检查电动机电源开关、启动设备、控制装置是否合适。熔丝选择是否合格。热继电器调整是否适当。短路脱扣器和热脱扣器整定是否正确。通电检查电动机的转向是否正确。不正确时，在电源侧或电动机接线盒侧任意对调两根电源线即可。对于绕线型电动机还应检查滑环和电刷。

试运行中的检查包括电动机的旋转方向应符合要求，无杂声；换向器、滑环及电刷的工作情况正常；检查电动机温度，不应有过热现象；振动（双振幅值）不应大于标准规定值；滑动轴承温升和滚动轴承温升不应超过规定值；电动机第一次启动一般在空载情况下进行，空载运行时间为 2h，并记录电动机空载运行时的电流。

（4）输配电线路施工

输配电线路施工包括架空线路施工以及埋地电缆线路施工等工程。架空线路是将线路架设在塔架上，埋地电缆线路是将线路埋设在预先挖好的电缆沟内。

架空线路施工的一般程序如图 2.7 所示。

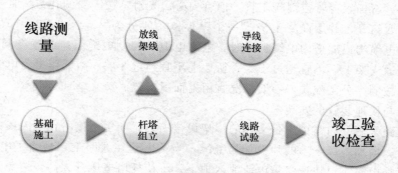

图 2.7 架空线路施工的一般程序

在线路测量时要进行线路标桩的检查，按直线杆塔、位移角度杆塔、无位移角度杆塔、不等高腿杆塔等形式杆塔基础的不同要求测量定位。直线杆塔顺线路和横线路方向位移，不应超过设计档距的要求。转角杆塔、分支杆塔的横线路、顺线路方向的位移均应符合要求。在基础施工中，电杆基础坑深度允许偏差应符合设计要求。

杆塔组立施工包括电杆的整体组立和铁塔组立。电杆的整体组立中，首先进行电杆焊接，然后组装横担和绝缘子，横担安装应平正，符合规定。绝缘子安装应牢固，连接可靠，防止积水。铁塔的组立方法分为整体组立法和分解组立法。整体组立法包括倒落式人字抱杆法、座腿式人字抱杆法等。当前工程中常用的分解组立法包括内、外拉线抱杆分解组塔、倒装组塔等。根据现场地形及确定的立塔方法来确定地面组装方法。目前的输电线路施工中，主要采用的是分解组塔的施工方法，有外拉线抱杆分解组塔法、内拉线抱杆分解组塔法。内拉线抱杆分解组塔法的特点是不受铁塔周围地形的影响，减少了因设置锚桩所需要的工具及工作量。可以同时进行双吊，提高了施工效率。铁塔均采用螺栓连接，螺栓的紧固程度对铁塔的组装质量影响较大。紧固程度不够，铁塔受力后部件会较早产生滑动，对结构受力不利。

放线完毕后，在导线连接时，每根导线在每一个档距内只准有一个接头，但在跨越公路、河流、铁路、重要建筑物、电力线和通信线等处，导线和避雷线均不得有接头。接头处的机械强度不低于导线自身强度的 90%。电阻不超过同长度导线电阻的 1.2 倍。

线路试验包括测量绝缘子和线路的绝缘电阻，测量 35kV 以上线路的工频参数可根据继电保护、过电压等专业的要求进行，检查线路各相两侧的相位应一致。在额定电压下对空载线路的冲击合闸试验，应进行 3 次，测量杆塔的接地电阻值应符合设计的规定，采用电压降法或温度法进行导线接头测试。

在竣工验收检查时需完成的检查内容包括杆塔直立，横担与线路中心垂直；杆塔全高误差值及杆塔根基误差值符合设计要求；拉线紧固，受力情况平衡；拉线坑、杆塔坑符合填土要求；检查弧垂、绝缘子串倾斜，跳线对各部的电气距离是否达到设计要求；线路导线电阻不超过规定值；线路的绝缘电阻符合标准要求；额定电压下对空载线路冲击合闸 3 次，无问题。

埋地电缆施工包括直埋电缆敷设，排管电缆敷设和电缆沟或隧道内电缆敷设三类。直埋电缆敷设的埋深应不小于 0.7m，穿越农田时应不小于 1m。直埋电缆一般使用铠装电缆。电缆敷设后，上面要铺 100mm 厚的软土或细沙，再盖上混凝土保护板，覆盖宽度应超过电缆两侧以外各 50mm，或用砖代替混凝土保护板。排管电缆敷设时，电缆排管可用钢管、塑料管、陶瓷管、石棉水泥管或混凝土管，但管内必须光滑。按需要的孔数将管子排成一定形式，管子接头要错开，并用混凝土浇成一个整体，一般分为2、4、6、8、10、12、14、16孔等形式。在电缆沟或隧道内电缆敷设时，电力电缆和控制电缆不应配置在同一层支架上。控制电缆在普通支架上，不宜超过1层；桥架上不宜超过3层。高低压电力电缆、强电与弱电控制电缆应按顺序分层配置，一般情况宜由上而下配置。

（5）防雷与接地装置的安装

对输电线路采用的防雷措施是多样的。架设接闪线，使雷直接击在接闪线上，保护输电导线不受雷击；增加绝缘子串的片数加强绝缘，当雷电落在线路上，绝缘子串不会有闪络；减低杆塔的接地电阻，可快速将雷电流泄入地下，不使杆塔电压升太高，避免绝缘子被反击而闪络；装设管型接闪器或放电间隙，以限制雷击形成过电压；装设自动重合闸，预防雷击造成的外绝缘闪络使断路器跳闸后的停电现象。采用消弧圈接地方式，使单相雷击的接地故障电流能被消弧圈所熄弧，从而故障被自动消除。

针对不同电压等级输电线路的接闪线设置时，500kV及以上送电线路，应全线装设双接闪线，且输电线路愈高，保护角愈小；220～330kV线路，应全线装设双接闪线，杆塔上接闪线对导线的保护角为200°～300°；110kV线路沿全线装设接闪线，在雷电特别强烈地区采用双接闪线。在少雷区或雷电活动轻微的地区，可不沿线架设接闪线，但杆塔仍应随基础接地。

发电厂和变电站在防雷时，采用接闪针和接闪线预防直击雷。发电厂和变电站的所有设备均处于接闪针、接闪线的保护范围内。利用接闪器来限制入侵雷电波的过电压幅值。变电站通常采用阀型接闪器。发电厂采用金属氧化物接闪器。在靠近变电站的进线，必须架设1～2km的接闪线保护，用于限制流经接闪器的雷电流和限制入侵波的陡度。

工业建筑物和构筑物防直击雷时，需要装设独立的接闪针或接闪线，保护建筑物和构筑物及突出屋面的物体。有爆炸危险气体、蒸汽或粉尘的放散管、呼吸阀、排风管等，管顶上或其附近的接闪针的针尖应高出管顶3m以上。装设均压环，可利用电气设备的接地干线，与建筑物和构筑物内的金属结构和金属设备相连。

2.1.3 管道工程施工

机电工程中的管道系统是完成介质输送的重要载体，其中压力管道属于特种设备，是管道施工中的监管重点。质检总局关于修订《特种设备目录》的公告（2014年第114号）附件对压力管道范围界定如下：压力管道是指利用一定压力，用于输送气体或者液体的管状设备。其范围规定为最高工作压力大于或者等于0.1MPa，介质为气体、液化气体、蒸汽介质或者可燃、易爆、有毒、有腐蚀性、最高工作温度高于或等于标准沸点的液体，且公称直径大于或等于50mm的管道。而公称直径小于150mm，且其最高工作压力小于1.6MPa的输送无毒、不可燃、无腐蚀性气体的管道和设备本体管道不属于压力管道的范围。

2.1.3.1 压力管道分类

压力管道可分为长输管道、公用管道，以及工业管道。

长输管道也称为长输油气管道，是指产地、储存库、使用单位之间的用于输送（油气）商品介质的管道。《压力管道规范 长输管道》（GB/T 34275—2017）规定的长输管道系统如图2.8所示。图中，从集油站等处到炼厂，以及从炼厂到储库之间的管道都属于长输管道。

公用管道是指城市或者乡镇范围内的用于公用事业或民用的燃气管道和热力管道。

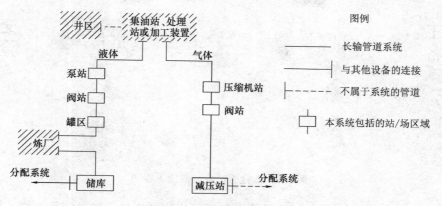

图 2.8　长输管道系统范围

工业管道是指企业、事业单位所属的用于输送工艺介质的工艺管道、公用工程管道及其他辅助管道。《压力管道安全技术监察规程——工业管道》（TSG D0001—2009）所规定的工业管道范围包括管道元件（含管道组成件和管道支撑件），管道元件间的连接接头、管道与设备或装置连接的第一道连接接头（焊缝、法兰、密封件及紧固件等）、管道与非受压件连接接头，管道的安全保护装置（安全阀、爆破片、阻火器、紧急切断装置等）。

工业管道的类别很多，按管道材质、输送的介质以及介质的参数（压力、温度）不同有不同的分类方法。

按管道材质可分为金属管道和非金属管道。工业金属管道依照《压力管道安全技术监察规程——工业管道》TSG D0001—2009 的规定，按照设计压力、设计温度、介质毒性程度、腐蚀性和火灾危险性划分为 GC1、GC2、GC3 三个等级。比如，GC1 管道有氰化物化合物的气、液介质管道，液氧充装站氧气管道等。非金属管道按材质可分为无机非金属管道和有机非金属管道。例如，无机非金属管道有混凝土管道、石棉水泥管道、陶瓷管道等；有机非金属管道有塑料管道、玻璃钢管道、橡胶管道等。石油化工非金属管道包括玻璃钢管道、塑料管道、玻璃钢复合管道和钢骨架聚乙烯复合管道等。

按管道设计压力可分为真空管道、低压管道、中压管道、高压管道和超高压管道。管道工程输送介质的压力范围很广，从负压到数百兆帕。工业管道以设计压力为主要参数进行分级。

按管道输送介质温度可分为低温管道、常温管道、中温管道和高温管道。

按管道输送介质的性质可分为给水排水管道、压缩空气管道、氢气管道、氧气管道、乙炔管道、热力管道、燃气管道、燃油管道、剧毒流体管道、有毒流体管道、酸碱管道、锅炉管道、制冷管道、净化纯气管道、纯水管道等。

2.1.3.2　工业管道的安装程序

工业管道安装的施工程序如图 2.9 所示。

在工业管道安装具体作业前，应对管道元件及材料，以及阀门进行相应的检验。检验确认管道元件、材料、阀门等都符合要求，可以开展具体的安装施工作业。工业管道安装过程要严格按照安装作业规程和安装技术要求作业，完成管道敷设及连接，管道保护套管安装，阀门安装，支、吊架安装和静电接地保护等施工内容。

随着技术的发展，管道工厂化预制的应用越来越多。管道工厂化预制将一个或数个管道

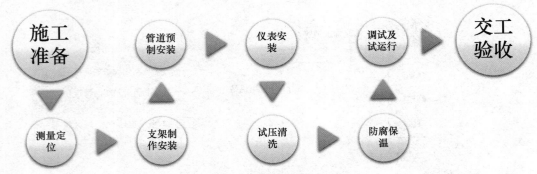

图 2.9　工业管道安装的施工程序

预制组合件（管段）在项目所在地或异地建起工厂或预制场地，经过管件制作、坡口加工、焊接、热处理、检验、标记、清理、油漆和防护等工序，制造出管道产品，将预制好的管段送往现场各个单元或装置区进行现场组装、焊接，形成一个整体的过程。管道工厂化预制是一种从原料到成品或半成品的加工技术，是以工厂化运作为主要特点，根据确定的预制内容，由固定的人员、技术图纸要求、技术规程、操作规程、检验方法、制度来完成的预制工作。为缩短施工工期、提高工程安全、提高安装质量、降低工程成本提供了强有力的技术支持，将是安装工程未来发展的方向。

　　管道系统的试验主要有压力试验、泄漏性试验、真空度试验等。压力试验是以液体或气体为介质，对管道逐步加压到试验压力，以检查管道系统的强度和严密性。泄漏性试验以气体为介质，在设计压力下，采用发泡剂、显色剂、气体分子感测仪或其他专门手段等检查管道系统中的泄漏点。真空度试验对管道抽真空，使管道系统内部成为负压，以检验管道系统在规定时间内的增压率。

　　管道系统压力试验合格后，应进行吹扫与清洗（或吹洗）。吹扫与清洗前应编制吹扫与清洗方案。吹扫与清洗方案应包括吹洗程序、吹洗方法、吹洗介质、吹洗设备的布置；吹洗介质的压力、流量、流速的操作控制方法；检查方法、合格标准；以及安全技术措施及其他注意事项。管道吹扫与清洗方法应根据对管道的使用要求、工作介质、系统回路、现场条件及管道内表面的脏污程度确定。吹扫与清洗方法的选用应符合施工规范的规定。对于公称直径大于或等于 600mm 的液体或气体管道，宜采用人工清理；公称直径小于 600mm 的液体管道宜采用水冲洗；公称直径小于 600mm 的气体管道宜采用压缩空气吹扫；蒸汽管道应采用蒸汽吹扫；非热力管道不得采用蒸汽吹扫。

2.1.4　静置设备及金属结构安装

　　静置设备是石油化工行业中的重要设备，且多属于特种设备。静置设备安装主要包括塔器设备安装、金属储罐制作与安装、球形罐安装、金属结构安装等。

2.1.4.1　静置设备及金属结构安装的主要内容

　　塔器设备是石油化工、化学工业、石油工业等生产中最重要的设备之一。它可使气（汽）液或液液相之间进行充分接触，达到相际传热及传质的目的。塔器设备按照内件结构可分为板式塔和填料塔。板式塔按照塔盘结构又可分为泡罩塔、浮阀塔、筛板塔、舌形塔及浮动舌形塔、穿流式栅板塔、导向栅板塔等。填料塔按照填装方式又可分为散装填料塔和规整填料塔。

金属储罐按照结构可分为固定顶储罐、无力矩顶储罐、浮顶储罐等。其中，固定顶储罐可分为锥顶储罐、拱顶储罐、自支撑伞形储罐等。拱顶储罐也称自支撑式拱顶油罐，罐顶为球冠形结构，罐体为圆筒形，拱顶中间无支撑，荷载靠其周边支撑于罐壁上。有带肋壳拱顶和网壳拱顶等结构。浮顶储罐可分外浮顶储罐和内浮顶储罐等。外浮顶储罐的罐顶盖浮在敞口的圆筒形罐壁内的液面上并随液面升降，在浮顶与罐内壁之间的环形空间设有随着浮顶浮动的密封装置，其优点是可减少或防止罐内液体蒸发损失。内浮顶储罐是带有盖子的浮顶储罐，浮顶位于罐体内部。大型储罐大多采用浮顶储罐。

球形罐由球罐本体、支座（或支柱）及附件组成。球形罐本体为由球壳板拼焊而成的圆球形容器，为球形罐的承压部分。球形罐的支座常为由多根钢管制成的柱式支座，以赤道正切柱式最普遍。球形罐按其本体壳板的分片结构形式可分为橘瓣式、足球式和混合式三种。

金属结构是由钢构件制成的工程结构。构件通常由型钢、钢板、钢管等制成的梁、柱、桁架、板等组成。构件之间用焊缝、螺栓或铆钉连接。钢结构在各种工业与民用建筑工程结构中运用广泛。主要的应用范围有重型工业厂房的承重骨架与吊车梁，大跨度建筑的屋盖结构，平板网架，大跨度桥梁，多层或高层建筑的骨架，包括工业机电工程的多层框架、管架等，塔桅结构，轻型钢结构等。

2.1.4.2　静置设备及金属结构安装要点

（1）塔器设备安装

塔器设备在安装前要完成相应的准备工作，主要工作内容有检查设备随机资料和施工技术文件；对设备进行开箱检验，核对装箱单，完成塔体外观质量检查；完成基础验收；并对到货设备做好保护。

塔器安装方法分为整体安装和现场分段组焊。现场分段组焊分为卧式组焊和立式组焊。卧式组焊是在现场组装场地搭设临时道木支墩或设置滚轮架等组装胎具，将塔器分段放置在胎具上完成焊接。立式组焊是通过吊装设备将塔器分段吊装就位后进行焊接。

塔器安装完成后要进行耐压试验与气密性试验，保证安装好的塔器设备密封完好无渗漏。

（2）金属储罐制作与安装

金属储罐的安装方法主要有正装法和倒装法两种。

正装法为罐壁板自下而上依次组装焊接，最后组焊完成顶层壁板、抗风圈及顶端包边角钢等，较适用于大型浮顶罐，包括水浮正装法，架设正装法（包括外搭脚手架正装法、内挂脚手架正装法）等。

倒装法是在罐底板铺设焊接后，先组装焊接顶层壁板及包边角钢、组装焊接罐顶。然后自上而下依次组装焊接每层壁板，直至底层壁板，包括中心柱组装法、边柱倒装法（有液压顶升、葫芦提升等）、充气顶升法和水浮顶升法等。

金属储罐在安装中选择正确的焊接方法和焊接顺序非常重要。储罐具有体积大、板薄、刚性差、焊缝数量多的特性，焊接中易产生较大的焊接变形，采用合理的焊接顺序，可以有效地减少和控制储罐的焊接变形。金属储罐安装完成之后需要进行抽真空试验和充水试验，检查金属储罐的严密性和强度。

（3）球形罐安装

球形罐在安装前要对球壳和零部件进行检查和验收，包括对质量证明文件的检查，球壳板的检查和产品试板的检查等。球形罐的组装常用的方法有散装法和分带组装法。散装法是以单块球壳板（或几块球壳板）为最小组装单元的组装方法。分带组装法是在现场的一个平台或一个大平面上，按照赤道带、上下温带、上下极板等分别组对并焊接成环带，然后把各环带组装成球形罐的方法。

球形罐安装完成后，必须进行耐压和泄漏试验，确保达到质量标准。

（4）金属结构安装

钢结构种类繁多，安装的程序应根据钢结构的具体情况确定。钢结构安装一般有以下几个主要环节，即基础验收与处理、钢构件复查、钢结构安装和涂装（防腐涂装、防火涂装）等。

金属结构中的框架和管廊是两类重要的结构。框架指钢构件通过焊接或螺栓连接组成的用于支撑设备或作为操作平台的稳定空间钢结构体系。管廊指钢构件通过焊接或螺栓连接组成的支撑管道的稳定空间钢结构体系。二者是重要、典型的工业钢结构。这类结构的安装方法包括分部件散装法和分段（片）安装法。

在金属结构安装中，高强度螺栓连接是常用的连接方法。高强度螺栓的安装要严格按照安装要求，做好安装前准备和安装过程的扭矩控制。安装完成后进行质量检验。

2.1.5　发电设备安装

发电设备是发电厂中用于电力生产的设备，主要包括火力发电厂的电厂锅炉设备和汽轮发电设备，以及新能源的风力发电设备和光伏发电设备等。

2.1.5.1　发电设备安装的主要内容

电厂锅炉系统主要由锅炉本体设备及锅炉辅助设备两部分组成。锅炉本体设备包括锅炉钢架、锅筒或汽水分离器、水冷壁、过热器、再热器、省煤器、燃烧器、空气预热器、烟道等主要部件，其中超临界和超超临界直流锅炉本体设备只有汽水分离器，不含锅筒。锅炉辅助设备包括送引风设备、给煤制粉设备、吹灰设备、除灰排渣设备等。目前国内常规电站机组容量一般为300～1000MW，锅炉蒸发量一般为1000～3150t/h，主要包括亚临界、超临界和超超临界参数的锅炉，热电联产的火电机组多采用350MW超临界直流锅炉，大容量、高参数、热效率高的600MW超临界、1000MW超超临界直流锅炉是目前国内电站机组发展的新趋势。

汽轮发电设备包括汽轮机和发电机。汽轮发电设备按用途可以分为工业驱动汽轮机和电站汽轮机。工业驱动汽轮机主要用于驱动工业大型机械设备，如大型风机、水泵、压缩机等，多以小型汽轮机为主。电站汽轮机主要用来带动发电机发电，而供热式汽轮机（又称为热电联产汽轮机）则既可带动发电机发电又对外供热。这类汽轮机往往需要具备大功率、多级、高参数等特点，因此多采用轴流式、凝汽式（或抽气式）机组。发电机是根据电磁感应原理，通过磁场和绕组的相对运动，将机械能转变为电能。发电机按照原动机的类型可分为汽轮发电机、水轮发电机、风力发电机、柴油发电机和燃气发电机等。其中，汽轮发电机的构成包括定子和转子两部分。旋转磁极式发电机定子主要由机座、定子铁芯、定子绕组、端盖等部分组成。转子主要由转子锻件、励磁绕组、护环、中心环和风扇等组成。

风力发电设备按照安装的区域可分为陆地风力发电设备和海上风力发电设备。陆地风力发电设备多安装在山地、草原等风力集中的地区，最大单机容量为5MW。海上风力发电设备多安装在滩头和浅海等地区，最大单机容量为6MW，施工环境和施工条件普遍比较差。风力发电厂一般由多台风机组成，每台风机构成一个独立的发电单元，风机发电设备主要包括塔筒、机舱、发电机、轮毂、叶片、电气设备等。

光伏发电设备主要由光伏支架、光伏组件、汇流箱、逆变器、电气设备等组成。光伏支架包括跟踪式支架、固定支架和手动可调支架等。

2.1.5.2 发电设备安装的一般程序

（1）电站锅炉设备

电站锅炉主要设备的安装程序如图 2.10 所示。

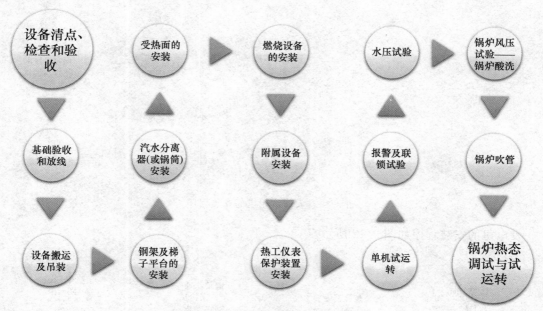

图 2.10 电站锅炉主要设备的安装程序

在电站锅炉安装过程中，重要的安装质量控制点包括锅炉钢结构安装质量控制、锅炉受热面安装质量控制、燃烧器安装质量控制、锅炉密封质量控制、锅炉整体水压试验质量控制、回转式空气预热器安装质量控制等。

电站锅炉安装完成后要进行锅炉热态调试和试运行。锅炉机组在整套启动以前，必须完成锅炉设备，包括锅炉辅助机械和各附属系统的分部试运行；锅炉的烘炉、化学清洗；锅炉及其主蒸汽、再热蒸汽管道系统的吹洗；锅炉的热工测量、控制和保护系统的调整试验工作等。

（2）汽轮发电设备

大型发电厂的汽轮机低压缸由于体积过大，运输中受涵洞、桥梁、隧道等因素限制，一般散装到货。散装到货的汽轮机，在安装时要在现场进行汽轮机本体的安装。汽轮机设备的安装程序如图 2.11 所示。

汽轮机的安装必须符合《电力建设施工技术规范 第 3 部分：汽轮发电机组》（DL 5190.3—2019）的规定。

在安装程序中，各个环节都非常重要，需要依据规范要求进行安装和检验。尤其是在上、下汽缸闭合安装（俗称扣大盖）过程中，整个扣盖区域应封闭管理，扣盖工作从向下汽缸吊入第一个部件开始至上汽缸就位且紧固连接螺栓为止，全过程应连续进行，不得中断。汽轮机正式扣盖之前，应将内部零部件全部装齐后进行试扣，以便对汽缸内部零部件的配合情况全面检查。试扣前应用压缩空气吹扫汽缸各部件及其空隙，确保汽缸内部清洁无杂物、结合面光洁，并保证各孔洞通道部分畅通，需堵塞隔绝部分应堵死。

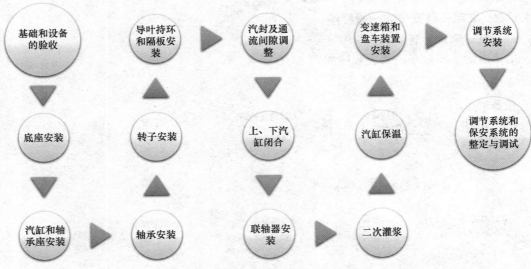

图 2.11　大型汽轮机的安装程序

发电机的安装程序如图 2.12 所示。

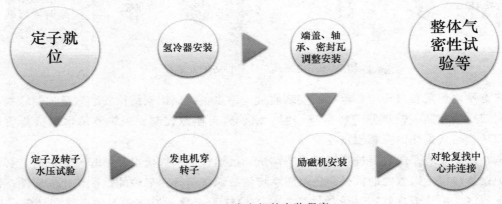

图 2.12　发电机的安装程序

发电机定子重量较大，如 300MW 型发电机定子重 180～210t，600MW 型发电机定子重约 300t，而 1000MW 型发电机定子重量可达 400t 以上，因此，发电机定子的卸车和吊装难度较大。卸车可采用的方法主要包括采用液压提升装置卸车或液压顶升平移方法卸车。定子的吊装通常采用液压提升装置吊装、专用吊装架吊装和行车改装系统吊装等方案。

发电机转子安装也是发电机安装过程中的重要步骤之一。发电机转子在穿装前应进行单独气密性试验，重点检查集电环下导电螺钉、中心孔堵板的密封状况，消除泄漏后应再经漏气量试验，试验压力和允许漏气量应符合制造厂规定。

发电机转子穿装必须在完成机务（如支架、千斤顶、吊索等服务准备工作）、电气与热工仪表的各项工作后，会同有关人员对定子和转子进行最后清扫检查，确信内部清洁，无任何杂物并经签证后方可进行。转子穿装要求在定子找正完成、轴瓦检查结束后进行。转子穿装工作要求连续完成，用于转子穿装的专用工具由发电机转子制造厂提供，不同的机组有不同的穿转子方法，常用的方法有滑道式方法、接轴的方法、用后轴承座作平衡重量的方法、用两台跑车的方法等。

（3）风力发电设备

风力发电设备的安装程序如图 2.13 所示。

图 2.13　风力发电设备的安装程序

风力发电设备安装前应制定风力发电风机的专项施工方案，明确根据现场条件和风力发电风机设备的特点选择恰当的吊装机械，制定吊装方案，吊车机械要制定防倾倒措施，要有在吊装过程中防止风机设备损伤的针对性措施。

（4）光伏发电设备

光伏发电设备的安装程序如图 2.14 所示。

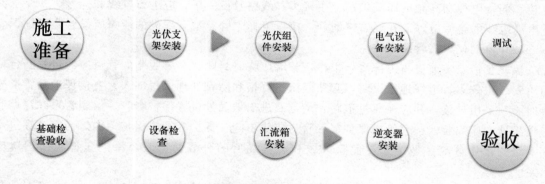

图 2.14　光伏发电设备的安装程序

光伏发电设备安装前应制定光伏发电设备的专项施工方案，明确根据现场条件和光伏发电设备的特点制定具有针对性的施工技术方案，方案中应包括在运输和安装中防止光伏组件损伤的针对性措施。

2.1.6　自动化仪表安装

自动化仪表是由若干自动化元件构成的，具有较完善功能的自动化技术工具，是自控系统中关键的子系统之一。它一般同时具有诸如测量、显示、记录或测量、控制、报警等功能。自动化仪表本身是一个系统，又是整个自动化系统中的一个子系统。自动化仪表是一种"信息机器"，其主要功能是信息形式的转换，将输入信号转换成输出信号。信号可以按时间域或频率域表达，信号的传输则可调制成连续的模拟量或断续的数字量形式。

自动化仪表要完成其检测或调节任务，其各个部件必须组成一个回路或组成一个系统。仪表安装就是根据设计要求完成仪表与仪表、仪表与工艺管道、现场仪表与中央控制室、现场控制室之间的连接。

2.1.6.1 自动化仪表安装的主要内容

自动化仪表安装包括自动化仪表线路安装、自动化仪表管路安装、取源部件安装，以及仪表设备安装。

自动化仪表线路和自动化仪表管路，是连接自动化仪表系统中各个部件通路，通过这些连接使其构成一个完整的系统。自动化仪表线路的安装内容主要包括支架、电缆桥架、电缆导管、电缆、电线以及光缆等。自动化仪表管路安装内容主要包括测量管道、气动信号管道、气源管道、液压管道等。

取源部件安装主要包括温度取源部件、压力取源部件、流量取源部件、物位取源部件，以及分析取源部件安装等。

仪表设备是指仪表盘（柜、箱）、温度检测仪表、压力检测仪表、流量检测仪表、物位检测仪表、机械量检测仪表、成分分析和物性检测仪表、执行器等。

2.1.6.2 自动化仪表安装的要点

（1）自动化仪表线路安装

自动化仪表电缆电线敷设前，应进行外观检查和导通检查，并应用兆欧表测量绝缘电阻。其绝缘电阻值不应小于 $5M\Omega$。电缆不应有中间接头，当需要中间接头时，应在接线箱或接线盒内接线，接头宜采用压接。当采用焊接时，应采用无腐蚀性焊药。补偿导线应采用压接。同轴电缆和高频电缆应采用专用接头。线路敷设完毕，应进行校线和标号，并要求测量电缆电线的绝缘电阻。在线路终端处，应设置标志牌。地下埋设的线路应设置明显标识。

（2）自动化仪表管路安装

仪表管道安装前应将内部清扫干净，管端应临时封闭。需要脱脂的管道应经过脱脂合格后再安装。仪表管道埋地敷设时，必须经试压合格和防腐处理后再埋入。直接埋地的管道连接时必须采用焊接，并应在穿过道路、沟道及进出地面处设置保护套管。仪表管道在穿墙和过楼板处，应加装保护套管或保护罩，管道接头不应在保护套管或保护罩内。当管道穿过不同等级的爆炸危险区域、火灾危险区域和有毒场所的分隔间壁时，保护套管或保护罩应密封。

仪表管道引入安装在有爆炸和火灾危险、有毒及有腐蚀性物质环境的盘、柜、箱时，其引入孔处应密封。仪表管道与仪表设备连接时，应连接严密，且不得使仪表设备承受机械应力。

（3）取源部件安装

温度取源部件与管道垂直安装时，取源部件轴线应与管道轴线垂直。与管道呈倾斜角度安装时，宜逆着物料流向，取源部件轴线应与管道轴线相交。在管道的拐弯处安装时，宜逆着物料流向，取源部件轴线应与管道轴线重合。

压力取源部件的安装位置应选在被测物料流束稳定的位置，其端部不应超出设备或管道的内壁。压力取源部件与温度取源部件在同一管段上时，应安装在温度取源部件的上游侧。当检测带有灰尘、固体颗粒或沉淀物等混浊物料的压力时，在垂直和倾斜的设备和管道上，取源部件应倾斜向上安装，在水平管道上宜顺物料流束成锐角安装。在水平和倾斜的管道上安装压力取源部件时，当测量气体压力时，应在管道的上半部；当测量液体压力时，应在管道的下半部与管道水平中心线成 0°～45°夹角范围内；当测量蒸汽压力时，应在管道的上半部以及下半部与管道水平中心线成 0°～45°夹角范围内，如图 2.15 所示，图中的阴影区域可布置取源部件，其中在图 2.15（c）中，在两个不同标记的阴影区域中需要同时布置取源部件。

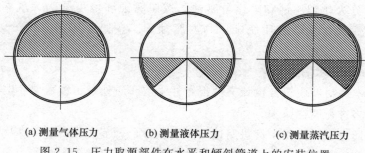

(a) 测量气体压力　　(b) 测量液体压力　　(c) 测量蒸汽压力

图 2.15　压力取源部件在水平和倾斜管道上的安装位置

在水平和倾斜的管道上安装节流装置时，测量气体流量时，取压口应布置在管道的上半部；测量液体流量时，取压口应在管道的下半部与管道水平中心线成 0°～45°夹角范围内；测量蒸汽流量时，应在管道的上半部与管道水平中心线成 0°～45°夹角范围内，如图 2.16 所示，图中的阴影区域可布置取源部件。

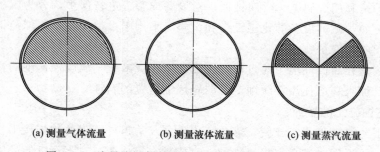

(a) 测量气体流量　　(b) 测量液体流量　　(c) 测量蒸汽流量

图 2.16　流量取源部件在水平和倾斜管道上的安装位置

物位取源部件的安装位置，应选在物位变化灵敏，且检测元件不应受到冲击的部位。分析取源部件应安装在压力稳定、能灵敏反映真实成分变化和取得具有代表性的分析样品的位置。取样点周围不应有层流、涡流、空气渗入、死角、物料堵塞或非生产过程的化学反应。被分析的气体内含有固体或液体杂质时，取源部件的轴线与水平线之间的仰角应大于 15°。在水平和倾斜的管道上安装分析取源部件时，安装方位与安装压力取源部件的要求相同。

（4）仪表设备安装

安装仪表时，仪表中心距操作地面的高度宜为 1.2～1.5m。显示仪表应安装在便于观察示值的位置。仪表安装后应牢固、平正。仪表与设备、管道或构件的连接及固定部位应受力均匀，不应承受非正常的外力。仪表在安装和使用前，应进行检查、校准和试验。仪表安装前的校准和试验应在室内进行。试验室室内清洁、安静、光线充足、无振动，无对仪表及线路的电磁场干扰。室内温度保持在 10～35℃。

仪表工程在系统投用前应进行回路试验。仪表回路试验的电源和气源由正式电源和气源供给。仪表校准和试验的条件、项目、方法应符合设计文件的规定。对于施工现场不具备校准条件的仪表可对检定合格证明的有效性进行验证。单台仪表的校准点应在仪表全量程范围内均匀选取，一般不应少于 5 点。回路试验时，仪表校准点不应少于 3 点。

2.1.7　防腐蚀工程

腐蚀是金属结构常见的失效形式，工程中大约 80% 的失效都是由腐蚀造成的。按照金属腐蚀机理可分为化学腐蚀和电化学腐蚀。按照腐蚀环境可分为大气腐蚀、土壤腐蚀、海水腐蚀、淡水腐蚀、化学介质腐蚀、高温腐蚀等。按照破坏形态可分为全面腐蚀和局部腐蚀。

2.1.7.1　腐蚀防护技术措施

设备及管道本体材料应符合设计文件规定并采取介质处理、覆盖层、电化学保护、添加缓蚀剂等技术措施进行腐蚀防护。

介质处理是通过去除介质中促进腐蚀的有害成分，调节介质的 pH 值及改变介质的湿度等，以达到腐蚀防护的目的。如，锅炉给水的除氧；在管道输送原油前，必须脱出原油中水及其他腐蚀性成分。

覆盖层是指在金属表面喷、衬、渗、镀、涂上一层耐蚀性较好的金属或非金属物质，使被保护金属表面与介质隔离，降低金属腐蚀的速度。设备及管道覆盖层主要有涂料涂层、金属涂层、衬里和管道防腐层等。

电化学保护是利用金属电化学腐蚀原理对设备或管道进行保护，分为阳极保护和阴极保护两种形式。例如，硫酸设备等化工设备和设施可采用阳极保护技术；埋地钢质管道、管网以及储罐常采用阴极保护技术。

添加缓蚀剂是在腐蚀环境中通过添加少量能阻止或减缓金属腐蚀速度的物质以保护金属的方法。例如，加入乌洛托品等缓蚀剂可减轻炼油装置的腐蚀。

2.1.7.2　防腐蚀施工的要点

设备及管道防腐蚀工程实施前，需要完成设备及管道外壁附件的焊接工作。在防腐蚀工程施工过程中，不得同时进行焊接、气割、直接敲击等作业。对不可拆卸的密闭设备必须开启全部人孔。

防腐蚀施工时对设备和管道基体的表面要求不得有划痕、气孔、夹渣、重叠皮、严重腐蚀斑点等。加工表面应平整，并打磨棱角、毛边以及铸造残留物，并圆滑过渡。在需要进行防腐蚀衬里施工的设备及管道上，必要时应设置检漏孔，并应在适当位置设置排气孔。对接焊缝表面应平整，并应无气孔、焊瘤和夹渣。焊缝高度应小于或等于 2mm，并平滑过渡。

不满足要求的表面必须进行相应的表面处理。常用的表面处理方法包括工具除锈、喷射或抛射除锈等。

工具除锈可分为手动和动力工具除锈两种方法。手动工具包括钢丝刷、粗砂纸、铲刀、刮刀或类似手工工具。动力工具包括旋转钢丝刷、电动砂轮或除锈机等。

喷射除锈法指用压缩空气将磨料高速喷射到金属表面，依靠磨料的冲击和研磨作用，将金属表面的铁锈和其他污物清除。常以石英砂作为喷射除锈用磨料，称为喷砂除锈。喷射除锈广泛用于施工现场设备及管道涂覆前的表面处理。

抛射除锈法是利用高速旋转的叶轮将进入叶轮腔体内的磨料在离心力作用下由开口处以 45°~50° 的角度定向抛出，射向被除锈的金属表面。常以铸钢丸作为抛射除锈用磨料，称为抛丸除锈。抛射除锈主要用于涂覆车间工件的金属表面处理。

2.1.8 绝热工程

绝热工程是为了减少设备、管道及其附件向周围环境散热，在其外表面采取的增设隔热层的施工。隔热层所使用的绝热材料是能够减少热传递的功能材料，其绝热性能决定于化学成分和物理结构。常用的绝热材料有岩棉制品、矿渣棉制品、玻璃棉制品、硅酸铝棉制品、硅酸镁纤维毯、硅酸钙制品、复合硅酸盐制品、泡沫玻璃制品、聚异氰脲酸酯泡沫制品、聚氨酯泡沫制品、柔性泡沫橡塑制品等。

与绝热工程施工和验收相关的国家标准包括《工业安装工程施工质量验收统一标准》（GB/T 50252—2018）、《工业设备及管道绝热工程施工规范》（GB 50126），以及《工业设备及管道绝热工程施工质量验收标准》（GB/T 50185—2019）。其中，GB/T 50185—2019 由住房和城乡建设部与国家市场监督管理总局 2019 年 11 月联合发布，该标准适用于新建、改建和扩建工程的工业设备及管道外表面温度为 −196～850℃ 的绝热工程的施工质量验收。

2.1.8.1 绝热工程的主要内容

设备和管道的绝热结构分为保冷结构和保温结构。

保冷结构的组成包括防腐层、保冷层、防潮层和保护层，如图 2.17 所示。

防腐层将防腐材料涂敷在保冷设备及采用碳钢或铁素体合金钢的保冷管道的外表面，防止其因受潮而腐蚀。凡需进行绝热的碳钢设备、管道及其附件应设防腐层；不锈钢、有色金属及非金属材料制造的设备、管道及其附件则不需设防腐层。保冷层是保冷结构的核心层，将绝热材料敷设在保冷设备及管道外表面，阻止外部环境的热流进入，减少冷量损失维持保冷功能。防潮层是保冷层的维护层，将防潮材料敷设在保冷层外，阻止外部环境的水蒸气渗入，防止保冷层的材料受潮后降低保冷功效乃

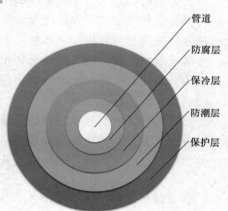

图 2.17　保冷结构示意图

至破坏保冷功能。保护层是保冷结构的维护层，将保护层材料敷设在保冷层或防潮层外部，保护保冷结构内部免遭水分侵入或外力破坏，使保冷结构外形整洁、美观，延长保冷结构使用年限。在保护层外表面根据需要可采用不同颜色的涂料制作相应色标，以识别设备及管道内介质类别和流向。

保温结构的组成与保冷结构不同，保温结构通常只由防腐层、保温层及保护层三层组成。在潮湿环境或埋地状况下才需增设防潮层。各层的功能与保冷结构各层的功能相同。

2.1.8.2 绝热工程的施工方法

（1）绝热层的施工方法

绝热层的施工方法包括嵌装层铺法、捆扎法、拼砌法、缠绕法、填充法、粘贴法、浇注法、喷涂法、涂抹法、可拆卸式施工法、金属反射绝热结构施工法等。

嵌装层铺法是将绝热层进行嵌装之后挂于保温销钉上，外层敷设一层铁丝网形成一个整体，常用于大平面或平壁设备绝热层施工。绝热材料宜采用软质或半硬质制品。

捆扎法是把绝热材料制品敷于设备及管道表面，再用捆扎材料将其扎紧、定位的方法。该方法适用于软质毡、板、管壳，硬质、半硬质板等各类绝热材料制品的施工。用于大型筒

体设备及管道时，需依托固定件或支承件来捆扎、定位。

拼砌法是用块状绝热制品紧靠设备及管道外壁砌筑的施工方法，分为干砌法和湿砌法。拼砌法常用于保温结构施工，特别是高温炉墙的保温层砌筑。

缠绕法是采用矿物纤维绳、带类制品缠绕在设备及管道需要保温的部位。该方法仅适用于设计允许的小口径管道和施工困难的管道与管束，施工简单，并且适用于不规则的管道。

填充法是用粒状或棉絮状绝热材料填充到设备及管道壁外的空腔内的施工方法。

粘贴法是用各类黏结剂将绝热材料制品直接粘贴在设备及管道表面的施工方法。

浇注法是将配制好的液态原料或湿料倒入设备及管道外壁设置的模具内，使其发泡定型或养护成型的一种绝热施工方法。该法较适合异形管件的绝热以及室外地面或地下管道绝热。

喷涂法是利用机械和气流技术将料液或粒料混合，输送至特制喷枪口送出，使其附着在绝热面上成型的一种施工方法。该法与浇注法同属现场配料、现场成型的施工方法。

涂抹法是将绝热涂料采用涂抹的方法敷设在设备及管道表面。涂抹法可在被绝热对象处于运行状态下进行施工。涂抹绝热层整体性好，施工作业简单。

可拆卸式绝热层施工方法用于设备或管道上的观察孔、检测点、维修处的保温。将保温材料预制成金属盒等可拆卸的结构，采用螺栓等方式固定。

金属反射绝热结构施工方法是利用高反射、低辐射的金属材料（如镭箔、抛光不锈钢、电镀板等）组成的绝热结构。该类结构主要采用焊接或铆接方式施工。

（2）防潮层的施工方法

防潮层的施工方法包括涂抹法和捆扎法。涂抹法是在绝热层表面附着一层或多层基层材料，并分层在其上方涂敷各类涂层材料的一种防潮层施工方法。捆扎法是把防潮薄膜与片材敷于绝热层表面，再用捆扎材料将其扎紧，并辅以黏结剂与密封剂将其封严的一种防潮层施工方法。

（3）保护层的施工方法

保护层可采用金属保护层，也可采用非金属保护。

设备和管道的绝热施工宜在设备及管道压力强度试验、严密性试验及防腐工程合格后开始。在有防腐、衬里的设备及管道上焊接绝热层的固定件时，焊接及焊后热处理必须在防腐、衬里和试压之前。用于绝热结构的固定件和支承件的材质和品种必须与设备及管道的材质相匹配。不锈钢设备和管道上焊接的固定件或垫板应采用相同材质牌号的不锈钢。

2.1.9 炉窑砌筑工程

炉窑砌筑是指对工业炉及其附属设备衬体的施工，包括定形耐火材料、不定形耐火材料及耐火陶瓷纤维制品等的施工。

与炉窑砌筑工程相关的国家标准主要是《工业炉砌筑工程施工及验收规范》（GB 50211—2014），该规范适用于工业炉砌筑工程的施工及验收。

2.1.9.1 炉窑砌筑的主要内容

炉窑的分类按其生产过程可分为动态炉窑和静态炉窑。常用的工业炉窑包括高炉、热风炉、焦炉、炼钢转炉、炼钢电炉、混铁炉、炉外精炼炉、均热炉、加热炉、热处理炉、反射炉、矿热电炉、回转熔炼炉、闪速炉、卧式转炉、铝电解槽、碳素煅烧炉、焙烧炉、玻璃熔窑、回转窑、隧道窑、倒焰窑、转化炉和裂解炉、连续式直立炉，以及工业锅炉等。

窑的砌筑中耐火材料的选择和使用是关键性问题。砌筑炉窑的耐火材料按化学特性分为酸性耐火材料、碱性耐火材料和中性耐火材料。酸性耐火材料有硅砖、锆英砂砖等，其特性是能耐酸性渣的侵蚀。碱性耐火材料有镁砖、镁铝砖、白云石砖等，其特性是能耐碱性渣的侵蚀。中性耐火材料有刚玉砖、高铝砖、碳砖等，其特性是对酸性渣及碱性渣均具有抗侵蚀作用。

按照耐火度可分为普通耐火材料、高级耐火材料和特级耐火材料。普通耐火材料的耐火度为 1580～1770℃，高级耐火材料的耐火度为 1770～2000℃，特级耐火材料的耐火度为 2000℃以上。

按照耐火材的形状可分为定形耐火材料、不定形耐火材料和新型耐火材料等。定形耐火材料，如耐火砖，其特性是形状已定形制品。不定形耐火材料，如耐火浇注料、耐火泥浆、喷涂料、可塑料、捣打料、耐火压浆料和耐火涂抹料等，其特性是凝固之前流动性及可塑性好，适宜于定形耐火材料不宜施工和操作的部位及充填，弥补定形耐火材料砌筑的不足之处。新型耐火材料主要是耐火陶瓷纤维，该材料具有热导率低、体积密度低、抗热振性和抗机械振动性好等特点，在剧烈的急冷急热条件下不易发生剥落，且施工安装方便，因此近年来发展较快。

2.1.9.2 炉窑砌筑的施工要点

炉体骨架结构和有关设备安装完毕，经检查合格并签订交接证明书后，才可进行炉窑砌筑工程施工。工序交接证明书应包括炉子中心线和控制标高的测量记录，以及必要的沉降观测点的测量记录；隐蔽工程的验收合格证明；炉体冷却装置，管道和炉壳的试压记录及焊接严密性试验合格证明；钢结构和炉内轨道等安装位置的主要尺寸复测记录；动态炉窑或炉子的可动部分试运转合格证明；炉内托砖板和锚固件等的位置、尺寸及焊接质量的检查合格证明；以及上道工序成果的保护要求。

在工序交接时，对上一工序及时进行质量检查验收并办理工序交接手续。炉窑砌筑一般是工业炉窑系统工程中最后一道工序，做好炉子基础、炉体骨架结构和有关设备安装的检查交接工作是加强系统工程质量管理的重要组成部分。

动态炉窑砌筑必须在炉窑单机无负荷试运转合格并验收后方可进行。炉窑砌筑的基本顺序包括起始点选择（从热端向冷端或从低瑞向高端）；分段作业划线；选砖；配砖；分段砌筑；分段进行修砖及锁砖；膨胀缝的预留及填充（设计若有膨胀缝）等。

静态炉窑的施工程序与动态炉窑基本相同，不同之处在于静态炉窑的砌筑不必进行无负荷试运行即可进行砌筑。砌筑顺序必须自下而上进行，无论采用哪种砌筑方法，每环砖均可一次完成，起拱部位应从两侧向中间砌筑，并需采用拱胎压紧固定，锁砖完成后拆除拱胎。

工业炉在投入生产前必须烘干烘透，因此炉窑砌筑完成需要经过烘炉才能正常使用。烘炉前需要制定工业炉的烘炉计划，准备烘炉用的工机具和材料，并确认烘炉曲线，编制烘炉期间作业计划及应急处理预案，以及确定烘炉过程中的监控重点。

烘炉前应先烘烟囱及烟道。耐火浇注料内衬应该按规定养护后，才可进行烘炉。烘炉应在其生产流程有关的机电设备联合试运转及调整合格后进行。烘炉过程中，应根据炉窑的结构和用途、耐火材料的性能、建筑季节等制定烘炉曲线和操作规程，其主要内容包括烘炉期限、升温速度、恒温时间、最高温度、更换加热系统的温度、烘炉措施、操作规程及应急预案等。烘炉后需降温的炉窑，在烘炉曲线中应注明降温速度。烘炉必须按烘炉曲线进行。烘炉过程中，应测定和测绘实际烘炉曲线。烘炉时应做详细记录，对所发生的一切不正常现象应采取相应的应急措施，并注明其原因。

烘炉期间，应仔细观察护炉铁件和内衬的膨胀情况以及拱顶的变化情况，必要时可调节拉杆螺母以控制拱顶的上升数值。在大跨度拱顶的上面应安装标志，以便检查拱顶的变化情况。在烘炉过程中，如主要设施发生故障而影响其正常升温时，应立即进行保温和停炉。故障消除后，才可按烘炉曲线继续升温烘炉。烘炉过程中所出现的缺陷经处理后，才可投料生产。

2.2 ➡ 建筑机电安装工程

建筑机电安装工程是完成建筑物的设备、线路和管路等安装的施工。建筑机电安装工程包括建筑管道工程、建筑电气工程、通风与空调工程、建筑智能化工程、电梯工程和消防工程。

2.2.1 建筑管道工程

2.2.1.1 建筑管道工程的主要内容

建筑管道工程主要是建筑的给水排水及供暖分部工程，该项分部工程又可划分为14项子分部工程，其中主要的子分部工程包括室内给水系统、室内排水系统、室内热水系统、卫生器具、室内供暖系统、室外给水系统、室外排水系统、室外供热系统、建筑中水系统及雨水利用系统等。

室内给水系统的主要施工内容包括给水管道及配件安装，给水设备安装，室内消火栓系统安装，消防喷淋系统安装，防腐，绝热，管道冲洗、消毒，试验与调试。

室内排水系统的主要施工内容包括排水管道及配件安装，雨水管道及配件安装，防腐，试验与调试。

室内热水系统的主要施工内容包括管道及配件安装，辅助设备安装，防腐，绝热，试验与调试。

卫生器具的主要施工内容包括卫生器具安装，卫生器具给水配件安装，卫生器具排水管道安装，试验与调试。

室内供暖系统的主要施工内容包括管道及配件安装，辅助设备安装，散热器安装，低温热水地板辐射供暖系统安装，电加热供暖系统安装，燃气红外辐射供暖系统安装，热风供暖系统安装，热计量及调控装置安装，试验与调试，防腐，绝热。

室外给水系统的主要施工内容包括给水管道安装，室外消火栓系统安装，试验与调试。

室外排水系统的主要施工内容包括排水管道安装，排水管沟与井池，试验与调试。

室外供热系统的主要施工内容包括管道及配件安装，系统水压试验，系统调试，防腐，绝热，试验与调试。

建筑中水系统的主要施工内容包括建筑中水系统、雨水利用系统管道及配件安装，水处理设备及控制设施安装，防腐，绝热，试验与调试。

2.2.1.2 建筑管道工程的施工要点

建筑管道安装所涉及的主要材料、成品、半成品、配件、器具和设备必须具有中文质量合格证明文件，规格、型号及性能检测报告应符合国家技术标准或设计要求。生活给水系统所涉及的材料必须达到饮用水卫生标准。进场时应做检查验收并经监理工程师核查确认。

建筑管道安装之前，应对品种、规格、外观等进行验收。包装应完好，表面无划痕及外力冲击破损。管道所用流量计及压力表应进行校验检定，设备及管道上的安全阀应由具备资质的单位进行整定。

管道上的阀门安装前，应做强度和严密性试验。试验应在每批（同牌号、同型号、同规格）数量中抽查 10%，且不少于一个。对于安装在主干管上起切断作用的闭路阀门，应逐个做强度和严密性试验。

建筑管道安装完成之后应进行系统水压试验。室内给水管道的水压试验必须符合设计要求。当设计未注明时，各种材质的给水管道系统试验压力均为工作压力的 1.5 倍，但不得小于 0.6MPa。金属及复合管给水管道系统在试验压力下观测 10min，压力降不应大于 0.02MPa，然后降到工作压力进行检查，应不渗不漏。塑料管给水系统应在试验压力下稳压 1h，压力降不得超过 0.05MPa，然后在工作压力的 1.15 倍状态下稳压 2h，压力降不得超过 0.03MPa，同时检查各连接处不得渗漏。

室内直埋给水管道（塑料管道和复合管道除外）应做防腐处理。埋地管道防腐层材质和结构应符合设计要求。管道的防腐方法主要为涂漆。进行手工油漆涂刷时，漆层要厚薄均匀一致。多遍涂刷时，必须在上一遍涂膜干燥后才可涂刷第二遍。管道绝热按其用途可分为保温、保冷、加热保护三种类型。

2.2.2　建筑电气工程

2.2.2.1　建筑电气工程的主要内容

建筑电气分部工程的常用子分部工程包括室外电气、变配电室、供电干线、电气动力、电气照明安装、备用电源和不间断电源安装，以及防雷和接地安装。

室外电气的施工内容主要包括架空线路及杆上电气设备安装，变压器、箱式变电所安装，导管和线槽敷设，电线、电缆穿管和线槽敷线，电缆头制作、导线连接和线路电气试验，建筑物外部装饰灯具、航空障碍标志灯安装，庭院灯和路灯安装，通电试运行，接地装置安装等。

变配电室的施工内容主要包括变压器、成套配电柜、控制柜安装，裸母线、封闭母线、插接式母线安装，电缆敷设，电缆头制作、导线连接和线路电气试验，接地装置安装等。

供电干线的施工内容主要包括封闭母线、插接式母线安装，桥架安装和桥架内电缆敷设，电缆沟内和电缆竖井内电缆敷设，导管和线槽敷设，导管和线槽敷线，电缆头制作、导线连接和线路电气试验等。

电气动力的施工内容主要包括动力配电箱及控制柜安装，低压电动机、电加热器及电动执行机构检查、接线，低压电气动力设备检测、试验和空载试运行等。

电气照明安装的主要内容包括照明配电箱安装，导管和线槽敷设，电线穿管和线槽敷线，钢索配线，导线连接和线路电气试验，普通灯具安装，专用灯具安装，插座、开关、风扇安装，照明通电试运行。

备用电源和不间断电源的主要施工内容包括成套配电柜、控制柜安装，柴油发电机组安装，不间断电源的其他功能单元安装，封闭母线、插接式母线安装，导管和线槽敷设，电线、电缆敷线，电缆头制作、导线连接和线路电气试验等。

防雷及接地安装的主要施工内容包括接闪器（接闪针、接闪带、接闪线、接闪网、均压环）、引下线、接地装置（接地体、接地干线）、避雷装置安装，建筑物等电位联结等。

2.2.2.2 建筑电气工程的施工要点

供电干线采用导管方式敷设时，首先完成导管施工，然后进行管内穿线。金属导管的施工程序如图 2.18 所示。

图 2.18 导管施工程序

建筑电气的供电干线和室内配线所用的导管有金属导管、塑料导管和柔性导管。在导管敷设前，应完成进场验收，验收合格后方可使用。

钢导管敷设时不得采用对口熔焊连接，镀锌钢导管或壁厚小于 2mm 的钢导管不得采用套管熔焊连接。暗配导管的表面埋设深度与建筑物、构筑物表面的距离不应小于 15mm。当塑料导管在墙体上开槽埋设时，应采用强度等级不小于 M10 的水泥砂浆抹面保护。导管穿越密闭或防护密闭隔墙时，应设置预埋套管，预埋套管的制作和安装应符合设计要求，套管两端伸出墙面的长度宜为 30～50mm，导管穿越密闭穿墙套管的两侧应设置过线盒，并应做好封堵。

明配导管的弯曲半径不宜小于管外径的 6 倍，当两个接线盒之间只有一个弯曲时，其弯曲半径不宜小于管外径的 4 倍。埋设于混凝土内的导管的弯曲半径不宜小于管外径的 6 倍，当直埋于地下时，其弯曲半径不宜小于管外径的 10 倍。

管内穿线施工程序如图 2.19 所示。

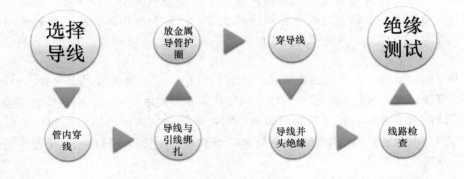

图 2.19 管内穿线施工程序

绝缘导线穿管前，应清除管内杂物和积水，绝缘导线穿入金属导管的管口在穿线前应设置护线口。绝缘导线接头应设置在专用接线盒或器具内，不得设置在导管内，接线盒的位置应设置在便于检修的位置。同一交流回路的绝缘导线不应穿在不同的金属导管内，不同回路、不同电压等级以及交流和直流线路的绝缘导线也不应穿在同一导管内。

2.2.3 通风与空调工程

2.2.3.1 通风与空调工程的主要内容

空调系统按空气处理设备的设置不同，可分为集中式系统、半集中式系统和全分散式系统。集中式系统是空气处理设备集中在机房内，空气经处理后，由风道送入空调区域。半集中式系统是除了有集中的空气处理设备外，在各个空调房间内还分别设置处理空气的末端装置，如风机盘管与新风系统等。全分散式系统分别由各自的整体式或分体式空调器进行空气处理，如单元式空调器等。

通风空调分部工程的主要子分部工程包括送风系统，排风系统，防、排烟系统，舒适性空调风系统，恒温恒湿空调风系统，净化空调风系统，空调（冷、热）水系统，冷却水系统，冷凝水系统，以及多联机（热泵）空调系统等。

送风系统的主要施工内容包括风管与配件制作，风管系统安装，风机与空气处理设备安装，风管与设备防腐，送风口、织物（布）风管安装，系统调试等。

排风系统的主要施工内容包括风管与配件制作，风管系统安装，风机与空气处理设备安装，风管与设备防腐，吸风罩及空气处理设备安装，排风系统安装，系统调试等。

防、排烟系统的主要施工内容包括风管与配件制作，风管系统安装，风机与空气处理设备安装，风管与设备防腐，排烟风阀（口）、正压风口、防火风管安装，系统调试等。

舒适性空调风系统的主要施工内容包括风管与配件制作，风管系统安装，风机与组合式空调机组安装，消声器、静电除尘器、换热器等设备安装，风机盘管、变风量与定风量送风装置、射流喷口等末端设备安装，系统调试等。

恒温恒湿空调风系统的主要施工内容包括风管与配件制作，风管系统安装，风机与组合式空调机组安装，电加热器、加湿器等设备安装，精密空调机组安装，系统调试等。

净化空调风系统的主要施工内容包括风管与配件制作，部件制作，风管系统安装，风机与净化空调机组安装，消声器、换热器等设备安装，中、高效过滤器及风机过滤器机组等末端设备安装，风管与设备绝热，洁净度测试，系统调试等。

空调（冷、热）水的主要施工内容包括管通系统及部件安装，水泵及附属设备安装，管道冲洗与管内防腐，板式热交换器，辐射板及辐射供热，管道、设备防腐与绝热，系统压力试验及调试等。

冷却水系统的主要施工内容包括管道系统及部件安装，水泵及附属设备安装，管道冲洗与管内防腐，冷却塔与水处理设备安装，管道、设备防腐与绝热，系统压力试验及调试等。

冷凝水系统的主要施工内容包括管道系统及部件安装，水泵及附属设备安装，管道、设备防腐与绝热，管道冲洗，系统灌水渗漏及排放试验等。

多联机（热泵）空调系统的主要施工内容包括室外机组安装，室内机组安装，制冷剂管路连接及控制开关安装，风管安装，冷凝水管道安装，制冷剂灌注，系统压力试验及调试等。

2.2.3.2 通风与空调工程的施工要点

通风与空调工程的施工程序如图 2.20 所示。

图 2.20 通风与空调工程的施工程序

用于制作风管的材料包括镀锌钢板、普通钢板、不锈钢板、复合材料（如双面铝箔复合材料、铝箔玻璃纤维复合材料等）和非金属材料（如硬聚氯乙烯等）。金属风管规格以外径或外边长为准，非金属风管规格以内径或内边长为准。风管的密封应以板材连接的密封为主，也可采用密封胶嵌缝等方法。密封胶的性能应符合使用环境要求，密封面应设在风管的正侧面。风管水平安装，直径或边长小于或等于400mm时，所设置的支、吊架间距不应大于4m；大于400mm时，间距不应大于3m。螺旋风管的支、吊架的间距可为3.75m或5m。薄钢板法兰风管的支、吊架间距不应大于3m。垂直安装时，应设置2个固定点，支架间距不应大于4m。风管系统安装完成后，应对安装后的主、干风管分段进行严密性试验。严密性试验主要检验风管、部件制作加工后的咬口缝、铆接孔、风管的法兰翻边、风管管段之间的连接严密性。

水系统管道安装包括冷冻水管道、冷却水管道、冷凝水管道等。管道系统安装完毕，外观检查合格后，冷冻水和冷却水管道应按设计要求进行水压试验，冷凝水管道按要求进行充水通水试验，应以不渗漏、排水畅通为合格。

设备安装包括制冷机组及附属设备安装、冷却塔安装、水泵安装、组合式空调机组安装、新风机组安装、风机盘管安装、风机安装等。

防腐蚀工程施工时，应采取防火、防冻、防雨等措施，且不应在潮湿或低于5℃的环境下作业，并应采取相应的环境保护和劳动保护措施。支、吊架的防腐处理应与风管或管道相一致，明装部分最后一遍色漆宜在安装完毕后进行。防腐涂料的涂层应均匀，不应有堆积、漏涂、皱纹、气泡、掺杂及混色等缺陷。

风管、部件及空调设备的绝热施工应在风管系统严密性试验合格后进行。空调水系统和制冷系统管道的绝热施工，应在管路系统强度与严密性检验合格和防腐处理结束后进行。

通风与空调的系统调试包括设备单机试运转及调试、系统非设计满负荷条件下的联合试运转及调试。设备单机试运转及调试需要对通风机、空气处理机组中的风机、水泵、冷却塔风机、制冷机组、风机盘管机组等进行试运转。在设备单机试运转全部合格后，进行系统非设计满负荷条件下的联合试运转及调试，通过联合试运转和调试，完成对检测与控制系统的检验、调整与联动运行，系统风量的测定和调整，空调水系统的测定与调整，室内空气参数的测定与调整，防排烟系统测定与调整等内容。

2.2.4 建筑智能化工程

2.2.4.1 建筑智能化工程的主要内容

建筑智能化分部工程中常用的子分部工程包括用户电话交换系统，信息网络系统，综合布线系统，有线电视及卫星电视接收系统，公共广播系统，建筑设备监控系统，火灾自动报警系统，安全技术防范系统，机房工程等。

用户电话交换系统的主要施工内容包括线缆敷设，设备安装，软件安装，接口及系统调试，试运行等。

信息网络系统的主要施工内容包括计算机网络设备安装，计算机网络软件安装，网络安全设备安装，网络安全软件安装，系统调试，试运行等。

综合布线系统的主要施工内容包括梯架、托盘、槽盒和导管安装，线缆敷设，机柜、机架、配线架的安装，信息插座安装，链路或信道测试，软件安装，系统调试，试运行等。

有线电视及卫星电视接收系统的主要施工内容包括导管安装，线缆敷设，设备安装，软件安装，系统调试，试运行等。

公共广播系统的主要施工内容包括导管安装，线缆敷设，设备安装，软件安装，系统调试，试运行等。

建筑设备监控系统的主要施工内容包括梯架、托盘、槽盒和导管安装，线缆敷设，传感器安装，执行器安装，控制器、箱安装，中央管理工作站和操作分站设备安装，软件安装，系统调试，试运行等。

火灾自动报警系统的主要施工内容包括导管安装，线缆敷设，探测器类设备安装、控制器类设备安装，其他设备安装，软件安装，系统调试，试运行等。

安全技术防范系统的主要施工内容包括导管安装，线缆敷设，设备安装，系统调试，试运行等。

机房工程的主要施工内容包括供配电系统，防雷与接地系统，综合布线系统，监控与安全防范系统，电磁屏蔽，系统调试，试运行等。

2.2.4.2 建筑智能化工程的施工要点

建筑智能化工程中，建筑设备监控工程和安全防范工程在建筑中应用得越来越广泛，并且其受重视的程度也在不断加强。

（1）建筑设备监控工程的施工要点

建筑设备监控工程的实施程序如图2.21所示。

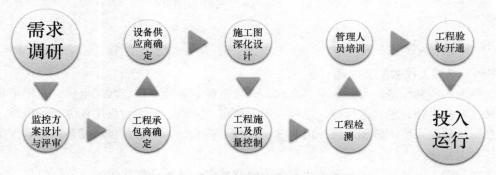

图 2.21 建筑设备监控工程的实施程序

自动监控系统的深化设计应具有开放结构，协议和接口都应标准化。首先了解建筑物的基本情况、建筑设备的位置、控制方式和技术要求等资料，然后依据监控产品进行深化设计。深化设计中还应做好与建筑给水排水、电气、通风空调、防排烟、防火卷帘和电梯等设备的接口确认，做好与建筑装修效果的配合工作。

监控设备的安装包括中央监控设备安装、现场控制器安装、主要输入设备安装和主要输出设备安装。中央监控设备应在控制室装饰工程完工后进行安装。外观检查无损伤，设备完整，型号、规格和接口符合设计要求，设备安装平稳、操作方便，接地可靠。现场控制器处于监控系统的中间层，向上连接中央监控设备，向下连接各监控点的传感器和执行器。现场控制器一般安装在弱电竖井内、冷冻机房、高低压配电房等需要监控的机电设备附近。各类传感器的安装位置应能够正确反映其检测性能，并远离有强磁场或剧烈振动的场所，且要便于调试和维护。主要输出设备包括电磁阀、电动调节阀、电动风阀控制器等，在安装之前应按要求检查线圈和阀体件的电阻，并进行模拟动作试验。

（2）安全防范工程的施工要点

安全防范工程的实施程序如图2.22所示。

安全防范工程中所使用的设备、材料应符合国家法律、法规、标准的要求，并与设计文件、工程合同的内容相符合。

安防工程的主要设备安装包括探测器安装、摄像机安装、云台和解码器安装、出入口控制设备安装、对讲设备安装、电子巡查设备安装、停车场管理设备安装，以及控制系统安装。其中，各类探测器的安装，应根据产品的特性、警戒范围要求和环境影响等确定设备的安装点（位置和高度）。探测器的底座和支架应固定牢固。周界入侵探测器的安装位置应能保证在防区内形成交叉，避免盲区。摄像机在安装前应通电检测，工作应正常，在满足监视目标视场范围要求下，室内安装高度应不低于 2.5m，室外安装高度应不低于 3.5m。

图 2.22　安全防范工程的实施程序

2.2.5　电梯工程

2.2.5.1　电梯工程的主要内容

电梯属于特种设备，可分为乘客电梯、载货电梯、客货电梯、病床电梯、住宅电梯、船用电梯、消防电梯、观光电梯等。电梯一般由机房、井道、轿厢、层站四大部位组成，包括曳引系统、导向系统、轿厢系统、门系统、重量平衡系统、驱动系统、控制系统、安全保护系统等八大系统。

电梯分部工程常用的子分部工程有电力驱动的曳引式或强制式电梯、液压电梯，以及自动扶梯和自动人行道等。

电力驱动的曳引式或强制式电梯的主要施工内容包括设备进场验收，土建交接检验，驱动主机，导轨，门系统，轿厢，对重，安全部件，悬挂装置，随行电缆，补偿装置，电气装置，整机安装验收等。

液压电梯的主要施工内容包括设备进场验收，土建交接检验，液压系统，导轨，门系统，轿厢，对重，安全部件，悬挂装置，随行电缆，电气装置，整机安装验收等。

自动扶梯和自动人行道的主要施工内容包括设备进场验收，土建交接检验，整机安装验收等。

2.2.5.2　电梯工程的施工要点

电梯安装的施工单位应当在施工前将拟进行的电梯情况书面告知直辖市或者设区的市的特种设备安全监督管理部门，告知后方可施工。办理告知需要的材料一般包括特种设备开工告知申请书一式两份、电梯安装资质证原件、电梯安装资质证复印件加盖公章、组织机构代码证复印件加盖公章等。安装单位应当在履行告知后、开始施工前（不包括设备开箱、现场勘测等准备工作），并向规定的检验机构申请监督检验。待检验机构审查电梯制造资料完毕，并且获悉检验结论为合格后，方可实施安装。

电梯施工的一般程序包括施工前准备，吊运机件到位，搭设顶部工作台，井道、机房放线、照明线路，机房设备安装，机房电气接线，井道导轨、缓冲器安装，轿厢框架安装，放钢丝绳、装配重，配临时动力电源、操作电路，层门上坎/地坎、导轨安装，层门安装，井道内外电气安装，拆工作台，轿厢安装，调试、交验等。

整理记录，并向制造单位提供，由制造单位负责进行校验和调试。检验和调试符合要求后，向经国务院特种设备安全监督管理部门核准的检验检测机构报验，要求监督检验。监督检验合格，电梯可以交付使用。获得准用许可后，按规定办理交工验收手续。

2.2.6 消防工程

2.2.6.1 消防工程的主要内容

消防系统是建筑物内布设的火灾自动报警和消防联动控制系统。

火灾自动报警系统的基本模式包括区域报警系统、集中报警系统和控制中心报警系统三种。区域报警系统由火灾探测器、区域控制器、火灾报警装置等构成，适于小型建筑等单独使用。集中报警系统由火灾探测器和集中控制器等组成，适用高层的宾馆、商务楼、综合楼等建筑使用。控制中心报警系统由设置在消防控制室的集中报警控制器、消防控制设备等组成，适用于大型建筑群、超高层建筑，可对建筑中的消防设备实现联动控制和手动控制。

火灾自动报警的火灾探测部分有感烟探测器、感温探测器、感火焰探测器、可燃气体探测器等。除了探测部分外，自动报警系统还包括输入模块、手动报警按钮、火灾自动报警控制器、火灾显示盘等。

消防联动控制部分由一系列控制系统组成，如报警、灭火、防排烟、广播和消防通信等。联动控制的主要类型有联动控制器和控制模块。联动控制器与火灾报警器配合，用于控制各类消防外控设备，实施自动或手动控制。控制模块直接与联动控制器的控制总线或火灾报警控制器的总线连接。火警时，由模块内的触点动作来启动或关闭外控设备，外控设备的状态信号通过控制模块反馈给主机。例如，当火灾发生后，通过控制模块发出声和光报警信号，开启正压新风，使人员安全疏散。

灭火系统的主要类型包括水灭火系统、气体灭火系统、泡沫灭火系统和干粉灭火系统。

水灭火系统包括消防栓灭火系统、自动喷水灭火系统、消防水炮灭火系统、高压细水雾灭火系统等。

消火栓灭火系统可分为室外消火栓灭火系统和室内消火栓灭火系统。室外消火栓系统由室外消火栓、消防水泵接合器、供水管网和消防水池组成，用作消防车供水或接出消防水带及水枪进行灭火。室内消火栓系统由消火栓、水带、水枪三个主要部件组成，用以接出消防水带及水枪进行灭火，为了在发生火灾时能迅速启动消防泵进行灭火，设有直接启动消防泵的按钮。

自动喷水灭火系统由洒水喷头、报警阀组、水流报警装置（水流指示器或压力开关）、末端试水装置、配水管道、供水设施等组成。自动喷水灭火系统可分为闭式系统、雨淋系统、水喷雾系统和喷水与泡沫联用系统。

消防水炮灭火系统由消防水炮、管路、阀门、消防泵组、动力源和控制装置等组成。凡按照国家有关标准要求应设置自动喷水灭火系统，火灾类别为 A 类，但由于空间高度较高，采用自动喷水灭火系统难以有效探测、扑灭及控制火灾的大空间场所，宜安装消防水炮灭火系统。智能消防炮灭火系统可分为自动跟踪定位射流灭火系统和扫射式智能消防炮灭火系统。

　　高压细水雾系统由供水装置、过滤装置、控制阀、细水雾喷头等组件和供水管道组成，是能够自动和人工启动并喷放细水雾进行灭火或控火的固定灭火系统。根据供水方式分为泵组系统和瓶组系统，系统宜选用泵组系统，闭式系统不应采用瓶组系统。

　　气体灭火系统是指由气体作为灭火剂的灭火系统。气体灭火系统主要包括管道安装、系统组件安装（喷头、选择阀、储存装置）、二氧化碳称重检验装置等。常用的气体灭火系统包括七氟丙烷灭火系统和二氧化碳灭火系统。

　　泡沫灭火系统包括管道安装、阀门安装、法兰安装及泡沫发生器、混合储存装置安装等工程。泡沫灭火系统适用于对甲、乙、丙类液体可能泄漏场所的初期保护，对初期火灾也能扑救。根据泡沫灭火剂的发泡性能的不同分为低倍数泡沫灭火系统、中倍数泡沫灭火系统和高倍数泡沫灭火系统三类。

　　低倍数泡沫灭火系统泡沫发泡倍数在20倍以下称为低倍数泡沫灭火系统。低倍数泡沫灭火系统可以分为固定式泡沫灭火系统、半固定式泡沫灭火系统、移动式泡沫灭火系统和泡沫喷淋灭火系统。中倍数泡沫灭火系统泡沫发泡倍数在20～200之间。中倍数泡沫灭火系统与低倍数泡沫灭火系统相比，具有发泡倍数高、灭火速度快、水头损失小的特点。高倍数泡沫灭火系统泡沫发泡倍数在200～1000倍之间。高倍数泡沫灭火系统可分为全淹没式灭火系统、局部应用式灭火系统和移动式灭火系统三种类型。

　　干粉灭火系统是由干粉供应源通过输送管道连接到固定的喷嘴上，通过喷嘴喷放干粉的灭火系统。该系统主要用于扑救易燃、可燃液体、可燃气体和电气设备的火灾。干粉灭火系统主要由两部分组成，即干粉灭火设备部分和火灾自动探测控制部分。

　　防排烟系统根据建筑物性质、使用功能、规模等确定好设置范围，采用合理防排烟方式，划分防烟分区。排烟的方式主要有自然排烟、机械排烟。机械排烟是由挡烟壁（或固定式挡烟壁或挡烟墙或挡烟梁）、排烟口（带有排烟阀的排烟口）、防火排烟阀、排烟道、排烟风和排烟出口等成。

2.2.6.2　消防工程的施工要点

　　消防工程施工完毕后需要经过严格的验收程序才能交付。消防工程验收由建设单位组织，监理单位主持，消防部门指挥，施工单位（土建、装饰、机电、消防专业等）具体操作，设计单位等参与。组织防火监督检查、消防产品质量监督、灭火战训和建筑工程消防监督审核等部门的专业技术人员参加。

　　消防工程验收程序通常为验收受理、现场检查、现场验收、结论评定和工程移交等阶段。验收受理由建设单位向消防部门提出申请，要求对竣工工程进行消防验收，并提供有关书面资料，资料要真实有效，符合申报要求。现场检查主要是核查工程实体是否符合经审核批准的消防设计，内容包括房屋建筑的类别或生产装置的性质、各类消防设施的配备、建筑物总平面布置及建筑物内部平面布置、安全疏散通道和消防车通道的布置等。现场验收是消防部门安排用符合规定的工具、设备和仪表，依据国家工程建设消防技术标准对已安装的消防工程实行现场测试，并将测试的结果形成记录，经参加现场验收的建设单位人员签字确认。结论评定是在现场检查、现场验收结束后，依据消防验收有关评定规则，对检查验收过程中形成的记录进行综合评定，得出验收结论，并形成建筑工程消防验收意见书。工程移交是消防验收完成后，由建设单位、监理单位和施工单位将整个工程移交给使用单位或生产单位。工程移交包括工程资料移交和工程实体移交两个方面。工程资料移交包括消防工程在设计、施工和验收过程中所形成的技术、经济文件。工程实体移交表明工程的保管要从施工单位转为使用单位或生产单位，应按工程承包合同约定办理工程实体的移交手续。

消防验收的目的是检查工程竣工后其消防设施配置是否符合已获审核批准的消防设计的要求。大型的人员密集场所和其他特殊的建设工程，建设单位应当向消防部门申请消防验收。其他建设工程，建设单位在验收后应当报告消防部门备案，消防部门应当进行抽查。依法应当进行消防验收的建设工程，未经消防验收或者消防验收不合格的，禁止投入使用。其他建设工程经依法抽查不合格的，应当停止使用。

2.3 ➲ 机电工程的划分

在项目实施中，机电工程安装施工可以划分为单位工程、分部工程、分项工程和检验批。在施工中，在检验批完成并验收合格后，进行分项工程验收，分项工程验收合格后进行分部工程验收，分部工程验收合格后进行单位工程验收。工业机电工程和建筑机电工程依据各自的特点进行上述施工内容划分。工程项目的合理划分，有利于施工过程管理和质量验收管理。

2.3.1 工业机电工程的划分

2.3.1.1 单位工程的划分

工业机电工程划分单位工程的一般原则是按照工业厂房、车间或区域进行划分，较大的单位工程可划分为若干个子单位工程。通常情况下，单位工程由各专业安装工程构成，但当某些专业安装工程具有独立施工条件和使用功能时，允许将其单独划分为一个或若干个子单位工程。例如：汽轮发电机组主厂房安装即可作为一个单位工程，其中包括了厂房内的众多专业工程，如机械设备安装（汽轮机等）、电气装置安装（变压器等）、管道安装（蒸汽管道等）、仪表安装（主控室等）、绝热工程（蒸汽管道绝热等）等。

当一个单位工程中仅有某一专业分部工程师，该分部工程应为单位工程。工程量大、施工周期长的工程如大型管网工程、高炉砌筑工程等，可将其划分为单位工程。

2.3.1.2 分部工程的划分

工业机电工程划分分部工程的一般原则是按专业进行划分，较大的分部工程可划分为若干个子分部工程。根据工业机电工程的特点，按照专业可划分为钢结构、设备、管道、电气装置、自动化仪表、防腐蚀、绝热和工业炉砌筑八个分部工程。

通常情况下，若干个分部工程组成一个单位工程。根据单位工程的类别和生产性质，其中有些分部工程在其所在单位工程内部占有较大的投资比例，具有较大的工程量，是生产工艺的主要设备或流程，对于投产后的安全和使用功能均具有举足轻重的影响，这样的工程可视为主分部工程。例如，在化工厂房的设备安装分部工程，在汽轮发电机组主厂房的设备安装分部工程，在轧钢车间内的设备安装分部工程，变电站内的电气安装分部工程，主控制室内的自动化仪表安装分部工程等，都可以视为主分部工程。

2.3.1.3 分项工程的划分

工业机电工程划分分项工程的一般原则是按设备台（套）、机组、类别、材质、用途、介质、系统、工序等进行划分，并应符合各专业分项工程的划分规定。

对于钢结构工程，分项工程应由若干个检验批组成，分项工程可按施工工艺、钢结构制作、钢结构焊接、钢结构栓接、钢结构涂装或钢结构防火划分。

对于设备安装工程，分项工程应按设备的台（套）、机组划分。其中，"台"是指独立的一台机器，"套"是指成组的机器，"机组"是指由性能不同的机器组成的能够完成一项工作机器组合，如汽轮机组、制氧机组等。这样的划分体现了设备的完整性和独立性。

对于管道安装工程，分项工程应按管道类别或工作介质进行划分。

对于电气安装工程，分项工程应按电气设备、电气线路进行划分。

对于自动化仪表安装工程，分项工程应按仪表类别和安装试验工序进行划分。仪表工程按仪表类别和安装工作内容可划分为取源部件安装、仪表盘柜安装、仪表设备安装、仪表单台试验、仪表线路安装、仪表管道安装、脱脂、接地、防护等分项工程。主控室的仪表分部工程可划分为盘柜安装、电源设备安装、仪表线路安装、接地、系统硬件和软件试验等分项工程。

对于设备及管道防腐蚀工程，分项工程应按设备台（套）或主要防腐蚀材料种类进行划分，金属基层处理可单独构成分项工程。对于同一种防腐蚀材料，工程量较大的设备衬里，可按照设备台（套）细分为几个分项工程。

对于设备及管道绝热工程，分项工程中设备绝热应以相同工作介质按台（套）进划分，管道绝热应按相同的工作介质进行划分。在实际工程中，应当注意的是各行业对分项工程的划分有所差异。石化行业设备或管道的分项工程是按施工工序来划分；化工、电力行业是按工作介质温度或类别划分。

对于工业炉窑砌筑工程，分项工程应按工业炉的结构组成或区段进行划分。当工业炉砌筑工程量小于 $100m^3$ 时，可将一座工业炉作为一个分项工程，如一座加热炉等，或将两个或两个以上的部位或区段合并为一个分项工程，如加热炉的炉底和炉墙等。

通常情况下，若干个分项工程组成一个分部工程，其中对工程质量影响较大的分项工程为主分项工程。例如，工业管道工程中，按管道工作介质划分时，氧气管道、煤气管道是易燃、易爆危险介质的管道，如果这类管道安装质量低劣，如管道内清洗不干净、焊口缺陷、垫片泄漏等，投入使用将成为事故的隐患，一旦引发，便会发生爆炸等重大事故。因此，这类管道安装应视为主分项工程。

2.3.1.4 检验批的划分

对于钢结构工程、防腐蚀工程、绝热工程和炉窑砌筑工程可根据相应的标准划分检验批。

钢结构安装工程可按变形缝、施工段或空间刚度单元等划分成一个或若干个检验批，多层及高层可按楼层或施工段等划分一个或若干个检验批，压型金属板的制作和安装可按变形缝、楼层、施工段或屋面、墙面、楼面划分为一个或若干个检验批。

防腐蚀工程可按施工顺序、区段、部位或工程量划分为一个或若干个检验批。

绝热工程检验批可根据工程特点按相同的工作介质、相同的工作压力等级、相同的绝热结构划分为同一批次。

炉窑砌筑工程的检验批应按部位、层数、施工段或膨胀缝进行划分。

2.3.2 建筑机电工程的划分

2.3.2.1 单位工程的划分

具有独立施工条件并能形成独立使用功能的建筑物或构筑物为一个单位工程。对于规模较大的单位工程，可将其能形成独立使用功能的部分划分为一个子单位工程。

2.3.2.2 分部工程的划分

分部工程可按照专业性质、工程部位确定。建筑机电工程按专业性质划分为建筑给排水及供暖工程、建筑电气工程、通风与空调工程、电梯工程、智能建筑工程、建筑节能工程等六个分部工程。

当分部工程较大或较复杂时，可按材料种类、施工特点、施工程序、专业系统及类别等划分为若干个子分部工程。

2.3.2.3 分项工程的划分

分项工程可按主要工种、材料、施工工艺、设备类别等进行划分。如建筑给排水及供暖分部工程中室内供暖系统子分部的分项工程是按施工工艺来划分的。

2.3.2.4 检验批的划分

检验批可根据施工、质量控制和专业验收的需要，按工程量、楼层、施工段、变形缝等进行划分。分项工程划分检验批进行验收有助于及时纠正施工中出现的质量问题，确保工程质量，也符合施工实际需要。安装工程一般按一个设计系统或设备组别划分为一个检验批。

2.4 ➲ 机电工程安装技术

机电工程中主要的安装技术包括工程测量技术、焊接技术和起重技术。

2.4.1 工程测量技术

机电工程测量包括对设备及钢结构的变形监测、沉降观测，设备安装划线、定位、找正测量，工程竣工测量等，以保证将设计的各类设备的位置正确地测设到地面上，作为施工的依据。工程测量贯穿于整个施工过程中。从基础划线、标高测量到设备安装的全部过程，都需要进行工程测量，以使其各部分的尺寸、位置符合设计要求。

2.4.1.1 工程测量原理

工程测量的原理主要包括水准测量原理和基准线测量原理。水准测量的原理是利用水准仪提供的一条水平视线，测出两地面点之间的高差，然后根据已知点的高程和高差，推算出另一个点的高程。测定待定点高程的方法有高差法和仪高法两种。高差法是采用水准仪和水准尺测量待定点与已知点之间的高差，通过计算得到待定点的高程。仪高法则是先计算出水准仪的高程，然后利用水准仪和水准尺，测量多个前视点的高程。两种方法的区别在于计算高程时次序不同。在安置一次仪器，同时需要测出数个前视点的高程时，仪高法相比高差法更为方便，因此，在工程中仪高法被广泛应用。基准线测量原理是利用经纬仪和检定钢尺，根据两点成一线原理测量基准线。测定待定位点的方法有水平角测量和竖直角测量，这是确定地面点位的基本方法。每两个点位都可连成一条直线（或基准线）。

2.4.1.2 工程测量仪器

工程测量中常用的仪器有水准仪、经纬仪、全站仪、电磁波测距仪、激光测量仪器等。

水准仪是测量两点间高差的仪器，主要功能是用来测量标高和高程，广泛用于控制、地形和施工放样等测量工作。

光学经纬仪是测量水平角和竖直角的仪器，主要功能是测量纵、横轴线（中心线）以及垂直度的控制测量等。光学经纬仪主要应用于机电工程建（构）筑物建立平面控制网的测量以及厂房（车间）柱安装铅垂度的控制测量，用于测量纵向、横向中心线，建立安装测量控制网并在安装全过程进行测量控制。

全站仪是一种采用红外线自动数字显示距离的测量仪器。它与普通测量方法不同的是采用全站仪进行水平距离测量时省去了钢卷尺。全站仪的用途很多，具有角度测量、距离（斜距、平距、高差）测量、三维坐标测量、导线测量、交会定点测量和放样测量等多种用途。内置专用软件后，功能还可进一步拓展。

电磁波测距仪分类种测量仪器。这类仪器较多，其共同点是将一个氦氖激光器与望远镜连接，把激光束导入望远镜筒，并使其与视准轴重合。利用激光束方向性好、发射角小、亮度高、红色可见等优点，形成一条鲜明的准直线，作为定向定位的依据。

常见的激光测量仪器有激光准直仪、激光指向仪、激光经纬仪、激光水准仪和激光平面仪。

2.4.2 焊接技术

机电工程中，焊接是结构、管道、零部件等进行固定连接的重要方法之一。

2.4.2.1 焊接材料

对不同的金属材料通过焊接进行连接，需要选择与基材性能相匹配的焊接材料。焊接材料包括焊条、焊丝、保护气体、焊剂等。

焊条和焊丝在焊接时熔化后填充在焊接工件的连接处，冷却后和焊接工件的基材结合在一起。焊条和焊丝在选用时应在满足结构安全、可靠使用的前提下，以改善作业条件和提高技术经济效益为原则，综合考虑钢材化学成分及力学性能，焊缝金属性能，钢结构特点（板厚、接头形式）和受力状态，工艺性，焊接位置和施焊条件（室内、野外、空间大小），焊接工作量（焊缝长度、焊缝当量）等。要保证焊缝金属的力学性能和化学成分匹配原则，保证焊接构件的使用性能和工作条件原则，保证满足焊接结构特点及受力条件原则，保证具有焊接工艺可操作性原则，提高生产效率和降低成本原则。

焊接用气体的选择主要取决于焊接、切割方法、被焊金属的性质、焊接接头质量要求、焊件厚度和焊接位置及焊接工艺等因素。氢气作为还原性气体，在焊接时与氧气混合燃烧，作为气焊的热源。保护性气体包括二氧化碳、氩气、氦气、氮气等。保护性气体可以为纯净的单一气体，也可以是混合气体。混合气体一般也是根据焊接方法、被焊材料以及混合比对焊接工艺的影响等进行选用。例如，焊接低合金高强钢时，从减少氧化物夹杂和焊缝含量出发，希望采用纯氩气为保护气体，但从稳定电弧和焊缝成形出发，则希望向氩气中加入氧化性气体。

焊剂是在焊接时能够熔化形成熔渣和气体，对熔化金属起保护和冶金物理化学作用的焊接用材料。焊剂一般为颗粒状。根据生产工艺的不同，焊剂可分为熔炼焊剂、黏结焊剂和烧结焊剂。焊剂的型号是根据使用各种焊丝与焊剂组合而形成的熔敷金属的力学性能而划分的。埋弧焊用的焊剂是一种重要的焊接材料，它的焊接工艺性能、化学冶金性能是决定焊缝金属的主要因素，使用焊剂时要注意运输保管，必须放置在干燥的库房内，防止受潮影响焊接质量。焊剂在使用前，应按照说明书所规定的参数进行烘焙。使用回收的焊剂，应清除里面的渣壳以及其他杂物，与新焊剂混合后可使用。

2.4.2.2 焊接设备

常用的焊接设备包括焊条电弧焊设备、钨极惰性气体保护焊设备、二氧化碳气体保护焊设备、埋弧焊设备等。

焊条电弧焊设备主要包括焊接电源、焊钳、焊接电缆和地线夹钳等。目前，在各类焊接结构制造中得到较广泛应用。

钨极惰性气体保护焊设备是一种优质的电弧焊设备，在各类焊接结构制造中得到较广泛应用。这种设备可应用的金属材料种类多，除了低熔点、易挥发的金属材料，如铅、锌等，均可以采用此设备。钨极惰性气体保护焊适用于各种焊接位置，包括平焊、平角焊、横焊、立焊和仰焊，以及水平固定的管件对接头的全位置焊。

二氧化碳气体保护焊设备主要由电源、焊枪、送丝机构、气路系统和控制系统五部分组成。

埋弧焊设备按焊接过程的自动化程度可分为机械化、自动和全自动三大类。一台完整的埋弧焊机包括焊接小车和机头移动机构、送丝机、焊丝矫正机构、焊接电源、控制系统等。

2.4.2.3 焊接工艺评定

对重要的焊接作业，在焊接工作实施之前，需要通过焊接工艺评定验证所拟定的焊接工艺正确性。记载验证性的试验及结果，对拟定焊接工艺规程进行评价的报告称为焊接工艺评定报告。拟定的焊接工艺规程是为焊接工艺评定所拟定的焊接工艺文件。

通过焊接工艺评定一方面可以验证施焊单位拟定焊接工艺的正确性，并评定施焊单位在限制条件下，焊接成合格接头的能力。另一方面可以根据焊接工艺评定报告编制焊接工艺规程，用于指导焊工施焊和焊后热处理工作。一个焊接工艺规程可以依据一个或多个焊接工艺评定报告编制；而一个焊接工艺评定报告也可用于编制多个焊接工艺规程。

在实施焊接工艺评定的过程中，施工单位应采取内部委托自行组织完成工艺评定工作，任何施焊单位不允许将焊接工艺评定的关键工作（焊接工艺规程的编制、试件焊接等）委托另一个单位来完成。但其中试件和试样的加工、无损检测和理化性能试验等可委托分包。焊接工艺规程应由具有一定专业知识和相当实践经验的技术员拟定，不允许照抄其他单位焊接工艺评定数据。焊接工艺评定的试件应由本单位技能熟练的焊工，使用本单位的焊接设备施焊，既可以证明施焊单位的焊接技术能力和工装水平，又能排除焊工技能因素的影响。焊接工艺评定的试件检验项目至少应包括外观检查、无损检测、力学性能试验和弯曲试验等。

2.4.2.4 焊接质量检验

焊接检验是焊接全面质量管理的重要手段之一。检验方法包括破坏性检验和非破坏性检验两种。破坏性检验包括力学性能试验（拉伸试验、冲击试验、硬度试验、断裂性试验、疲劳试验）、弯曲试验、化学分析试验（化学成分分析、不锈钢晶间腐蚀试验、焊条扩散氢含量测试）、金相试验（宏观组织、微观组织）、焊接性试验、焊缝电镜等。非破坏性检验主要包括外观检验、无损检测（渗透检测、磁粉检测、超声检测、射线检测）、耐压试验和泄漏试验。

焊接过程检验包括焊前检验、焊接过程检验，以及焊接完成后的焊缝检验等。

焊接前检验主要检查焊接用的母材和焊材、零部件的主要结构尺寸、组对质量和坡口的清理状况等。对所有工程使用的母材和焊接材料在使用前都应进行检查验收，主要是防止不合格产品用到工程上影响施工质量。

焊接过程检验包括检查定位焊缝、焊接线能量、层间检查和焊后热处理检查等。定位焊缝存在缺陷可能性较大，常常不能全部熔化而滞留在新的焊道中形成根部缺陷。因此，应清除定位焊缝渣皮后进行检查。

　　焊接完成后的焊缝检验主要包括外观检查、焊缝质量的无损检测和其他检验等。

　　外观检查主要检查焊缝表面和焊件的几何尺寸。焊接完成后，焊缝表面的形状尺寸及外观质量应符合设计要求，设计无要求时应符合现行国家有关标准。焊缝表面不允许存在的缺陷包括裂纹、未焊透、未熔合、表面气孔、外露夹渣、未焊满。允许存在的其他缺陷情况应符合现行国家相关标准，例如咬边、角焊缝厚度不足等。根据所焊接的对象检查相应的控制尺寸，例如，容器焊接后应检查的几何尺寸包括同一端面最大内直径与最小内直径之差、椭圆度、矩形容器截面上最大边长与最小边长之差。

　　焊接工程常用无损检测方法包括射线检测（RT）、超声检查（UT）、磁粉检测（MT）、渗透检测（PT）等。除了上述常用的无损检测方法外，还有一些无损检测新技术也越来越多在工程上应用，如X射线数字成像检测（DR）、衍射时差法超声波检测（TOFD）等。

　　其他检验主要包括硬度检验、腐蚀试验、金相试验、耐压试验和泄漏试验等。通过这些实验对材料的物理和化学性能进行检测。

2.4.3　起重技术

　　机电设备重量较大，依靠人力安装不便，因此，起重吊装机具在机电设备安装中是必不可少的施工机械。起重机可分为桥架型起重机、臂架型起重机、缆索型起重机三大类。桥架型起重机类别主要有梁式起重机、桥式起重机、门式起重机、半门式起重机等。臂架型起重机共分十一个类别，主要有门座起重机、塔式起重机、流动式起重机、铁路起重机、桅杆起重机、悬臂起重机等。缆索型起重机类别包括缆索起重机、门式缆索起重机。

　　机电工程常用的起重机有流动式起重机、塔式起重机、桅杆起重机。

　　流动式起重机主要有履带起重机、汽车起重机、轮胎起重机、全地面起重机、随车起重机。该类起重机适用范围广，机动性好，可以方便地转移场地，但对道路、场地要求较高，台班费较高。适用于单件重量大的大、中型设备、构件的吊装，作业用期短。

　　塔式起重机的吊装速度快，台班费低，但塔式起重机的起重量一般不大，并且需要安装和拆卸。适用于在某一范围内数量多，而每一单件重量较小的设备、构件吊装，作业周期长。

　　桅杆起重机属于非标准起重机，其结构简单，起重量大，对场地要求不高，使用成本低，但效率不高。主要适用于某些特重、特高和场地受到特殊限制的吊装。

2.4.3.1　流动式起重机的选用

　　流动式起重机选用的基本参数主要有吊装载荷、额定起重量、最大幅度、最大起升高度等，这些参数是制定吊装技术方案的重要依据。

　　吊装载荷包括被吊物（设备或构件）在吊装状态下的重量，以及吊、索具重量（流动式起重机一般还应包括吊钩重量和从吊臂架头部垂下至吊钩的起升钢丝绳重量）。如履带起重机的吊装载荷为被吊设备（包括加固、吊耳等）和吊索（绳扣）重量、吊钩滑轮组重量和从吊臂架头部垂下的起升钢丝绳重量的总和。

　　吊装计算载荷的计算需要考虑吊装过程的动载荷影响以及多机抬吊载荷分配不均匀性的影响，因此，需要引入动载荷系数和不均衡载荷系数。起重机在吊装重物的运动过程中对起吊索具附加载荷而计入的系数，称为动载荷系数，在起重吊装工艺计算中，一般取动载荷系数。多台起重机或多套滑轮组等共同抬吊一个重物时由于起重机械之间的相互运动可能产生作用于起重机械、重物和吊索上的附加载荷，或者由于工作不同步，各分支往往不能完全按设定比例承担载荷，称为不均衡载荷系数。

流动式起重机的选用步骤如下：

① 根据被吊装设备或构件的就位位置、现场具体情况等确定起重机的站车位置，再确定作业半径；

② 根据被吊装设备或构件的就位高度、设备外形尺寸、吊索高度、站车位置和作业半径，依据起重机的起重特性曲线，确定其臂长；

③ 根据上述已确定的作业半径（回转半径）、臂长，依据起重机的起重性能表，确定起重机的额定起重量；

④ 如果起重机的额定起重量大于计算载荷，则起重机选择合格，否则重新选择；

⑤ 计算吊臂与设备（平衡梁）之间的安全距离，若符合规范要求，则选择合格，否则重选。

流动式起重机必须在水平坚硬地面上进行吊装作业。吊车的工作位置（包括吊装站位置和行走路线）的地基应进行处理。应根据其地质情况或测定的地面耐压力为依据，采用合适的方法（一般施工场地的土质地面可采用开挖回填夯实的方法）进行处理。处理后的地面应进行耐压力测试，地面耐压力应满足吊车对地基的要求，在复杂地基上吊装重型设备，应请专业人员对地基处理进行专门设计。吊装前必须进行地基验收。

2.4.3.2 吊具种类及选用

起重吊装中常用的吊具包括钢丝绳、起重滑车、卷扬机、平衡梁和液压提升装置等。

起重吊装作业常用钢丝绳为多股钢丝围绕一根绳芯捻制而成的多股钢丝绳。大型吊装应符合《重要用途钢丝绳》（GB 8918—2006）要求的钢丝绳。钢丝绳的主要技术参数包括钢丝绳的强度极限、规格、直径、安全系数等。

起重滑车可参考标准《起重滑车》（JB/T 9007—2018）中的规定，其中对额定起重量为 0.32～320t 的手动和电动的钢丝绳起重滑车，其工作级别为《起重机设计规范》（GB/T 3811—2008）中规定的 M1～M3 级，吊钩采用《手动起重设备用吊钩及闭锁装置》（JB/T 4207—2020）中的 S 级。机电工程安装常用起重 HQ 系列滑车（通用起重滑车）。

滑轮组在工作时因摩擦和钢丝绳的刚性的原因，使每一分支跑绳的拉力不同，拉力最小处位于固定端，拉力最大处在拉出端。跑绳拉力的计算，必须依据拉力最大的拉出端按公式或查表进行。

穿绕滑轮组时，根据滑轮组的门数确定其穿绕方法，常用的穿绕方法有顺穿、花穿和双跑头顺穿。一般 3 门及以下宜采用顺穿；4～6 门宜采用花穿；7 门以上宜采用双跑头顺穿。穿绕滑轮组时，必须考虑动、定滑轮承受跑绳拉力的均匀。穿绕方法不正确，会引起滑轮组倾斜而发生事故。

按动力方式划分，卷扬机可以分为手动卷扬机、电动卷扬机和液压卷扬机。起重工程中常用电动卷扬机。按传动形式划分，卷扬机可分为电动可逆式（闸瓦制动式）卷扬机和电动摩擦式（摩擦离合器式）卷扬机。接卷筒个数划分，卷扬机可分为单筒卷扬机和双筒卷扬机。起重工程中常用单筒卷扬机。按转动速度划分，卷扬机可分为慢速卷扬机和快速卷扬机。起重工程中一般采用慢速卷扬机。

卷扬机的基本参数包括额定牵引拉力、工作速度、容绳量等。国家标准《建筑卷扬机》（GB/T 1955—2019）列出的标准系列规定，额定速度小于或等于 25m/min 的卷扬机为慢速卷扬机，其额定载荷从 5kN 至 2500kN，共计 27 个系列取值。工作速度是指卷筒卷入钢丝绳的速度。容绳量是指卷扬机的卷筒允许容纳的钢丝绳工作长度的最大值。每台卷扬机的铭牌上都标有对某种直径钢丝绳的容绳量，选择时必须注意，如果实际使用的钢丝绳的直径与铭牌上标明的直径不同，还必须进行容绳量校核。

平衡梁的作用是在吊装精密设备与构件时，或受到现场环境影响，或多机抬吊时，为保持吊装稳定，一般多采用平衡梁进行吊装。使用平衡梁进行吊装，能够保持被吊设备的平衡，避免吊索损坏设备；能够缩短吊索的高度，减小动滑轮的起吊高度；能够减少设备起吊时所承受的水平压力，避免损坏设备；多机抬吊时，合理分配或平衡各吊点的荷载。平衡梁的形式种类很多，常用的有管式平衡梁、钢板平衡梁、槽钢平衡梁、桅杆式平衡梁等。

在大型设备和结构的吊装作业中，常用的液压装置主要由液压泵站、穿心式液压提升器（液压千斤顶）、钢绞线和控制器组成。选用液压提升器时，根据提升设备的重量及现场、装备的实际需要来确定液压提升器的规格、数量和组合情况，多个液压千斤顶通过控制系统实现自动、同步提升。

2.4.3.3 吊装的稳定性要求

通过起重吊装作业可以实现对设备的垂直提升、下降和水平移位，在作业过程中保证吊装安全是核心任务。而保证起吊安全的根本则是确保起重吊装作业的稳定性。

起重吊装作业的稳定性主要是指起重机械的稳定性、吊装系统的稳定性和吊装设备或构件的稳定性。起重机械的稳定性是指起重机在额定工作参数情况下的稳定或桅杆自身结构的稳定。吊装系统的稳定性是多机吊装的同步与协调，大型设备多吊点吊装指挥及协调，以及桅杆吊装的稳定性等。吊装设备或构件的稳定性是指起吊诸如细长的塔设备、薄壁设备、屋盖、网架等结构或设备时的整体稳定性，以及所吊装部件或单元的稳定性。

起重机械失稳的主要原因包括超载、支腿不稳定、机械故障、桅杆偏心过大等。预防起重机械失稳的措施包括严禁超载、严格机械检查、打好支腿并用道木和钢板垫实和加固，确保支腿稳定。

吊装系统的失稳的主要原因包括多机吊装的不同步；不同起重能力的多机吊装荷载分配不均；多动作、多岗位指挥协调失误；桅杆系统缆风绳、地锚失稳等。具体的预防措施包括多机吊装时尽量采用同机型、吊装能力相同或相近的吊车，并通过主副指挥来实现多机吊装的同步；集群千斤顶或卷扬机通过计算机控制来实现多吊点的同步；制定周密指挥和操作程序并进行演练，达到指挥协调一致；缆风绳和地锚要按吊装方案和工艺计算设置，设置完成后进行检查并做好记录。

造成吊装设备或构件失稳的主要原因是多方面的，可能是设计与吊装时受力不一致，也可能是设备或构件的刚度偏小等。防止失稳的具体预防措施包括对于细长、大面积设备或构件采用多吊点吊装；薄壁设备进行加固加强；对型钢结构、网架结构的薄弱部位或杆件进行加固或加大截面，提高刚度。

2.5 ➡ 延伸阅读与思考

2.5.1 万吨模锻压力机

重型万吨模锻压力机是国之重器，由其所制造的产品覆盖航空、航天、能源、舰船动力、铁道、汽车、起重等行业用模锻件。在航空领域的产品主要包含起落架模锻件、发动机锻件以及机身结构件，涉及所有国产飞机及发动机，包括先进战机、直升机、教练机、C919客机和涡喷发动机、涡扇发动机等。我国自主研发的万吨模锻压力机解决了制约我国先进飞机、发动机核心部件受制于人的一系列瓶颈短板，实现了先进军用飞机大型模锻件批量化生产和工程化应用，使中国大型整体模锻件技术迈入世界先进行列。

由中国二重自主设计、制造、安装、调试以及自行使用的 8 万吨模锻压力机（图 2.23），是当今世界最大、最先进的大型模锻压机，从国家战略层面解决了超大型锻压设备"有"和"无"的问题。8 万吨模锻压力机主要用于轻金属及其合金、镍基和铁基等高温合金的大型模

图 2.23　二重研发的 8 万吨模锻压力机

锻件制造，为我国航空、舰船、航天、兵器、电力工业、核工业行业提供高性能的模锻产品，满足了我国航空工业急需的大客、先进战机对大型模锻件的需要。

项目研制涉及集机电液于一体的 8 万吨模锻压力机巨系统的总体设计技术以及冶金、铸造、锻造、焊接、机械加工等多专业的极限制造技术，突破了多项世界性难题。其主机架实现了稳定承载 800MN 工作载荷和高达 30 万 kN·m 偏心载荷的能力；在实现了大压力的前提下，实现了优异的速度、压力和位置控制，不仅满足了各种工艺需求，而且确保了批量锻件产品质量的重复性和一致性。

此外，在 8 万吨模锻压力机的研制过程中形成的焊接技术已应用于"蛟龙"号压力筒、储压筒的制造，多项新工艺技术成果已经推广应用于核电、深海工程等技术领域。

那么，8 万吨模锻压力机的安装是如何实现的？在安装过程中会遇到什么技术难题呢？请查阅公开资料，结合机械设备安装的一般技术要求，总结万吨模锻压力机的安装流程和特点。

2.5.2　京沪高铁电气工程

京沪高速铁路起自北京南站，终到上海虹桥站。途经北京、天津、河北、山东、安徽、江苏、上海"四省三市"，线路全长 1318km。设计速度 350km/h，其中，天津南至济南西段、泰山西至滕州东段、徐州东至蚌埠南段、蚌埠南至滁州南段共 634km，速度达到 380km/h。京沪高速铁路建成后，北京南站至上海虹桥站直达列车全程运行时间在 4h 以内。

中铁电化局集团有限公司与通号公司组成联合体，并负责电力、电牵专业的系统集成、设计、采购、安装、调试、试运行、技术服务等工作以及四电房屋的施工任务。合同工期 2009 年 12 月 1 日开工，2011 年 3 月 31 日竣工，2011 年 5 月 1 日至 2011 年 7 月 31 日全线联调联试。其中先导段工程从枣庄西（含）至蚌埠南（含）四站三区，正线长度 220km，2010 年 11 月 30 日建成。

京沪高速铁路牵引供电系统工程（图 2.24）任务量十分繁重，主要工程包括接触网工程共需组立各型钢支柱 59390 根，架设各种规格线（索）12936km；变电工程共需建设 27.5kV 牵引变电所 26 个、其他各类所（亭）86 个；电力工程共需建设各类电力变电（配）电所 123

图 2.24　京沪高铁电气工程施工

个、安装箱式变（配）电站 453 个、敷设 10kV 电力电缆 9400km；房屋建设工程包括生产及办公房屋 57118m²、道路 180020m²、围墙 22280m。所需物资供货量仅电气化零配件（含设备）就有 1456923 件（台套）、接触网线材达 29192t（10t 大货车需要 3000 车）。

2010 年 4 月底，中铁电气化局集团京沪高铁电气化项目部在上海虹桥枢纽成功架设了全线第一根接触网支柱杆，针对京沪高铁电气化工程施工技术接口多、接触网弓网技术精度高等特点，科学组织、超前规划，成立专家组对施工方案进行了多次论证、研究，开展了"挑战新时速、砥砺再奋进"主题实践活动和各阶段劳动竞赛活动，确保了电气化工程施工的进展。

京沪高铁牵引供电系统工程遵循高技术、高标准、高精度，建设世界一流高速铁路的要求，采用精确化施工的工法。实现了测量标准化、计算微机化、预配工厂化、安装检测数据化，形成了独具特色的高速铁路接触网精确化施工工艺。

那么，在京沪高铁电气工程施工中所采用的先进设备和先进技术有哪些呢？请查阅公开资料，调研京沪高铁电气工程施工中如何对新设备和新技术进行有效管理。

2.5.3　上海中心大厦通风空调系统

"上海中心大厦"（图 2.25）位于中国上海浦东陆家嘴金融贸易区核心区，是一幢集商务、办公、酒店、商业、娱乐、观光等功能的超高层建筑，建筑总高度 632m，地上 127 层，地下 5 层，总建筑面积 57.8 万 m²，其中地上 41 万 m²，地下 16.8 万 m²，基地面积 30368m²，绿化率 33%，"上海中心大厦"是目前已建成项目中中国第一、世界第二高楼。

图 2.25　上海中心大厦

大厦冷热源系统由低区和高区能源中心组成。

低区能源中心由设置在裙房屋面的冷却塔和地下室的冷冻机房、锅炉房、冰蓄冷系统设备组成，水系统为二次泵变流量系统，冷冻水经二次变频循环泵提供给地下室、裙楼、办公区 1 区至 4 区的空调和新风机组。本项目采用冰蓄冷系统来降低峰值冷负荷的电力需求，在夜间谷电时段，低区能源中心的蓄冰系统将冰蓄存在地下室的蓄冰槽中。

冰蓄冷系统采用单独保温的内融冰盘管式蓄冰槽，融冰将提供白天供冷峰值约 30%±5% 的冷量。这种运行方式可减少白天的机械制冷以及峰电时段的电力需求，采用冰蓄冷系统可带来系统运行费用的节省以及对电网实现移峰填谷的效果。热源系统由设置在地下室的蒸汽锅炉、蒸汽输送管网系统和设置于设备层的管壳式汽-水热交换器组成，管壳式汽-水热交换器将蒸汽转换成热水供给整个大厦的供热设备。蒸汽锅炉的采用消除了泵送热水所需的传输能量，消除了塔楼内燃气设备的烟道，并允许了低压热水供暖设备的使用。

　　高区能源中心由设置在 123 层的高区冷却塔和 82 层的冷制机房组成，水系统为二次泵变流量系统，冷冻水经二次变频循环泵提供给办公区 5 区和 6 区，酒店、精品办公和观光层的空调和新风机组。由于本项目为超高层建筑，所有水所产生的静压远远超过管道及设备所能承受的极限。典型的做法是提供一系列的平板式换热器将大楼分成不同的压力区，每个压力区的最高压力不超过 2.0MPa。根据本楼的高度，需要 3 至 4 个压力区，冷冻水每通过一个压力区的换热器时水温大约上升 2～3℃。而本设计在 82 层设置高区能源中心，低区和高区分别仅需要一个和两个压力分区，大大减少了冷冻水系统的温升，从而一定程度上达到节能的目的。

　　配置的冷冻水系统调节和温度再重设系统，可根据系统压差感应器要求，每个二级水泵变频器从零负荷开始启动然后逐步加速。通过压差感应器的压差数据调节变频器速度，保持最低压差设定值。冷冻水温度再设系统可以实现对冷冻水温的优化，从而减少能量消耗，冷冻水温的再重设是根据实际负荷、历史资料以及可能负荷等信息而综合设定。

　　配置的热水系统调节和温度再重设系统，使用蒸汽阀为模拟量调节阀，用于维持水温保持在设定点。供水温度设定点和室外温度线性相关，当室外温度从 −18℃ 到 15.5℃（可调）后，热交换器供水温度可再重设可调范围 82℃ 到 49℃。

　　大厦的空调系统分为酒店区空调系统、办公区空调系统、新风热回收系统、中庭通风系统和其他通风系统等。

　　酒店区空调采用智能电机的四管制风机盘管加新风系统，水管上安装的电动二通阀通过温感的反馈信号调节阀门的开闭以达到室内的设定温度。精品办公和特殊楼层空调采用智能电机的两管制和四管制风机盘管加新风系统，电动二通阀用于调节水流量。两管制风机盘管用于内区，四管制风机盘管用于外区。

　　办公楼层采用全空气变风量空调系统，每层设置 2～4 台空气处理机组，内外区机组独立设置。内区机组采用两管制，外区机组采用四管制。由于内区负荷比较稳定，末端采用单风道型变风量箱，将处理过的空气送至设置在租户吊顶内的风口和空气末端装置。外区空调系统承担通过围护机构引起的冷热空调负荷，由于负荷随季节时间变化，为了保证外区空调的换气次数，末端采用风机动力性变风量箱。

　　新风热回收处理机组设置在各垂直分区的设备层，为各楼层空气处理机组提供新风。上海夏天的气候比较潮湿，在这种环境下，带全热回收转轮的除湿系统将有助于降低运行费用。在系统设计中，带除湿功能的全热回收系统和常规的冷冻水冷却盘管的配合使用能有效地去除水分，并对室外新风进行预冷和预热。

　　所有空气调节机组和新风机组都配备 MERV-7 型预过滤器和静电空气净化装置，静电空气净化装置的效率高达 90% 到 95%，而且比袋过滤器更节能。

　　中庭通风系统通过位于中庭顶部的机械排风，以及办公室和酒店层排风的能量回收，对大楼中庭的环境进行调控，风量的控制将由自动控制阀门完成。当室外空气温度太高或者湿度太大时，从各设备层引入经空调机组冷却处理过的空气，以维持中庭内的舒适度。夏季中庭底部空调系统供冷工况下，冷却处理过的空气引入中庭底部休闲层，办公区排风由中庭顶部和底部排入中庭。当室外空气为 36℃ 时，中庭休闲层空气温度控制在不高于 26℃。中庭顶部空气温度不高于 41.5℃。冬季中庭底部空调系统供热，中庭外幕墙散热器供热状况下，在室外温度 −4℃ 时，中庭温度保持在不低于 18℃，中庭底部休闲层温度保持在不低于 18℃。中庭的温度保持在外幕墙内表面露点温度以上，以防止幕墙冷凝结露。

其他通风系统包括厨房和卫生间的通风、地下车库的通风等。所有厨房和卫生间均采用集中排风系统，所有排风机均配备变频驱动装置，通过流量测量和安装消声器来维持建筑内部的压力和控制噪声水平。地下车库设置排风兼排烟系统，机械补风靠诱导送风设备完成。CO 传感器将监测空气质量，当 CO 浓度在可接受的范围内时，风机将停止运行。

高层建筑结构中的暖通空调系统是最大的耗能系统，所以只有做好了暖通空调系统的设计工作，制定了科学、合理的设计方案并且保证了设计方案的施工质量，才能使用户以最少的投入换取最大的使用收益，才能真正地实现暖通空调系统的节能和节材，从而为用户创造最大的取暖空间和最佳的取暖效果。请查阅公开资料，在了解上海中心通风空调设计的基础上，调研其通风空调系统的施工情况。

本章练习题 ▶▶

2-1　安装公司承担一台液压机的整体安装工程，液压机运至现场后进行开箱检查，检查无误入库备用。设备安装前，制作了混凝土基础，检查基础合格后，将液压机进行二次搬运至现场实施安装作业。试回答：（1）液压机开箱检查应该检查验收哪些内容，完成这些检查验收的依据是什么？（2）混凝土基础的制作位置如何确定？（3）混凝土基础的检查验收包括哪些内容？

2-2　安装公司承担一座工厂的变电和配电工程，配电柜运至现场后及时进行了检查，设备和部件的型号、规格和柜体尺寸均符合设计要求。配电柜柜体安装完成后，安装公司进行了高压试验，试验合格后，又完成了相关的模拟试验和整定。在配电装置送电前按要求完成了准备和检查工作，由供电部门完成送电验收检查且合格后将电源送进室内，经过验电、校相无误后，依次闭合开关，空载运行 12h，无异常现象，办理验收手续，交建设单位使用。试问：（1）在上述配电柜安装作业过程中，哪些做法是错误的，应如何改正？（2）电源送进室内后，配电装置闭合开关的正确操作顺序是什么？（3）在每一步的开关闭合后，分别应检查哪些项目？

2-3　安装公司承担一座工厂的变压器安装工程，变压器采用滚杠滚动方式进行二次搬运，搬运时，工人为安装便利将拖拽钢丝绳固定在变压器顶部，运输时监控变压器倾斜角不超 15°。在安装位置，使用吊车直接吊装就位，为方便，工人将钢丝绳吊钩固定在吊芯检查用的吊环上。变压器固定后，完成接线和交接试验，以及送电前的必要检查工作。变压器按照使用要求投入使用，共计进行 3 次空载全压冲击合闸，无异常情况，第一次受电后持续时间 10min，并按要求完成运行中相关参数的记录。变压器空载运行 24h，无异常情况后，投入负荷运行。试问：（1）在上述变压器作业过程中，哪些做法是错误的，应如何改正？（2）变压器交接试验包括什么？（3）变压器受电运行时应记录的参数包括哪些？

2-4　安装公司承担一座工厂的蒸汽管道安装工程，采用管道工厂化预制的方法制作了管道组件，管道组件运至现场后进行相应的检验，然后实施安装。安装完毕进行了压力试验和泄漏性试验。试验合格后，采用压缩空气对其进行吹扫。试问：（1）管道采用工厂化预制的优点是什么？（2）管道压力试验和泄漏试验有什么不同，如何开展？（3）蒸汽管道所采用的吹扫方法是否恰当，为什么？

2-5　安装公司承担一座工厂的金属储罐安装工程，采用正装法进行施工，施工过程中由有资质的焊工实施焊接，完成储罐的安装。安装完成后，对金属储罐进行抽真空试验和充水试验，对其严密性和强度进行了检查。试问：（1）金属储罐的正装法包括哪些具体的施工形式？（2）金属储罐在焊接中可采取哪些措施减少焊接变形？（3）金属储罐倒装法和正装法的区别是什么？

2-6　安装公司承担一座工厂的发电设备安装，分别安装了电站锅炉、汽轮机和发电机等设备。汽轮机安装过程中，按照规范对上、下气缸闭合安装过程实施封闭管理，顺利完成了气缸安装。在发电机转子安装前，对其进行了相应的检查和试验，确认一切正常后，并完成相应的准备工作后，采用滑道式方法完成转子安装。试问：（1）汽轮机上、下气缸安装作业应如何实施和管理？（2）发电机转子穿装前应进行的检查和试验有哪些？（3）发电机转子穿装必须完成的相应工作包括什么？

2-7　安装公司承担一座工厂的自动化仪表安装工程，施工内容包括自动化仪表线路安装、仪表管路安装、取源部件安装和仪表设备安装。其中，用于压力测量的仪表线路安装前，对其进行外观检查和导通检查，并测量绝缘电阻值为 4MΩ，测量气体的压力取源部件安装在管道下半部与管道水平线成 30°夹角的位置处，压力仪表安装高度 1.8m，安装完成在投用前进行了回路试验，试验中，压力仪表校准点为 5 处。试问：（1）上述安装过程中存在哪些错误之处，并指出正确的做法。（2）取源部件除了压力取源部件外，常用的取源部件还有哪些？（3）在施工现场，如果安装的压力仪表不具备校核条件，应该如何处理？

2-8　安装公司承担一座工厂的工业管道系统的防腐蚀和绝热工程。施工过程中，检查工业管道表面质量合格，并检查焊缝质量合格后，在管道表面涂刷防腐蚀涂层。绝热工程施工时，使用捆扎法在管道防腐层外安装了隔热管壳，并在隔热层外设置防潮层和金属保护层。试问：（1）在防腐蚀施工前，管道焊缝质量合格的标准是什么？（2）在本工程的施工中，是否所有管道都需设置防潮层，为什么？（3）在绝热工程施工前，管道必须要完成的试验工作有哪些？

2-9　安装公司承担一座工厂的炉窑砌筑工程，需要砌筑的炉窑包括一座动态炉窑和两座静态炉窑。在选择了正确的砌筑起始点后，通过分段作业，完成了炉窑砌筑。在投产前对炉窑进行了烘炉，编制了烘炉计划，制定了详细的烘炉曲线和操作规程。烘炉期间，仔细观察护炉铁件和内衬，以及拱顶的变化情况，并对烘炉过程进行了详细记录。试问：（1）动态炉窑砌筑和静态炉窑砌筑的主要区别是什么？（2）烘炉曲线和操作规程应主要包括什么内容？（3）烘炉过程中，如果发现故障，应该如何应对？

2-10　安装公司负责一栋商务楼的管道安装工程，管道安装所涉及的主要材料、成品和半成品、配件等完成进场验收后，在安装前对阀门进行了强度和严密性试验，对包括安装在主干管道上起切断作用的阀门等所有阀门按批次抽检其中的 10%。管道安装完成后对系统进行水压试验，塑料给水管道的试验压力选为工作压力的 1.5 倍，为 0.45MPa，在试验压力下稳压 1h，压力降为 0.02MPa，在工作压力的 0.345MPa 下稳压 2h，压力降为 0.01MPa，且未发现渗漏。试问：（1）管道阀门抽检试验是否满足要求，为什么？（2）塑料给水管的水压试验是否正确，实验结果是否能证明管道合格，为什么？（3）建筑管道安装之前应完成的验收工作包括哪些？

2-11　安装公司负责一栋商务楼的电气安装工程，采用钢制导管穿线敷设，管制导管的连接采用对口熔焊的形式，导管的埋设深度距离建筑物表面距离为 10mm，导管的弯曲半径设定为管道内径的 6 倍。导管穿越墙壁时，预埋了套管，套管两端伸出墙面的长度为 40mm。导管穿线时，将同一交流回路的导线穿在同一个金属导管内，同时，在同一根金属导管内分部穿入了灯具回路和插座回路的绝缘导线。试问：（1）该工程中，金属导管施工中存在哪些错误之处，正确的做法是什么？（2）导线穿装得是否正确？为什么？（3）导线穿装时，还有哪些线路不应穿在同一个导管之内？

2-12　安装公司负责一栋商务楼的通风与空调工程，矩形风管采用镀锌钢板制作，风管边长为500mm。安装该风管时，水平安装时的吊架间距保持为3.5m，垂直安装的固定点设置为2m处，支架间距为4m。风管安装完毕后，严密性试验合格，进行水系统安装和设备安装，并对空调的水系统和制冷系统管道进行绝热施工。安装完毕后，对通风空调系统按要求进行分别进行了单机试运转调试，联动试运转及调试，对相关系统和参数进行测定和调整。试问：（1）风管安装时是否有错误之处，如何纠正？（2）风管的严密性试验应主要检查哪些部位？（3）在通风空调系统联动试运转及调试中，需要完成的测定与调整工作有哪些？

2-13　安装公司负责一栋商务楼的智能化工程，主要施工内容包括建筑设备监控工程和安防工程。安装公司依据设备监控方案设计选择可靠的设备供应商，并完成施工图深化设计，安装的主要设备包括中央监控设备、现场控制器，以及主要输入和输出设备。安防设备主要安装了红外线、声音和温度等探测器，以及摄像机和云台等。按照安装规范选择了探测器的安装点和室外摄像机的安装高度。安装完毕后，进过检验检测，各项指标合格后完成工程验收，并对运行管理人员进行了相应的培训。试问：（1）建筑设备监控施工中的现场控制器通常应安装在什么地方？（2）探测器安装点选择的依据是什么？（3）室外摄像机的安装高度标准是什么？

2-14　安装公司负责一栋商务楼的电梯工程，安装2部货梯和6部客梯，均为电力驱动曳引式电梯。电梯安装前，安装公司向该市特种设备安全监督管理部门办理了告知手续。安装公司在办理告知手续当日即开工安装电梯。电梯安装完毕后，经校验和调试合格后，由经核准的检验检测机构完成监督检验，在获得准用许可后，6部电梯按照规定办理交工验收手续。试问：（1）安装公司安装电梯的程序是否符合国家规定？若不符合，应如何改正？（2）安装公司在办理开工告知手续时，应提交哪些材料？（3）电梯安装完毕后的校验和调试工作应该由哪个单位负责实施？

2-15　安装公司负责一栋商务楼的消防工程，根据需求选择了合适的火灾自动报警系统，安装了各类探测器和自动报警模块。灭火系统根据需要安装了消防栓灭火系统、自动喷水灭火系统，以及干粉灭火系统。消防工程施工完毕后，按规定的程序完成消防工程验收。试问：（1）在本项目中，应选择哪一类火灾报警系统最为恰当？（2）设备监控系统机房内应安装哪一种灭火系统，为什么？（3）消防工程验收的程序通常包括哪些阶段？

2-16　安装公司负责一座工厂的钢结构厂房施工。安装作业前，安装人员根据施工图纸，将厂房钢结构安装位置经过测量在施工场地上进行划线标识，并在安装过程中对钢结构的安装过程进行测量控制。钢结构的起重采用流动式起重机起吊，并在起吊主要钢结构前编制了安全专项施工方案。钢结构在焊接过程中，严格按照焊接作业规程施焊，并按要求完成焊接检验，确保整个安装工程的质量。试问：（1）钢结构立柱安装铅垂度的控制应选用哪种测量仪器？（2）流动式起重机的吊装载荷如何计算？（3）在施工过程中，如何做好焊接检验工作？

第3章

工程项目管理概述

工程项目是在一定的资源约束下，为创造独特的工程产品而进行的一次性努力。工程项目的交付成果是以有形的建筑物或构筑物为目标产出物的实体。为了能够顺利地实现项目目标，需要运用系统的观点、方法和理论，对有限的资源进行统筹规划，对工程项目全过程进行有针对性的计划、组织、协调和控制，这些便是项目管理的核心内容。

随着社会发展和技术进步，工程项目的规模越来越大。例如，三峡水电站是世界上规模最大的水电站，也是我国有史以来建设的最大型的工程项目，建设周期长达 15 年，静态投资1352.66 亿元人民币，安装了 32 台单机容量为 70 万 kW 的水电机组。再例如，阳江核电站是中国广核集团第二个核电基地，建设周期 12 年，总投资近 700 亿元人民币，建设了 6 台百万千瓦级核电机组，其中 1、2 号机组有效建造工期为 56 个月，3～6 号机组有效建造工期为54 个月。面对如此大型的工程项目，必须有与之配套的工程项目管理理论、方法和实践的支撑，通过科学的组织和管理，才能使工程项目按照既定质量标准，安全地按期完工。

3.1 ⊙ 工程管理与工程项目管理

工程管理的内涵涉及工程项目全过程的管理，包括工程决策阶段的管理，工程实施阶段的管理和工程使用阶段的管理。工程决策阶段的管理通常称为开发管理，工程实施阶段的管理通常称为项目管理，工程使用阶段的管理通常称为设施管理。因此，狭义上通常所指的工程项目管理即为工程项目实施阶段的管理。

3.1.1 工程管理

在工程项目实施中所涉及的各利益单位包括投资方、开发方、设计方、施工方、供货方和项目使用期管理方等。一般情况下，投资方和开发方可以是一个单位，也可以是不同的单位，这两方在工程项目实施中具有一致利益，因此，可以将投资方和开发方合称为业主方。

各单位在工程项目全过程中所参与管理的情况如图 3.1 所示。

在项目的决策阶段，投资方和开发方实施决策阶段的管理。实施阶段又可分为准备阶段、设计阶段和施工阶段。在准备阶段，投资方和开发方（即业主方）实施管理；在设计阶段，主要由设计方主导管理；在实施阶段，施工方和供货方实施管理。在使用阶段，管理工作主要由项目使用期的管理方承担。

工程管理的核心任务是通过专业的工程项目管理为工程的建设和使用增值。这里需要注意，工程管理和工程项目管理的概念略有区别，工程管理涵盖工程项目的决策阶段、实施阶

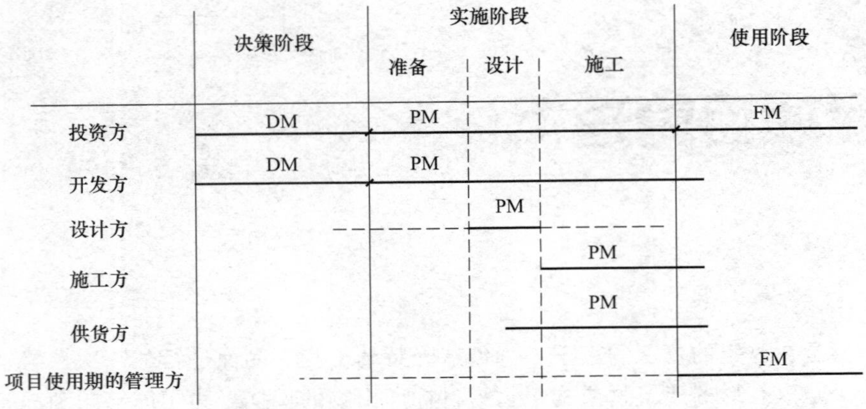

	决策阶段	实施阶段			使用阶段
		准备	设计	施工	
投资方	DM	PM			FM
开发方	DM	PM			
设计方			PM		
施工方				PM	
供货方				PM	
项目使用期的管理方					FM

图 3.1 工程项目全过程管理

段和试用阶段,而工程项目管理仅限于项目实施阶段的管理。

通过工程管理,对工程建设的增值体现在能够确保工程建设安全,提高工程质量,有效控制投资成本和工程进度等方面;对工程使用的增值体现在能够确保工程使用安全,有利于环保和节能,可以满足最终用户的使用要求,能够有效降低工程运营成本并便于工程维护等方面。

3.1.2 工程项目管理

工程项目管理的时间范畴是工程项目的实施阶段,是从项目开始至项目完成,通过项目策划和项目控制,使项目的费用目标、进度目标和质量目标得以实现。因此,工程项目管理的核心任务是项目的目标控制。在工程实践意义上,如果一个工程项目没有明确的投资目标、进度目标和质量目标,就没有必要进行管理,也无法进行定量的目标控制。

项目的费用目标、进度目标和质量目标之间的关系是对立统一的关系,既有相互矛盾的地方,又有彼此统一的地方。例如,通常情况下,加快项目进度往往需要增加投资,提高项目质量也需要增加投资,而过度地缩短进度则会影响质量目标的实现,这些都表现出了目标之间的矛盾关系。但通过有效的项目管理,在不增加投资的前提下,也可缩短工期和提高工程质量,这就反映出了目标之间的统一关系。

工程项目管理的主要任务可以总结为"三控三管一协调",即投资(成本)控制、进度控制、质量控制、安全管理、合同管理、信息管理以及组织和协调。

为了便于工程项目管理工作开展,将工程项目的实施阶段又进一步详细划分为如图 3.2 所示的各个阶段,即设计准备阶段、设计阶段、施工阶段、动用前准备阶段和保修阶段。

各单位在工程项目实施中承担不同的建设任务和管理任务,各参与单位的工作性质、工作任务和利益有一定差异,因此就形成了代表不同利益方的项目管理。

在工程项目中,一般情况下所包含的建设任务和管理任务有勘察、土建设计、工艺设计、工程施工、设备安装、工程监理、建设物资供应、业主方管理、政府主管部门的管理和监督等。由于业主方是工程项目实施中在人力资源、物质资源和知识等方面的总集成者,业主方也是工程项目生产过程的总组织者,因此,对一个工程项目而言,业主方的项目管理往往是该项目的项目管理的核心。

按照工程项目不同参与方的工作性质和组织特征划分,项目管理的主要类型包括业主方

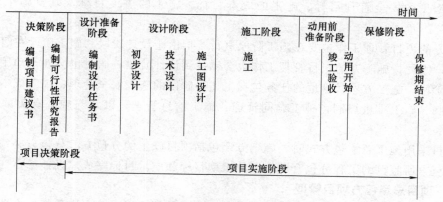

图 3.2　工程项目实施阶段的详细阶段划分

的项目管理、设计方的项目管理、物资供应方的项目管理以及施工方的项目管理等。

3.1.2.1　业主方项目管理

业主方的项目管理服务于业主的利益，贯穿项目实施阶段的全过程。

业主方项目管理的目标包括投资目标、进度目标和质量目标。投资目标是项目的总投资目标。进度目标是项目交付使用的时间目标，如高铁线路通车、化工厂投产、医院开业等。质量目标不仅涉及施工的质量，还包括设计质量、材料质量、设备质量和影响项目运行或运营的环境质量。质量目标必须要满足相应的技术规范和技术标准的规定，以及满足业主所提出的特定质量要求等。

业主方项目管理的任务包括项目实施各阶段的安全管理、投资控制、进度控制、质量控制、合同管理、信息管理以及组织和协调。

3.1.2.2　设计方项目管理

设计方作为项目建设的参与方，其项目管理主要服务于项目的整体利益和设计方本身的利益，其管理目标和任务大都是与设计工作相关的，因此，设计方的管理目标包括设计的成本目标、设计的进度目标、设计的质量目标，以及项目的投资目标。

设计方的项目管理工作主要在设计阶段进行，但也涉及设计前的准备阶段、施工阶段、动用前准备阶段和保修阶段。因此，设计方的项目管理任务就包括上述各阶段的与设计工作有关的安全管理、设计成本控制和与设计工作相关的工程造价控制、设计进度控制、设计质量控制、设计合同管理、设计信息管理，以及与设计工作有关的组织和协调。

3.1.2.3　供货方项目管理

供货方作为项目建设的参与方，项目管理主要服务于项目的整体利益和供货方本身的利益，项目管理目标包括供货方的成本目标、供货的进度目标和供货的质量目标。

供货方的项目管理工作主要在施工阶段进行，但也涉及设计准备阶段、设计阶段、动用前准备阶段和保修阶段。供货方项目管理的任务包括上述各阶段中的供货方安全管理、供货方的成本管理、供货方的进度控制、供货方的质量控制、供货合同管理、供货信息管理以及与供货有关的组织和协调。

3.1.2.4　施工方项目管理

施工方是受业主方的委托承担工程建设任务，为业主提供建设服务，因此，施工方的项目管理不仅应服务于施工方本身的利益，也必须服务于项目的整体利益。施工方项目管理的目标包括施工的安全管理目标、施工的成本目标、施工的进度目标，以及施工的质量目标等。

施工方的项目管理工作主要在施工阶段进行，但由于设计阶段和施工阶段在时间上往往是交叉的，因此，施工方的项目管理工作也会牵扯到设计阶段，同时也会涉及动用前准备阶段和保修阶段。施工方项目管理的任务包括上述各阶段的施工安全管理、施工成本控制、施工进度控制、施工质量控制、施工合同管理、施工信息管理，以及与施工有关的组织与协调等。

当项目采用施工总承包方式时，施工方还包括项目施工的分包方。分包方必须按照其与施工总承包方所签订的工程分包合同规定的工期目标和质量目标完成建设任务。

3.1.2.5　项目总承包方项目管理

有的工程项目采取总承包的方式进行建设，在这种情况下，业主会委托一个项目总承包方（也可称为工程总承包方）承担完整工程建设任务。因此，总承包方的项目管理主要服务于项目的整体利益和项目总承包方的自身利益，其项目管理目标包括工程建设的安全管理目标、项目的总投资目标和项目总承方的成本目标、项目总承包方的进度目标以及项目总承包方的质量目标。

项目总承包方项目管理工作涉及项目实施阶段全过程，项目管理的工作内容涵盖项目实施过程中的项目设计管理、项目采购管理、项目施工管理，以及项目试运行管理和项目收尾等。工程项目管理的任务包括上述各阶段的项目风险管理、项目进度管理、项目质量管理、项目费用管理、项目安全、职业健康与环境管理、项目资源管理、项目合同管理、项目信息管理以及项目沟通与协调管理等。

3.2 ➲ 工程项目的组织

工程项目可视为一个系统，根据系统的目标，会形成与之相适应的组织观念、组织方法和组织手段。因此，我们可以说系统的目标决定了系统的组织，而组织是目标能够实现的决定性因素。在工程项目组成的这个系统中，工程项目的目标（投资目标、质量目标、进度目标等）决定了项目管理的组织，而工程项目管理的组织的有效性也直接决定了项目目标能否得以实现。

在工程项目管理中，对项目目标进行控制的措施包括组织措施、管理措施、经济措施和技术措施，其中组织措施是最重要的措施。为了制定有效的组织措施，需要采用组织论的方法，对组织结构、组织分工和工作流程组织进行研究，确定并采取合适的组织工具完成对工程项目的结构分析、管理组织架构、工作任务分解、工作流程规划等。

组织工具是组织论的应用手段，用图或表等形式表示各种组织关系，主要有项目结构图、组织结构图、合同结构图、工作任务分工表、管理职能分工表、工作流程图等。

3.2.1　项目结构图

项目结构图是通过树状图的方式对一个项目的结构进行逐层分解，以反映组成该项目的所有工作任务。项目结构图中，矩形表示工作任务，矩形框之间的连接用连线表示。同一个项目可以有不同的项目结构分解方法，项目结构的分解应与整个工程实施的部署相结合，并与将采用的合同结构相结合。

例如某市的地铁 2 号线建设，将一个地铁车站和一段区间隧道，或几个车站和几段区间隧道作为一个标段发包，则可采用如图 3.3 所示的项目结构图进行项目分解。

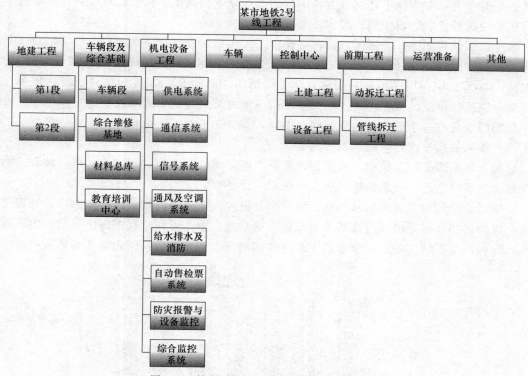

图 3.3　某市地铁 2 号线工程的项目结构图

3.2.2　组织结构图

组织结构图反映一个组织中各部门之间的组织关系，也即指令关系。在组织结构图中，矩形框表示工作部门，上级工作部门对其直属下属工作部门的指令关系用单向箭头表示。

组织结构模式是一种相对静态的组织关系。常用的组织结构模式包括职能组织结构、线性组织结构和矩阵组织结构等。

职能组织结构如图 3.4 所示。在此结构中，A、B1、B2、B3、C5、C6 都是工作部门，A 可以对 B1、B2、B3 下达指令，B1、B2、B3 都可以在其管理的职能范围内对 C5 和 C6 下达指令，其中有些指令可能还是相互矛盾的。由此可知在职能组织结构中，每一个职能部门可根据其管理职能对其直接或非直接的下属工作部门下达工作指令，而每一个工作部门存在多个指令源，这些多个矛盾的指令源会影响企业管理机制的运行。

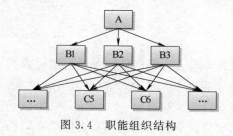

图 3.4　职能组织结构

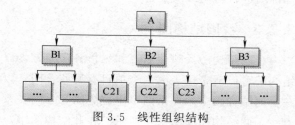

图 3.5　线性组织结构

例如，在高等院校中，设有人事、财务、教学、科研和基本建设等管理的职能部门（处），另有学院、系和研究中心等教学和科研机构，其组织模式即为职能组织结构，人事处和教务处等都可以对学院下达其分管范围内的工作指令。我国多数的企业、学校和事业单位目前还沿用这种传统的组织结构模式。

线性组织结构如图 3.5 所示。在此结构中，A 可以对其直接下属部门 B1、B2、B3 下达指令，B2 可对其直接下属 C21、C22、C23 下达指令，虽然 B2、B3 的层级高于 C21、C22 和 C23，但由于 B2 和 B3 不是它们的直接上级部门，因此 B2 和 B3 无法对其下达指令。由此可知，在线性组织结构中，每一个工作部门只能对其直接的下属部门下达工作指令，每一个工作部门也只有一个直接的上级部门，因此，每一个工作部门只有一个唯一的指令源，避免了由于矛盾的指令而影响组织系统的运行。

例如，在军事组织系统中，组织纪律非常严谨，军、师、旅、团、营、连、排和班的组织关系指令逐级下达，一级指挥一级，一级对一级负责。

矩阵组织结构如图 3.6 所示。在此结构中，纵向由职能部门组成，横向由项目管理部门组成，纵向部门和横向的部门都具备发布指令的功能。由此可知，在矩阵组织结构中，每一项纵向和横向交汇的工作，指令来自于纵向和横向两个工作部门，因此，其指令源有两个。

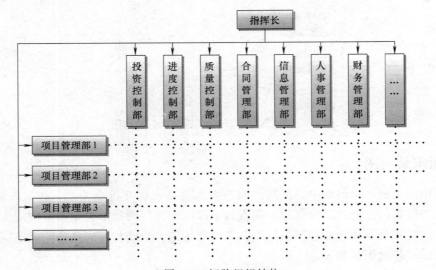

图 3.6　矩阵组织结构

例如，在大型建设项目的组织结构中，纵向工作部门可以是投资控制、进度控制、质量控制、合同管理、信息管理、人事管理、财务管理和物资管理等部门。而横向工作部门可以是各子项目的管理部门。当纵向和横向工作部门的指令发生矛盾时，由该组织系统的最高指挥部门进行协调或决策。

3.2.3　合同结构图

合同结构图反映业主方和项目各参与方，以及项目各参与方之间的合同关系。通过合同结构图可以清晰地了解一个项目有哪些合同，以及了解项目各参与方之间的合同组织关系。在合同结构图中，如果两个单位之间有合同关系，就用双向箭头联系。

合同结构图如图 3.7 所示。在此结构图中，业主和项目总承包单位之间有合同关系，而和各分包单位之间没有合同关系。总承包单位和各分包单位之间分别有合同关系，而分包单位之间没有合同关系。

3.2.4 工作任务分工表

组织分工反映了一个组织系统中各子系统或各组织元素的工作任务分工和管理职能分工，也是一种相对静态的组织关系。

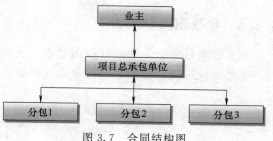

图 3.7 合同结构图

在工作任务分工表中，应明确各项工作任务由哪个工作部门（或个人）负责，由哪些工作部门（或个人）配合或参与。在项目的进展过程中，应视必要对工作任务分工表进行调整。在机电工程项目中，业主方和各参与方，如设计单位、施工单位、供货单位和工程管理咨询单位都有各自的项目管理任务，因此上述各方都应该编制各自的工作任务分工表。在编制工作任务分工表前，应结合项目的特点，对项目实施各阶段的费用控制、进度控制、质量控制、合同管理、信息管理、安全管理，以及组织与协调等管理任务进行分解。在完成管理任务分解的基础上，编制工作任务分工表。例如，某大型公共建筑属国家重点工程，在项目实施初期，项目管理咨询公司建议把工作任务分为十五项并编制工作任务分工表，如表 3.1 所示。

表 3.1 某大型公共建筑的工作任务分工表

序号	工作项目	经理室	技术委员会	专家顾问组	办公室	总工程师室	综合部	财务部	计划部	工程部	设备部	运营部	物业开发部
1	重大技术审查决策	※	△	○	○	△	○	○	○	○	○	○	○
2	设计管理			○		※				○	△	○	
3	技术标准			○		※				△	△		
4	科研管理			○		※							
5	财务管理						○	※	○				
6	计划管理									※	△		
7	合同管理								※	△			
8	招标投标管理			○		○			※	△			
9	工程前期工作								○	○	※	○	○
10	质量管理			○		△				○	△		
11	安全管理			○						※	△		
12	设备选型			△							※	○	
13	安装工程项目管理			○					○	△	○		
14	运营准备			○	○						△	※	
15	调试及验收			○	△					△	※	△	

注：表中※为负责，△为协办，○为配合。

在上述工作任务分工表中，主要明确哪项任务由哪个工作部门（机构）负责主办，还需要明确协办部门和配合部门，主办、协办和配合在表中分别用三个不同的符号区分表示。在工作任务分工表中的每一行所代表的任务中都至少有一个主办工作部门。

3.2.5 管理职能分工表

对工程项目进行管理的过程在本质上是提出问题、筹划、决策、执行和检查等环节所组成的事务处理过程，如图 3.8 所示。这些组成管理的环节就是管理的职能。

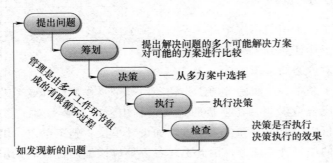

图 3.8　工程项目管理的本质

例如，在某机场的建设过程中，进度控制部门通过进度计划值与实际值的比较，发现塔台工程进度推迟。为了加快进度，项目部提出了三种解决方案，分别为更改工作机制增加夜班作业，增加施工设备，以及改变施工方法。项目经理经过综合分析，决定采取更改工作机制增加夜班作业的方案。施工部按照项目经理的决策，立即着手组织夜班施工。项目经理助理持续检查夜班施工效果，三天后项目进度和计划进度保持一致。在这个案例中，进度控制部门的职能是提出问题，项目部的职能是筹划，项目经理的职能是决策，施工部的职能是执行，项目经理助理的职能是检查。由此可见，在项目执行中，不同的管理职能是由不同的职能部门所承担。

管理职能分工表是用表的形式反映项目管理班子内部项目经理、各工作部门和各工作岗位对各项工作任务的项目管理职能分工。例如，某机场建设的管理职能分工表如表 3.2 所示。

表 3.2　某机场建设的管理职能分工表

编号	P——决策准备；E——决策；D——执行； C——检查；B——顾问；K——了解	建委会	建委会成员	项目经理部	各部门负责人	工程协调部门	项目协调部
1	总体规划（目的、工期、投资）	E	BC	K	CK	—	—
2	工程项目的组织	E	BC	K	CK	—	—
3	投资规划	E	BC	K	CK	—	—
4	长期的规划准则	E	C	BK	D	B	B
5	机场-机构组成方面的问题	E	B	K	K	—	—
6	总体经营管理	E	E	K	PK	—	—

业主方和项目各参与方，如设计单位、施工单位、供货单位和工程管理咨询单位等都有各自的项目管理任务和管理职能分工，都应当编制各自的管理职能分工表。

3.2.6 工作流程图

工作流程图是用图的形式反映一个组织系统中各项工作之间的逻辑关系，用于描述工作流程组织。在工作流程图中，用矩形框表示工作，用箭线表示工作之间的逻辑关系，菱形框表示判断条件。

工作流程图的表示方法如图 3.9 所示。图中所示为设计变更的工作流程，该工作流程在工程项目中经常会使用到。

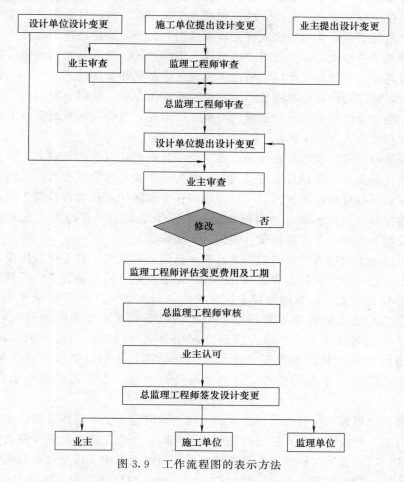

图 3.9　工作流程图的表示方法

3.3 ➡ 工程项目的管理与监理

为了保证工程项目目标实现，需要有专业的管理机构在具有执业资格的项目经理的领导下执行工程项目管理工作。以项目经理为核心组建项目管理部，通过各类技术和管理职能人员的协作，保证工程项目的有序开展。同时，为了对工程项目实施行为进行有效的监督和管理，建设单位委托工程监理单位，对工程项目的质量、造价、进度进行控制，并对工程建设各个利益单位的关系进行协调。

3.3.1　项目经理

2003 年 2 月 27 日《国务院关于取消第二批行政审批项目和改变一批行政审批项目管理方式的决定》（国发 [2003] 5 号）规定："取消建筑施工企业项目经理资质核准，由注册建造师替代，并设立过渡期。"

建筑业企业项目经理资质管理制度向建造师执业资格过渡的时间定为五年，至 2008 年

2月27日已终止。在全面实施监造师执业资格制度后仍然要坚持落实项目经理岗位责任制。项目经理岗位是保证工程项目建设质量、安全、工期的重要岗位。

建筑施工企业项目经理是受企业法定代表人委托，对工程项目施工过程全面负责的项目管理者，是建筑施工企业法定代表人在工程项目上的代表人。建造师是指一种专业人士的名称，项目经理是工作岗位名称。取得建造师执业资格的人员表示其知识和能力符合建造师执业的要求，但其在企业中的工作岗位则由企业视工作需要和安排而定。

在国际上，建造师的执业范围相当宽，可以在施工企业、政府管理部门、建设单位、工程咨询单位、设计单位、教学和科研单位等执业。但是，建造师从事最多的工作仍是在施工企业中担任项目经理。

在施工企业中，项目经理是企业任命的一个项目的管理班子的负责人，但它并不一定是一个企业法定代表人在工程项目上的代表人，因为一个企业法定代表人在工程项目上的代表人在法律上所赋予的权限范围太大。项目经理的任务仅限于主持项目管理工作，其主要任务是项目目标的控制和组织协调。项目经理是一个组织系统中的管理者，至于是否具有人事权、财务权、物资采购权等管理权限，则由其上级确定。

从事大型机电工程项目管理的前提是具有一级建造师机电工程专业的执业证书，并经过注册后，可由企业任命为具体工程的项目经理，从事机电工程安装施工的项目管理工作。

项目经理在承担工程的管理过程中，要贯彻执行国家和工程所在地政府的有关法律、法规和政策，执行企业的各项管理制度；要严格财务制度，加强财经管理，正确处理国家、企业和个人的利益关系；要执行项目合同中由项目经理负责履行的各项条款；对工程项目施工进行有效控制，执行有关技术规范和标准，并积极推广应用新技术，确保工程质量和工期，实现安全文明生产，努力提高经济效益。上述这些即为项目经理需要履行的职责。

项目经理在承担施工项目的管理过程中，应当按照施工企业与建设单位签订的工程承包合同，以及与本企业法定代表人签订的项目承包合同，在企业法定代表人授权范围内，组织项目管理班子；以企业法定代表人的代表身份处理与所承担的工程项目有关的外部关系，受托签署有关合同；指挥工程项目建设的生产经营活动，调配并管理工程项目的人力、资金、物资、机械设备等生产要素；选择施工作业队伍；进行合理的经济分配等。

3.3.2　项目经理部

项目经理部是由项目经理领导，接受施工企业组织职能部门指导、监督、检查、服务和考核的特定工程管理部门。项目经理部以项目经理为核心，配备项目副经理、项目总工程师，以及其他技术和管理人员，对工程项目的实施进行组织。一般而言，项目经理部需要配备的职能技术和管理人员包括施工员（测量员）、质量员、安全员、标准员、材料员、机械员、劳务员（预算员）、资料员等。

项目经理部的设置要参考项目组织形式，并结合在建工程项目的规模、复杂程度和专业特点等进行设置。项目经理部的规模可大可小，并无规定的人员数量要求，根据项目实际需要和企业职能部门情况综合考虑进行合理设置。

通常情况下，对于小型项目，项目经理部除了项目经理之外，直接配备相应的技术和管理职能人员，接受项目经理的直接领导开展项目管理工作即可。而对于大型或特大型项目，需要在项目经理领导下，设置项目部的职能部门，如计划部、技术部、合同部、财务部、供应部、办公室等。各个项目部的职能部门中再按照专业和工作要求，配备相应的技术和管理人员。

项目经理部的主要工作内容包括：在项目经理的领导下制定"项目管理实施规划"及项目管理的各种规章制度；对进入项目的资源和生产要素进行优化配置和动态管理；有效地控制项目工期、质量、成本和安全等目标；协调企业内部、项目内部以及项目与外部各个系统之间的关系，增进项目有关部门之间的沟通，提高工作效率；对项目目标和管理行为进行分析、考核和评价，并对各类责任制度执行结果进行奖惩。

应当注意的是，由于项目经理部不具备独立的法人资格，无法单独承担民事责任。所以，项目部的行为的法律后果将由企业法人承担。例如，项目经理部没有按照合同约定完成施工任务，则应由施工企业承担违约责任。

3.3.3 工程项目的监理

为了保证工程项目的建设目标，在工程项目的实施中，通过专业的工程监理单位，以科学的思想、组织、方法和手段开展工程监理活动，服务于工程建设的各个阶段。

工程监理的工作性质具有服务性、科学性、独立性和公平性等特点。

服务性特点体现在，工程监理单位受业主的委托进行工程建设监理活动，它提供的是服务，工程监理单位将尽最大努力进行项目的目标控制，但它不可能保证项目目标一定实现，它也不可能承担由于不是它的责任而导致项目目标的失控。

科学性特点体现在，工程监理单位拥有从事工程监理的专业工程师，他们将应用所掌握的工程监理的科学思想、组织、方法和手段从事工程监理活动。

独立性特点体现在，工程监理在组织上和经济上不依附于监理工作的对象，如承包商、材料和设备供应商等，否则工程监理就不可能自主地履行其义务。

公平性特点体现在，工程监理单位受业主的委托进行工程建设的监理活动，当业主方和承包商发生利益冲突或矛盾时，工程监理机构以事实为依据，以法律和有关合同为准绳，在维护业主的合法权益时，不损害承包商的合法权益。

在工程的实施过程中，工程监理单位依据法律、法规以及有关技术标准、设计文件和建设工程承包合同，代表建设单位对施工质量实施监理，并对施工质量承担监理责任。工程监理单位应当选派具备相应资格的总监理工程师和监理工程师进驻施工现场。未经监理工程师签字，建筑材料、构筑配件和设备不得在工程上使用或者安装，施工单位不得进行下一道工序的施工。未经总监理工程师签字，建设单位不拨付工程款，不进行竣工验收。监理工程师应当按照工程监理规范的要求，采取旁站、巡视和平行检验等形式，对建设工程实施监理。

监理工作的开展贯穿于工程建设的全过程中，包括设计阶段、施工招标阶段、材料和设备采购供应阶段、施工准备阶段、工程施工阶段、竣工验收阶段等过程中。

工程项目监理的工作程序包括以下过程。首先，组成项目监理机构，配备满足项目监理工作的人员和设施；接着，编制工程建设监理规划，根据需要编制监理实施细则；然后，实施监理服务，组织工程竣工验收，出具监理评估报告，并参与工程竣工验收签署建设监理意见；最后，建设监理业务完成后，向业主提交监理工作报告及工程监理档案文件。

工程项目监理和工程项目管理的基本目标是一致的，都是要保证项目按照建设单位的预算投资、工期要求、质量要求和功能要求完成建设任务。但是，工程项目监理的权限和地位不同于工程项目管理，监理单位是受建设单位的委托进行项目监管，其权力大小取决于建设单位的授权，仅能在授权范围内行使监管权限。

3.3.4　工程项目的风险管理

对工程项目管理而言，风险是指可能出现的影响项目目标实现的不确定因素。评价项目风险的指标是风险量和风险等级。

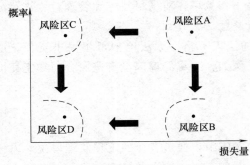

图 3.10　事件风险量的区域

风险量反映的是风险所带来的不确定的损失程度和损失发生的概率。若某个可能发生的事件其可能的损失程度和发生的概率都很大，其风险量就大。通常根据风险量将风险分为四个风险区，如图 3.10 所示。

若某事件经过风险评估处于风险区 A，则应采取措施，降低其概率，则可使其移至风险区 B，或采取措施降低其损失量，则可使其移至风险区 C。对风险区 B 和风险区 C 的事件则也可采取相应措施，使其移至风险区 D。

风险等级是根据风险发生概率等级和风险损失等级间的关系矩阵确定，如表 3.3 所示。

表 3.3　风险等级矩阵表

风险等级		损失等级			
		1	2	3	4
概率等级	1	Ⅰ级	Ⅰ级	Ⅱ级	Ⅱ级
	2	Ⅰ级	Ⅱ级	Ⅱ级	Ⅲ级
	3	Ⅱ级	Ⅱ级	Ⅲ级	Ⅲ级
	4	Ⅱ级	Ⅲ级	Ⅲ级	Ⅳ级

根据《建设工程项目管理规范》（GB/T 50326—2017）的规定，工程建设风险事件的四个等级分别为一级风险、二级风险、三级风险和四级风险。一级风险的风险等级最高，风险后果是灾难性的，并造成恶劣社会影响和政治影响。二级风险属于风险等级较高，风险后果严重，可能在较大范围内造成破坏或人员伤亡。三级风险属于风险等级一般，风险后果一般，对工程建设可能造成破坏的范围较小。四级风险的风险等级较低，风险后果在一定条件下可以忽略，对工程本身以及人员等不会造成较大损失。

工程项目中可能出现的风险主要有组织风险、经济与管理风险、工程环境风险和技术风险等。风险管理就是对工程中可能出现的风险进行系统管理，其管理的过程包括项目实施全过程的风险识别、项目风险评估、项目风险应对和项目风险监控。

3.4 ⟳ 机电工程项目的全过程管理

机电工程项目是按照总体设计进行建设的工程项目。这些建设的项目包括在厂界或建筑物之内总图布置上表示的所有拟建工程；与厂界或建筑物或与各协作点相连的所有相关工程；与生产或运营相配套的生活区内的一切工程；以及诸如长输管道工程、输配电工程等以干线为主，辅以各类站点，干线施工完成后，依法设置保护区，有明显警示标识而无厂界的工程。

3.4.1 机电工程项目的组成

机电工程建设项目一般由下述各项中的一个或几个部分组成。

（1）工艺装置或单元，这是生产厂房内的关键机电设备，可能是一套或多套。

（2）公用工程，包括室内外工艺管网、给水管网、排水管网、供热系统管网、通风与空调系统管网，变配电所及其布线系统，通信系统及其线网等。

（3）辅助设施，包括空压站、制冷站、换热站、供氧站、乙炔站、供汽站等各类动力站，化验室、废渣堆场和填埋场、废水处理回收用装置和维修车间等。

（4）按总图布置标示的工程有大门、警卫室、围墙、运输通道、绿化等。

（5）仓储设施，包括仓库、各类储罐和装卸台等。

（6）消防系统，包括各类消防管网和消防设备站以及火灾报警系统。

（7）生活办公设施，含办公楼及宿舍区。

（8）相关工程，包括引入的电力线路、给水总管、热力总管、排水总管、污水总管，以及专用铁路、通信干线、公路等。

每个具体的机电工程建设项目依据项目性质由多种专业工程联合组成。通常，机电工程安装工程项目可能涉及的专业包括设备基础工程、设备安装工程、管道工程、电气工程、自动化仪表工程、金属结构工程、防腐工程、绝热工程、炉窑砌筑工程、通信工程、环保工程、新能源利用工程及其他工程等。建筑机电安装工程可能涉及的专业包括土建工程、给水排水工程、建筑电气工程、供暖与通风空调工程、建筑智能化工程、消防工程、电梯工程、地下工程等。

机电工程项目涵盖的范围极其广泛，因此机电工程项目的设计具有多样性，工程运行具有危险性，环境条件具有苛刻性。机电工程项目的建设过程是设备制造的继续，具有工厂化、模块化以及特有的长途沿线作业的特点，项目实施的管理复杂性较高。

在机电工程项目实施的管理过程中，要利用信息技术的手段进行信息化管理，推行建筑信息模型、云计算、大数据、物联网先进技术的建设和应用，切实提高项目信息化管理的效率和效益，提升项目管理的水平和能力。特别是要充分利用和整合优势资源，积极推广应用BIM技术、仿真技术、优化技术、虚拟建造技术。并尽可能采用高精度自动测量控制技术、现场施工管理信息技术、项目成本分析与控制信息技术、基于云计算的电子商务采购技术、项目多方协同管理技术、项目动态管理信息技术、工程总承包项目物资全过程监管技术、劳务管理信息技术、建筑垃圾监管技术、智能化的装配式建筑产品生产与施工管理信息技术等。

3.4.2 机电工程项目的分类

机电工程建设项目按照建设的性质可分为新建项目、扩建项目、改建项目、复建项目和迁建项目等。

新建项目是指地块上原来没有的新开工建设的项目。扩建项目是指为扩大生产或服务，在不改变原有功能的前提下而兴建的工程。改建项目是指由于技术进步、工艺更新、淘汰落后设备装置、提高产品或服务质量，或为改变功能而兴建的工程。复建项目是指恢复应有的生产能力或服务的工程。迁建项目是指将原有单位迁移至异地进行生产或服务，并不改变功能而兴建的工程。需要注意的是，项目所迁至的目的地若无此项目，则应对迁出地视为迁建项目，而对迁入地则视为新建项目。

　　机电工程项目按照建设规模划分可分为大型、中型和小型项目。大、中、小型的划分是由国家主管部门制定标准而颁行的，这个标准是会随着经济的发展而修订更迭。工程项目建设规模划分的主要依据指标是投资额的大小、产品的年生产量、在经济发展中的重要程度、项目所在地域的情况等。住房和城乡建设部对机电工程大中小型项目的划分概要如表 3.4 所示。

表 3.4　机电工程项目建设规模划分概要表

类别	大型项目	中型项目	小型项目
机电安装工程	单项工程合同额 2000 万元以上	◇ 总承包单项工程合同额 1000 万元以上 ◇ 单项工程合同额 500 万元以上	◇ 总承包单项工程合同额 200 万至 1000 万元以上 ◇ 单项工程合同额 100 万至 500 万元以上
消防设施工程	建筑面积 4 万 m^2 以上	建筑面积 2 万 m^2 以上	建筑面积 1500 万至 2 万 m^2 以上
建筑智能化工程	单项工程造价 1000 万元以上	单项工程造价 500 万元以上	单项工程造价 100 万至 500 万元以上
环保工程	单项工程合同额 1000 万元以上	单项工程合同额 500 万元以上	单项工程合同额 100 万至 500 万元以上
电子工程	单项工程造价 2000 万元以上	单项工程造价 1000 万元以上	单项工程造价 100 万至 1000 万元以上
起重设备安装和拆卸工程		◇ 4 次以上 1000kN·m 以上起重设备 ◇ 200t 以上起重机或龙门吊	◇ 1 次以上 1000kN·m 以上起重设备 ◇ 60t 以上起重机或龙门吊
电梯安装工程		◇ 3 部速度为 2.5m/s 以上的电梯 ◇ 6 部速度为 1.5m/s 以上的电梯	◇ 1 部速度为 2.5m/s 以上的电梯 ◇ 2 部速度为 1.5m/s 以上

　　机电工程建造师执业工程的行业范围包括装备制造业，冶金、矿山及建材行业，石油、化工及石化行业，电力行业，轻纺行业，以及建筑行业等。

　　装备制造业主要是各类机械、电工、电子装备及汽车制造业等。冶金、矿山及建材行业主要是黑色冶金、有色冶金、稀有金属冶炼、放射性材料提炼、水泥、玻璃、建材制品等。石油、化工及石化行业主要是陆上或海上油气田建设、成品油提炼、油气长途输送、城镇燃气管网、油气储库、人造化学纤维、塑料、重化工（三酸三碱）、农药、精细化工、制药等。电力行业主要是火电、水电、核电、风电、地热发电和太阳能发电以及输配电等。轻纺行业主要是纺织、造纸、制革、烟草、酿造、食品等。建筑行业主要是工业厂房、公用建筑、住宅小区、村镇建筑和农居等。

3.4.3　机电工程项目的建设环节管理

　　建设程序是指项目在建设过程中各项工作必须遵循的先后顺序，其中所包括的主要环节有项目可行性研究、项目发包与承包，以及项目实施等。项目的实施过程又可分为设计阶段、采购阶段、施工阶段、试运行阶段和验收阶段。项目管理贯穿于机电工程项目建设的全过程之中，为实现建设项目的增值而服务。在项目建设的各环节中，项目管理的强度不同，其中项目实施环节的项目管理是项目建设过程管理的重中之重。项目实施环节的各阶段中，依据各阶段工作的具体内容，项目管理的任务有所侧重。

3.4.3.1 项目可行性研究

项目可行性研究属于项目决策阶段的重要工作内容。项目建议书批准后,需要对拟建项目在技术与经济方面的可行性开展分析论证,为项目投资决策提供依据。工程项目根据投资主体可分为政府投资项目和企业投资项目。根据《国务院关于投资体制改革的决定》(国发〔2004〕20 号),政府投资项目实行审批制,企业投资项目实行核准制或登记备案制。无论是政府投资项目还是企业投资项目,都需要进行必要的项目可行性研究,但项目可行性研究在两类项目中的地位有所不同。对于政府投资项目,可行性研究是政府机关审批项目的重要依据,而对于企业投资项目,可行性研究是企业判断能否有足够的收益而进行项目建设的重要依据。

项目可行性研究一般可分为初步可行性研究和可行性研究两个阶段。初步可行性研究又称预可行性研究,是判断项目是否有生命力,是否值得投入更多的人力、财力进行可行性研究,据此做出是否投资的初步决定。从技术、财务、经济、环境和社会影响评价等方面,对项目是否可行做出初步判断。可行性研究是在初步可行性研究的基础上,进一步论证项目建设的必要性,并进行详细的市场分析、资源利用率分析、建设方案分析、投资估算、财务分析、经济分析、环境影响评价、社会评价、风险分析与不确定性分析等,从而对建设项目是否能够立项提供决策依据。

对于政府投资项目,可行性研究报告经批准后不得随意修改和变更。如果在建设规模、建设方案有变动,或者超出投资控制数额时,必须经原批准机关复审同意。可行性研究报告批准后,应成立项目法人,并按照项目法人责任制实行项目管理。经批准的可行性研究报告,是项目最终决策立项的标志。

3.4.3.2 项目的发包与承包

可行性研究完成且项目正式立项审批之后,可以根据项目特点和要求确定项目的承包模式和项目的建设单位。项目的建设可以采用不同的承包模式,以利于投资和项目发展的最优化。在实际工程中,经常采用的项目承包模式包括建设-移交融资模式(BT 模式)、转让-经营-转让模式(TOT 模式)、转让-建设-转让模式(TBT 模式)。

BT 模式是基础设施项目建设领域中采用的一种投资建设模式,指根据项目发起人(例如某市政府)通过与投资者签订合同,由投资者负责项目的融资、建设,并在规定时限内将竣工后的项目移交项目发起人,项目发起人根据事先签订的回购协议分期向投资者支付项目总投资及确定的回报。BT 投资是 BOT 的一种变换形式,政府通过特许协议,引入国外资金或民间资金进行专属于政府的基础设施建设,基础设施建设完工后,该项目设施的有关权利按协议由政府赎回。通俗地说,BT 投资也是一种"交钥匙工程",社会投资人投资、建设,建设完成以后"交钥匙",政府再回购,回购时考虑投资人的合理收益。通过 BT 模式可以大大缓解政府对基础设施的巨额投资压力,提高基础设施的建设效率和使用效率,分散基础设施建设风险,已越来越多地被各地政府在非经营性基础设施项目中采用。

例如,某市政府投资公司(A 公司)在获得政府批准的条件下,与另一投资公司(B)公司签订了 BT 投资建设合同,双方同意以 BT 模式进行该市绕城高速公路项目的投资建设。其中,勘察、设计、监理工作具有 A 公司直接委托相关单位进行,投资、融资及施工由 B 公司负责,施工单位由 B 公司通过招标方式选择,该项工程以 BT 模式运行的流程图如图 3.11 所示。

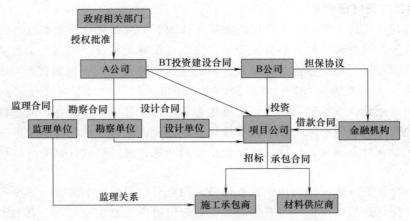

图 3.11 工程以 BT 模式运行的流程图

TOT 模式通过出售现有资产以获得增量资金进行新建项目融资的一种新型融资方式，在这种模式下，首先私营企业用私人资本或资金购买某项资产的全部或部分产权或经营权，然后，购买者对项目进行开发和建设，在约定的时间内通过对项目经营收回全部投资并取得合理的回报，特许期结束后，将所得到的产权或经营权无偿移交给原所有人。TOT 使项目公司从 BOT 特许期一开始就有收入，未来稳定的现金流入使 BOT 项目公司的融资变得较为容易。

例如，江苏省徐州市骆马湖水源地及原水管线项目，项目包含骆马湖水源地及原水管线新建工程及原微山湖水源地及原水管线项目工程资产收购。其中微山湖的原水管线项目为存量项目，由徐州首创水务有限责任公司运营，项目资产收购价值约 3.2 亿元。骆马湖原水管线项目为新建项目工程，自新沂市骆马湖取水，沿规划 S334 省道敷设球墨铸铁原水管线145.5km，工程概算总投资为 20.8 亿元。徐州市人民政府（指定新水公司）与社会资本共同投资成立 PPP 项目公司。新水公司（徐州市政府批准从事徐州市区水利水务资产经营管理的国有独资公司）将骆马湖及微山湖的原水资产转让给项目公司，徐州市政府授权徐州市水务局授予项目公司特许经营权负责项目运营维护，通过政府购买原水服务方式使项目公司获得合理的投资运营回报，授权期结束后项目公司将整体资产有偿转让给政府或其指定相关机构。

TBT 模式是将 TOT 与 BOT 融资方式组合起来，以 BOT 为主的一种融资模式。在 TBT 模式中，TOT 的实施是辅助性的，采用它主要是为了促成 BOT。TBT 的实施中，政府通过招标将已经运营一段时间的项目和未来若干年的经营权无偿转让给投资人，投资人负责组建项目公司去建设和经营待建项目，项目建成开始经营后，政府从 BOT 项目公司获得与项目经营权等值的收益，按照 TOT 和 BOT 协议，投资人相继将项目经营权归还给政府。实质上，是政府将一个已建项目和一个待建项目打包处理，获得一个逐年增加的协议收入（来自待建项目），最终收回待建项目的所有权益。

3.4.3.3 项目实施

可行性研究报告经审查批准后，一般不允许作变动，项目建设进入实施阶段。项目实施的主要工作包括勘察设计、建设准备、项目施工、试运行、竣工验收等程序。

（1）勘察设计

勘察设计是组织施工的重要依据，要按照批准的可行性研究报告的内容进行勘察设计，并编制相应的设计文件。一般项目设计，按初步设计和施工图设计两个阶段进行，对技术比较复杂、无同类型项目设计经验可借鉴时，则在初步设计之后增加技术设计，通过后才能进行施工图设计。大型机电工程项目设计，为做好建设的总体部署，在初步设计前，应进行总体设计，应满足初步设计展开的需要，满足主要大型设备、大宗材料的预安排和土地征用的需要。施工图设计应当满足设备材料的采购、非标准设备的制作、施工图预算的编制和施工安装等的需要。所有设计文件除原勘察设计单位外，与建设相关各方均无权进行修改变更，发现确需要修改的，应征得原勘察设计单位同意，并出具相应书面文件。有些项目为了进一步优化施工图设计，在招标施工单位时，要求投标单位能进行深化设计作为对施工设计的补充，深化设计的设计文件，也要由原设计单位审查确认或批准。

（2）建设准备

项目在开工建设之前需要开展各项具体准备工作，包括征地拆迁，场地平整，通水、通电、通路，完善施工图纸，施工招标投标，签订工程承包合同，设备材料订货，办理施工许可，告知质量安全监督机构，办理施工许可等。同时，制订项目建设总体框架控制进度计划，其内容应包含项目投入使用或生产的安排。

在建设准备中，设备材料订货采购是重要的工作内容之一。机电工程项目中的采购按照采购内容可分为工程采购、货物采购与服务采购三种类型。工程采购属于有形采购，是指通过招标或其他商定的方式选择工程承包单位，即选定合格的承包商承担项目工程施工任务，并包括与之相关的人员培训和维修等服务。货物采购属于有形采购，主要包括机电工程项目需要投入的货物，如建筑材料（钢材、水泥、木材等）。货物采购还应包括与之有关的服务，如运输、保险、安装、调试、培训、初期维修等。服务采购属于无形采购，在工程进展的不同阶段有不同的内容，如决策阶段可行性研究、设计阶段的工程设计、施工阶段的施工监理等。

按采购方式可分为招标采购、直接采购和询价采购三种类型。招标采购主要包括国际竞争招标、有限国际招标和国内竞争性招标。招标采购方式适用于大宗货物、永久设备、标的金额较大、市场竞争激烈等货物的采购。直接采购适用于所需货物或设备仅有唯一来源；为使采购的部件与原有设备配套而新增购的货物；负责工艺设计者为保证达到工艺性能或质量要求而提出的特定供货商提供的货物；特殊条件下，如抢修等，为了避免时间延误而造成花费更多资金的货物；无法进行质量和价格等比较的货物采购。询价采购适用于现货价值较小的标准设备、制造高度专门化的设备等的采购，通常在比较几家供货商报价的基础上选择确定供货商进行采购。

建设准备中，另外两个重要的工作是办理工程质量监督手续和申领施工许可证。

建设单位在办理施工许可证之前应到规定的工程质量监督机构办理工程质量监督注册手续。办理质量监督注册手续需要提供的资料包括，施工图设计文件审查报告和批准书；中标通知书和施工、监理合同；建设单位、施工单位和监理单位工程项目负责人和机构组成；施工组织设计和监理规划等。

从事各类房屋建筑及其附属设施的建造、装饰装修和与其配套的线路、管道、设备的安装，以及城镇市政基础设施工程的施工，建设单位在开工前应向工程所在地的县级以上人民政府建设行政主管部门申领施工许可证。必须申领施工许可证的建筑工程未取得施工许可证的，一律不得开工。工程投资额在 30 万元以下或者建筑面积在 300m² 以下的建筑工程，可以不申请办理施工许可证。

（3）项目施工

项目施工是按工程施工设计而形成工程实体的关键程序，需要在较长时间内耗费大量的资源但却不产生直接的投资效益，因此管理的重点是进度、质量、安全，从而降低工程建设的投资或成本。最终要通过试运行或试生产全面检验设计的正确性、设备材料制造的可靠性、施工安装的符合性、生产或营运管理的有效性。

施工阶段项目管理的任务包括施工进度管理、成本管理、质量管理、安全管理、绿色建造与环境管理、信息与知识管理等。

对于施工进度管理，机电工程项目建设应安排总体计划。总体计划应由业主或总承包单位编制，由总承包单位编制的必须征得业主确认。总体建设计划要告知各参建的分包单位，各分包单位按总体计划编制各自承担的单位工程或单项工程的总进度计划或年度施工进度计划。项目施工进度计划的实施应建立跟踪、监督、检查、报告机制，实施进度计划的检查测量，发现偏差较大，则应及时召集调度会，分析影响进度的因素，采取针对性的对策，使之在后续施工中有效纠正或缓解进度计划执行的偏差。

对于施工成本管理，承包单位依据广泛收集的相关资料编制相应的施工成本计划，作为项目降低成本的指导文件与设立目标成本的依据。施工成本计划编制原则包括从实际情况出发、与其他计划相结合、采用先进技术经济定额、统一领导与分级管理、保持计划适度弹性等原则。总承包单位成本计划的编制是一个不断深化的过程，在不同阶段需形成深度和作用不同的成本计划。在工程项目实施中，进行施工成本控制、分析成本偏差，进行趋势预测，及时采取有效预防措施和纠偏措施，保证成本目标的实现。

对于施工质量管理，其主要质量目标要在工程承包合同中有所约定，总承包合同的质量承诺要分解于各分包合同中。总承包单位制订的总体质量计划应包括质量目标、控制点的设置、检查计划安排、重点控制的质量影响因素等，并要告知各分包单位作为分包单位对所承担工程制订质量计划的指导性意见，分包单位制订的质量计划应细化总承包单位编制的质量计划并报总承包单位审核确认后执行。总承包单位和各分包单位均应按承建的机电工程特点，分析影响施工质量的主要因素，从人、机、料、法、环等方面加以预控。

对于施工安全管理，应由建设总承包单位负责建设全过程的安全管理总体策划，并制订全场性的安全管理制度，经批准后监督执行。工程分包合同中，分包单位应承诺执行总承包单位制订的安全管理制度，并明确分包单位的安全管理职责。分包单位应依据所承担工程的特点，制订相应的安全技术措施，报总承包单位审核批准后执行。施工安全管理还要制订安全应急预案，采取应对措施，跟踪监督整改，防止事故发生。对施工各阶段各部位和场所的危险源识别和风险分析，制订应对措施或应急预案，做到有效控制。

对于绿色建造与环境管理，必须要建立绿色建造制度，制订计划和管理目标，保持现场良好的作业环境和工作秩序。建立并持续改进绿色建造管理体系，确定管理目标及主要指标，在各个阶段贯彻实施。建立管理组织机构，制订相应制度和措施，通过组织培训使各级人员明确绿色建造的意义和责任。按照分区划块的原则，做好项目管理工作，加强协调，定期检查，及时解决发现的问题，实施预防和纠正措施。进行现场绿色设计，优先选用绿色技术、建材、机具和施工方法，实施节能降耗措施。

对于信息与知识管理，需要建立项目信息与知识管理制度，及时准确全面地收集信息与知识，安全、可靠、方便、快捷地存储、传输信息知识，有效、适宜地使用信息和知识，建立涵盖各分包单位及供应商的信息网络。重视利用信息技术的手段进行信息化管理，推行建筑信息模型、云计算、大数据、物联网先进技术的建设和应用，切实提高项目信息化管理的效率和效益，提升项目管理的水平和能力。设置综合资料室，使施工图收发、设计变更通知、气象预报和实时气候记录、设备材料供应进程、工程建设相关文件、施工技术和管理记录等各类资料得到统一信息化管理，保持各类信息渠道畅通有效，防止失误，促使施工阶段各项活动有序进行。

（4）试运行

试运行阶段可分为试运行准备、试运行实施和试运行评价。

试运行准备工作有技术准备、组织准备、物资准备等。试运行的技术准备工作包括确认可以试运行的条件、编制试运行总体计划和进度计划、制订试运行技术方案、确定试运行合格评价标准。试运行的组织准备工作包括组建试运行领导指挥机构，明确指挥分工。组织试运行岗位作业队伍，实行上岗前培训。在作业前进行技术交底和安全防范交底。必要时制订试运行管理制度。试运行的物资准备工作包括编制试运行物资需要量计划和费用使用计划。物资需要量计划应含燃料动力物资、投产用原料和消耗性材料需要量，还应包括检测用工具和仪器仪表需要量计划。

试运行实施之前要进行试运行前的检查。检查内容包括对工程实体进行检查，确认已完成设计文件规定的全部工作内容，并经调试合格，符合竣工验收标准，以及对准备工作进行检查，确认准备工作已符合预期的各项要求。

试运行必须按机电工程项目的特点组织，所有作业行动符合生产或营运的作业规程规定。试运行中发现故障或异常，应立即停止试运行，在分析原因排除故障后，才能重新启动试运行。按计划要求时间安排，达到连续无故障试运行规定时间，则可结束试运行，拆除试运行方案中的临时设施，使机电工程恢复常态。

试运行评价可按工程承包合同约定的质量目标和设计文件规定的要求进行考核。机电工程施工质量验收标准的依据，也是试运行评价的重要依据，其中，工业机电安装工程采用《工业安装工程施工质量验收统一标准》（GB 50252—2010）。房屋建筑安装工程采用《建筑工程施工质量验收统一标准》（GB 50300—2013）。

（5）竣工验收

竣工验收阶段是机电工程项目建设竣工后，必须按国家规定的法规办理竣工验收手续，竣工验收通过后机电工程建设项目可以交付使用，所有的投资转为该项目的固定资产，从而开始提取折旧。竣工验收要做好各类相关资料的整理工作，并编制项目建设决算，按规定向建设档案管理部门移交工程建设档案。

建设工程文件是在工程建设过程中形成的各种形式的信息记录，包括工程准备阶段文件、监理文件、施工文件、竣工图和竣工验收文件。建设工程项目实行总承包的，各分包单位应将本单位形成的工程文件整理、立卷后及时移交总包单位。总包单位负责收集、汇总各分包单位形成的工程档案，并应及时向建设单位移交。建设单位在工程竣工验收后 3 个月内将列入建设档案管理部门（城建档案馆）接收范围的工程移交一套符合规定的工程档案。

建设单位在组织工程竣工验收前，应提请当地的建设档案管理部门（城建档案管理机构）对工程档案进行预验收；未取得工程档案验收认可文件，不得组织工程竣工验收。工程档案重点验收内容应符合规定。大中型机电工程项目的竣工验收应当分预验收和最终验收两个步骤进行；小型项目可以一次性进行竣工验收。竣工验收后，建设总承包单位按总承包合同条款约定，实行保修服务。

3.5 🔃 延伸阅读与思考

武汉地铁 2 号线（Wuhan Metro Line 2）是中国首条穿越长江的地下轨道交通线路，于 2012 年 12 月 28 日开通运营一期工程（金银潭站至光谷广场站），2016 年 12 月 28 日开通运营二期工程（金银潭站至天河机场站），2019 年 2 月 19 日开通运营三期工程（光谷广场站至佛祖岭站），标志色为梅花红。

2009 年 1 月 22 日，武汉地铁 2 号线一期工程江南风井地下连续墙第一幅钢筋笼成功下吊，一期工程越江隧道正式开工。2012 年 2 月 26 日，武汉地铁 2 号线一期工程实现全线隧道贯通。2014 年 12 月 28 日，武汉地铁 2 号线南延线暨光谷广场综合体工程开工建设。2015 年 5 月，武汉地铁 2 号线机场线二期工程开工。8 月，武汉地铁 2 号线南延长线三期工程招标完成开工。2016 年 12 月 28 日，武汉地铁 2 号线二期工程（机场线）建设完工开始运营。2019 年 2 月 19 日，武汉地铁 2 号线三期工程（南延线）建设完工开始运营。武汉地铁 2 号线穿城而过，设置了 38 个站点，极大提升了公共交通能力，方便人民群众生活。

一期工程的金色雅园站沿金雅二路布置，位于金雅二路中段正下方。车站以北为长港路与金雅二路"十"字路口，以南为常青三路与金雅二路"十"字路口。本站起讫点里程为：右 CK2＋782.257～右 CK3＋316.857，有效站台中心里程为右 CK3＋226.157，车站总长 534.6m。

武汉市轨道交通二号线一期工程金色雅园站土建工程项目包括金色雅园站主体及通道、出入口、风道、风亭。车站南北向全长 534.6m，标准段宽 18.5m。车站设有折返线、4 座独立的出入口和 4 组风亭，出入口用通道与站厅层相通，并预留了 5 座物业出入口。总建筑面积为 24568m^2。

车站主体采用地下连续墙与多层 Φ609mm×16mm（Φ609mm×12mm）钢管支撑作基坑支护体系，基坑施工采用分段、分层开挖土方，结构采用明挖顺作法施工。车站顶部覆土厚度约 3.0m，车站主体基坑深度标准段约为 15.89m，盾构段约为 17.8m。地下连续墙厚 0.8m，深度为 28.8～24.8m，幅段之间采用"H 型钢"接头。地下连续墙总计 219 幅。

金色雅园站标段的工程具有工程量大、工期紧、基坑防护等级高、施工环境复杂等特点。在建立完善的工程项目组织的基础上，工程项目部分析其特点提出了相应的解决对策，编制了合理的施工组织设计，并按期完成标段施工。

请查阅公开资料，试了解武汉地铁 2 号线工程的项目组成，组织设计和组织工具，项目的管理与监理，以及项目风险等方面的内容。

本章练习题 ▶▶

3-1 工程项目全过程管理可分为哪几个阶段的管理？工程项目的实施阶段可以进一步划分为哪几个阶段？

3-2 工程项目管理的主要任务是什么？

3-3 组织工具是组织论的应用手段，主要的组织工具有哪些？

3-4 了解一项工程项目，绘制该工程的项目结构图，理解并掌握项目结构图的含义和制作方法。

3-5　常用的组织结构模式有哪些？简述各种模式的特点和适用的组织。

3-6　简述工作任务分工表和管理职能分工表的作用。

3-7　机电工程项目的管理机构应如何组建，包括哪些主要的管理人员，各自的主要职责是什么？

3-8　工程监理的工作性质具有哪些特点？监理工程师实施监理的方式有哪些？

3-9　某送变电工程公司承接了某高压输电线路塔基的施工建设项目，工期一年。工程施工特点为：野外露天作业多；高空作业多，山地施工多，冬季气温低，50％的塔基建在山石上，需要爆破处理。对此，该工程公司项目部进行了主要风险因素识别。试根据所识别的风险因素，指出该工程会出现的紧急状态。

3-10　项目的可行性研究可分为哪两个阶段？试分析两个阶段可行性研究的异同。

3-11　机电工程项目中的采购按照采购内容分类，可分为哪些类型？按照采购方式分类，又可分为哪些类型？

3-12　机电工程项目实施中的试运行管理中，试运行的准备工作包括什么？试运行开始前的主要检查内容包括什么？

第4章

机电工程施工招投标及合同管理

机电工程项目立项并组建项目部之后，在前期可行性研究的基础上，按照国家相关法律法规的要求，对必须实行招标的项目进行招投标，确定项目的施工单位并签订合同。通过招标投标，可以在公平、公正、公开的前提下，选择信誉好且能以合理价格提供最佳质量的项目承包单位或施工单位。

4.1 ➡ 机电工程项目的招标

4.1.1 招标项目范围

根据 2017 年修订后颁布的《中华人民共和国招标投标法》（以下简称《招标投标法》）规定，我国境内的满足一定要求的工程建设项目包括项目的勘察、设计、施工、监理以及与工程建设有关的重要设备、材料等的采购，必须进行招标。这些项目包括：大型基础设施、公用事业等关系社会公共利益、公众安全的项目；全部或者部分使用国有资金投资或者国家融资的项目；使用国际组织或者外国政府贷款、援助资金的项目。

2018 年 3 月，国家发展和改革委员会发布的《必须招标的工程项目规定》中明确，全部或部分使用国有资金投资或者国家融资的项目包括：使用预算资金 200 万元人民币以上，并且该资金占投资额 10% 以上的项目；使用国有企业事业单位资金，并且该资金占控股或主导地位的项目。

在上述规定范围内，必须招标的项目规模应符合的条件包括：施工单项合同估算价在人民币 400 万元以上的；重要设备、材料等货物的采购，单项合同估算价在人民币 200 万元以上的；勘察、设计、监理等服务的采购，单项合同估算价在人民币 100 万元以上的；同一项目中可以合并进行的勘察、设计、施工、监理以及工程建设有关的重要设备、材料等的采购，合同估算价合计达到前款规定的，必须招标。

《招标投标法》规定，涉及国家安全、国家秘密、抢险救灾或者属于利用扶贫资金实行以工代赈、需要使用农民工等特殊情况，不宜进行招标的项目，按照国家有关规定可以不进行招标。

2018 年 3 月经修改后公布的《中华人民共和国招标投标法实施条例》（以下简称《招标投标实施条例》）还规定，除《招标投标法》规定可以不进行招标的特殊情况外，有下列情形之一的，可以不进行招标：①需要采用不可替代的专利或者专有技术；②采购人依法能够自行建设、生产或者提供；③已通过招标方式选定的特许经营项目投资人依法能够自行建设、生产或者提供；④需要向原中标人采购工程、货物或者服务，否则将影响施工或者功能配套要求；⑤国家规定的其他特殊情形。

4.1.2 招标项目类别

机电工程项目依据项目特点而有不同的安装施工方案，在招标投标中，对施工单位的任务要求也因施工方案的不同而有着显著差异。因此，在招投标之前，需要首先明确拟建的工程项目采用何种类型的招标投标类别和具体的招标方式，才能寻找并确定合适的施工单位。

机电工程中，常见的招标项目的种类主要包括项目总承包、设计采购总承包、设计施工总承包、采购施工总承包、施工总承包、机电工程安装的总承包，以及专业工程承包等模式。

项目总承包，即设计采购施工（EPC）一体承包，也称为交钥匙总承包。承包商承担全部设计、设备及材料采购、土建及安装施工、试运转、试生产直至达产达标。这种承包形式是国际项目采用最多的承包模式，目前国内积极推行这一承包模式。

设计采购总承包，即设计采购（EP）一体承包，承包商承担工程的设计、设备采购（大部分业主把材料采购另行委托）及现场安装的技术指导，并承担着投产运行后设计和设备质量的责任。

设计施工总承包，即设计施工（DB）一体承包，承包商承担工程的设计及土建安装施工，并承担着投产运行后设计指标的实现及施工质量的责任。

采购施工总承包，即采购施工（PB）一体承包，承包商承担设备及材料采购、土建安装施工至无负荷试运转，并承担着投料运行后设备质量及施工质量的责任。

施工总承包，承包商承担土建及安装施工直至无负荷试运转结束。承包商除承担工程范围的内容和风险外，还应对投料运行后因施工质量而出现的问题负责。

机电工程安装的总承包，是涵盖机电工程、石油化工工程、冶炼工程、电力工程的施工总承包，承包商只承担工程建设项目的机电设备安装工程，对投料运行后因安装质量出现的问题负责。这种承包模式目前国内相当普遍。

专业工程承包模式，即机电工程中分为各个专业进行承包的方式。工程分包大多采用这种模式。如机械设备安装工程承包、电气设备及自动化仪表安装工程承包、工业或建筑给水排水工程承包、防腐保温工程承包、筑炉工程承包、供暖通风工程承包、钢结构及非标准件制作安装工程承包等，甚至更细化的专业承包。

不同承包模式下，建设单位和总承包单位的管理任务和责任各不相同。在实际工程中，应根据项目特点，建设单位的情况，总承包单位的情况，以及分包单位的情况综合确定。

4.1.3 招标方式

机电工程项目中，常见的招标方式包括公开招标和邀请招标两种形式。

4.1.3.1 公开招标

公开招标，是指招标人以招标公告的方式邀请不特定的法人或者其他组织投标。依法必须进行招标的项目的招标公告，应当通过国家指定的报刊、信息网络或者其他媒介发布。《招标投标法实施条例》明确规定，国有资金占控股或者主导地位的依法必须进行招标的项目，应当公开招标。

公开招标首先应当发布招标公告和资格预审公告。招标单位应当在国务院发展改革部门依法指定的媒介上公开发布工程项目的招标公告和资格预审公告，在不同媒介发布的同一招标项目的招标公告或资格预审公告的内容应当一致。招标人应当在招标文件中载明投标有效期。投标有效期从提交投标文件的截止之日算起。

招标人可以自行决定是否编制标底。一个招标项目只能有一个标底。标底必须保密。招标人设有最高投标限价的，应当在招标文件中明确最高限价或者最高限价的计算方法。招标人不得规定最低投标限价。

对技术复杂或者无法精确拟定技术规格的项目，招标人可以分两阶段进行招标。第一阶段，投标人按照招标公告或者投标邀请书的要求提交不带报价的技术建议确定技术标准，招标人根据投标人提交的技术建议确定技术标准和要求，编制招标文件。第二阶段，招标人向在第一阶段提交技术建议的投标人提供招标文件，投标人按照招标文件的要求提交包括最终技术方案和投标报价的投标文件。

招标过程中，招标人应对所有投标人平等对待，不应存在不平等招标。招标人属于不平等招标的行为包括向不同投标人提供有差别的信息；设定与项目不相适应的资格、技术及商务条件；对不同投标人采取不同的资格审查或评标标准；限定或指定特定的专利、商标、品牌原产地或供应者；非法限定投标人的所有制形式或组织形式；依法必须招标的项目，以特定行政区域或特定行业的业绩、奖项作为加分或中标条件。

4.1.3.2 邀请招标

邀请招标，是指招标人以投标邀请书的方式邀请特定的法人或者其他组织投标。《招标投标法》规定，招标人采用邀请招标方式的，应当向三个以上具备承担招标项目的能力、资信良好的特定的法人或者其他组织发出投标邀请书。国务院发展计划部门确定的国家重点项目和省、自治区、直辖市人民政府确定的地方重点项目不适宜公开招标的，经国务院发展计划部门或者省、自治区、直辖市人民政府批准，可以进行邀请招标。

邀请招标类似于世界银行的选择性招标，这种招标形式在国际上采用得较为普遍，其对招标人的要求与公开招标一致。在我国，可以采取邀请招标的项目具有严格限制。只有在特定情形下并经批准的项目方可以采用邀请招标。这些特定情形下的项目包括：①技术复杂、有特殊要求或者受自然环境限制，只有少量潜在投标人可供选择；②涉及国家安全、国家秘密或者抢险救灾，不宜公开招标的；③采用公开招标方式的费用占项目合同金额的比例过大。

4.1.4 招标基本程序

工程项目招标的基本程序主要包括履行项目审批手续、委托招标代理机构、编制招标文件及标底、发布招标公告或投标邀请书、资格审查、开标、评标、中标和签订合同等，招标流程如图4.1所示。

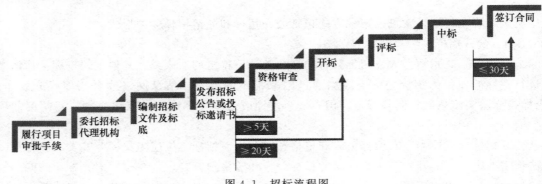

图 4.1　招标流程图

4.1.4.1 履行项目审批手续

招标项目按照国家有关规定需要履行项目审批手续的，应当先履行审批手续，取得批准。其招标范围、招标方式、招标组织形式应当上报项目审批、核准部门审批、核准。项目审批、核准部门应当及时将审批、核准确定的招标范围、招标方式、招标组织形式通报有关行政监督部门。招标人应当有进行招标项目的相应资金或者资金来源已经落实，并应当在招标文件中如实载明。

4.1.4.2 委托招标代理机构

招标人具有编制招标文件和组织评标能力的，可以自行办理招标事宜。任何单位和个人不得强制其委托招标代理机构办理招标事宜。依法必须进行招标的项目，招标人自行办理招标事宜的，应当向有关行政监督部门备案。招标人是否具有编制招标文件和组织评标的能力，主要是考察招标人是否具有与招标项目规模和复杂程度相适应的技术、经济等方面的专业人员。

招标人不具有编制招标文件和组织评标能力的，可以委托招标代理机构办理招标事宜。招标代理机构是依法设立、从事招标代理业务并提供相关服务的社会中介组织。招标人有权自行选择招标代理机构，委托其办理招标事宜。需要注意的是，招标代理机构不得在所代理的招标项目中投标或者代理投标，也不得为所代理的招标项目的投标人提供咨询。

4.1.4.3 编制招标文件及标底

招标人应当根据招标项目的特点和需要编制招标文件。招标文件应当包括招标项目的技术要求、对投标人资格审查的标准、投标报价要求和评标标准等所有实质性要求和条件以及拟签订合同的主要条款。国家对招标项目的技术、标准有规定的，招标人应当按照其规定在招标文件中提出相应要求。

招标机构编写的招标文件应包括工程概况描述；已批准的项目建议书或可行性研究报告，主要经济技术指标等；承包范围（对含 EP 项目应提出配置要求及其技术指标要求）；城市规划部门确定的规划控制条件和用地红线图，工程地质、水文地质、工程测量等建设场地勘察报告（对含 E 项目）；供水、供电、供气、供热、环境、道路的基础资料，节能、环保、消防、抗震等要求（对含 E 项目）；对执行技术标准、规范要求，各阶段的工期、质量、安全要求；设备、主材供应方式及划分清单、工程量清单及主要设计图纸；招标函及投标须知，投标书格式要求及投标截止日期及交投标书地点，投标人踏勘现场及答疑安排，投标保证金要求，合同主要条款，评标标准及方法以及需说明的其他内容。

招标文件不得要求或者标明特定的生产供应者以及含有倾向或者排斥潜在投标人的其他内容。招标人应当确定投标人编制投标文件所需要的合理时间。但是，依法必须进行招标的项目，自招标文件开始发出之日起至投标人提交投标文件截止之日止，最短不得少于 20 日。

招标人可以对已发出的资格预审文件或者招标文件进行必要的澄清或者修改。澄清或者修改的内容可能影响资格预审申请文件或者投标文件编制的，招标人应当在提交资格预审申请文件截止时间至少 3 日前，或者投标截止时间至少 15 日前，以书面形式通知所有获取资格预审文件或者招标文件的潜在投标人；不足 3 日或者 15 日的，招标人应当顺延提交资格预审申请文件或者投标文件的截止时间。

招标人应当在招标文件中载明投标有效期。投标有效期从提交投标文件的截止之日起算。

招标人可以自行决定是否编制标底。一个招标项目只能有一个标底。标底必须保密。招标人设有最高投标限价的，应当在招标文件中明确最高投标限价或者最高投标限价的计算方法。招标人不得规定最低投标限价。国有资金投资的建筑工程招标的，应当设有最高投标限价；非国有资金投资的建筑工程招标的，可以设有最高投标限价或者招标标底。最高投标限价应当依据工程量清单、工程计价有关规定和市场价格信息等编制。

全部使用国有资金投资或者以国有资金投资为主的建筑工程，应当采用工程量清单计价。非国有资金投资的建筑工程，鼓励采用工程量清单计价。工程量清单应当依据国家制定的工程量清单计价规范、工程量计算规范等编制。工程量清单应当作为招标文件的组成部分。

4.1.4.4 发布招标公告或投标邀请书

招标人采用公开招标方式的，应当发布招标公告。招标公告应当载明招标人的名称和地址、招标项目的性质、数量、实施地点和时间以及获取招标文件的办法等事项。

招标人采用邀请招标方式的，应当向三个以上具备承担招标项目的能力、资信良好的特定的法人或者其他组织发出投标邀请书。投标邀请书也应当载明招标人的名称和地址、招标项目的性质、数量、实施地点和时间以及获取招标文件的办法等事项。

招标人应当按照资格预审公告、招标公告或者招标邀请书规定的时间、地点发售资格预审文件或者招标文件。资格预审文件或者招标文件的发售期不得少于 5 日。招标人发售资格预审文件、招标文件收取的费用应当限于补偿印刷、邮寄的成本支出，不得以营利为目的。

4.1.4.5 资格审查

资格审查分为资格预审和资格后审。

招标人采用资格预审办法对潜在投标人进行资格审查的，应当发布资格预审公告、编制资格预审文件。招标人应当合理确定提交资格预审申请文件的时间。依法必须进行招标的项目提交资格预审申请文件的时间，从资格预审文件停止发售之日起不得少于 5 日。

资格预审应当按照资格预审文件载明的标准和方法进行。国有资金占控股或者主导地位的依法必须进行招标的项目，招标人应当组建资格审查委员会审查资格预审申请文件。

资格预审结束后，招标人应当及时向资格预审申请人发出资格预审结果通知书。未通过资格预审的申请人不具有投标资格。通过资格预审的申请人少于 3 个的，应当重新招标。

潜在投标人或者其他利害关系人对资格预审文件有异议的，应当在提交资格预审申请文件截止时间 2 日前提出。招标人应当自收到异议之日起 3 日内答复；答复前，应当暂停招标投标活动。

招标人采用资格后审办法对投标人进行资格审查的，应当在开标后由评标委员会按照招标文件规定的标准和方法对投标人的资格进行审查。

4.1.4.6 开标

开标应当在招标文件确定的提交投标文件截止时间的同一时间公开进行。开标地点应当为招标文件中预先确定的地点。

开标由招标人主持，邀请所有投标人参加。开标时，由投标人或者其推选的代表检查投标文件的密封情况，也可以由招标人委托的公证机构检查并公证；经确认无误后，由工作人员当众拆封，宣读投标人名称、投标价格和投标文件的其他主要内容。招标人在招标文件要求提交投标文件的截止时间前收到的所有投标文件，开标时都应当当众予以拆封、宣读。开标过程应当记录，并存档备查。

招标人应当按照招标文件规定的时间、地点开标。投标人少于 3 个的，不得开标；招标人应当重新招标。投标人对开标有异议的，应当在开标现场提出，招标人当场答复，并制作记录。

4.1.4.7 评标

评标由招标人依法组建的评标委员会负责。招标人应当采取必要的措施，保证评标在严格保密的情况下进行。任何单位和个人不得非法干预、影响评标的过程和结果。

依法必须进行招标的项目，其评标委员会由招标人的代表和有关技术、经济等方面的专家组成，成员人数为 5 人以上单数，其中技术、经济等方面的专家不得少于成员总数的三分之二。与投标人有利害关系的人不得进入相关项目的评标委员会。评标委员会成员的名单在中标结果确定前应当保密。

评标委员会可以要求投标人对投标文件中含义不明确的内容做必要的澄清或者说明，但是澄清或者说明不得超出投标文件的范围或者改变投标文件的实质性内容。评标委员会应当按照招标文件确定的评标标准和方法，对投标文件进行评审和比较；设有标底的，标底应当在开标时公布，作为评标的参考，不得以投标报价是否接近标底作为中标条件，也不得以投标报价超过标底上下浮动范围作为否决投标的条件。

评标委员会完成评标后，应当向招标人提出书面评标报告，并推荐合格的中标候选人。评标委员会经评审，认为所有投标都不符合招标文件要求的，可以否决所有投标。依法必须进行招标的项目的所有投标被否决的，招标人应当依法重新招标。否决不合格投标或者被废标后，因有效投标不足三个使得投标明显缺乏竞争的，评标委员会可以否决全部投标。投标人少于三个或者所有投标被否决的，招标人在分析投标失败的原因并采取相应措施后，应当依法重新招标。如果评标委员会一致认为本次开标在商务、技术、价格方面存在足够竞争性，那么评标委员会可以对剩余二家投标商进行详细的综合评审，向招标人推荐中标候选人。

招标项目有下列情形之一的，评标委员会应当否决其投标：①投标文件未经投标单位盖章和单位负责人签字；②投标联合体没有提交共同投标协议；③投标人不符合国家或者招标文件规定的资格条件；④同一投标人提交两个以上不同的投标文件或者投标报价，但招标文件要求提交备选投标的除外；⑤投标报价低于成本或者高于招标文件设定的最高投标限价；⑥投标文件没有对招标文件的实质性要求和条件进行响应；⑦投标人有串通投标、弄虚作假、行贿等违法行为。

评标完成后，评标委员会应当向招标人提交书面评标报告和中标候选人名单。中标候选人应当不超过 3 个，并标明排序。评标报告应当由评标委员会全体成员签字。对评标结果有不同意见的评标委员会成员应当以书面形式说明其不同意见和理由，评标报告应当注明不同意见。评标委员会成员拒绝在评标报告上签字又不书面说明其不同意见和理由的，视为同意评标结果。

4.1.4.8 中标和签订合同

招标人根据评标委员会提出的书面评标报告和推荐的中标候选人确定中标人。招标人也可以授权评标委员会直接确定中标人。招标人和中标人应当自中标通知书发出之日起 30 日内，按照招标文件和中标人的投标文件订立书面合同，合同的标的、价款、质量、履行期限等主要条款应当与招标文件和中标人的投标文件的内容一致。招标人和中标人不得再行订立背离合同实质性内容的其他协议，招标人与中标人另行签订合同的行为属违法行为，所签订的合同是无效合同。

4.2 ➲ 机电工程项目的投标

投标单位在确认具备投标条件的前提下，从招标机构处获取招标文件，按照研究招标文件、确定投标策略、编写投标书和递交投标书的基本流程完成投标过程。

4.2.1 投标策略

投标单位是否投标取决于自身对投标条件的确认。在确认拟招标的机电工程项目已具备招标条件，且投标人资格也符合规定，并能够对招标文件做出实质性的响应，那么投标人可以按照招标文件要求编制投标文件。如果招标人要求投标人交投标保证金，投标人必须按照要求提交投标保证金。

投标人参加项目的投标，不受地区或者部门的限制，任何单位和个人不得非法干涉。但是，当投标人与招标人存在利害关系而可能影响招标公正性时，投标人不得参加投标。再者，若投标单位负责人为同一人或者存在控股、管理关系的不同单位，则投标人不得参加同一标段或者未划分标段的同一招标项目投标。

投标人对招标文件研究的透彻与否直接关系到编制投标书的符合度以及质量高低。招标文件的重点内容包括投标人须知，合同条款，设计图纸，投标要求格式，工程范围，供货范围，主要设备规格、重量、数量及安装地点，工程量清单，计价和报价方式，技术规范要求，工期、质量、安全及环境保护要求等。

投标人要结合投标文件对拟投保工程进行认真的调查研究，并认真复核工程量，这是决定工程是否能够盈利的基础。对于总价固定招标，因合同执行时是以总报价为基础进行结算的，要规避风险，工程量的差异较大，就会带来无法弥补的经济损失。

确定正确的投标策略，在投标工作中非常重要，尤其体现在业绩信誉、价格、缩短工期、质量标准、安全保证、优化设计、推广应用新技术及特殊的施工方案及施工工艺等。

技术标的策略主要在于要突出自身优势，扬长避短，重点强调投标单位在业绩信誉、施工装备、技术水平和力量、施工组织等方面的优势；要突出工期目标，在满足业主工期要求时，提出适当缩短工期的目标和具体措施；要强调质量控制的优势，提出优于业主提出的质量目标及实现目标的具体措施；要向业主提出一些有利于降低工程造价、缩短工期、保证质量的合理化建议及一些优惠条件。

商务报价可采用不平衡报价法、多方案报价法、增加建议方案法、投标前突然竞价法、无利润竞标法、先亏后盈等方式进行报价。根据投标单位的自身情况及此次招标投标的业主、竞争对手的实际情况确定。

4.2.2 编制投标书的要点

投标书的编制要根据招标内容确定编写要点，力求准确切入招标人的诉求，有效解决待建工程的建设痛点，充分满足评标要求，以中标为最终目的。

4.2.2.1 技术标的编制要点

在技术标的编制中，要重点关注设计方案、设备采购、材料采购的质量控制方案、施工装备的配置，以及施工组织设计纲要的编写。

对设计方案（针对含有设计内容的招标项目）的描述，一定要突出设计合理性及安全性、生产工艺及节能减排环保的先进性、配置的精良和可靠性及各项经济技术指标的保证措施。主要装置的配置及其描述，突出生产工艺、产能、电耗等特点。自动化配置描述，突出配置水平及同类在建或已投入使用的工厂先进性比较。应用新技术和环境保护指标及其设计描述。根据不同地理位置对有关防止自然灾害的应对设计进行描述，如抗震、抗台风、防洪等；交图日期及质量保证措施等。

对设备采购（针对含有采购内容的招标项目）的描述，要突出主要备选制造厂商资信、能力、技术、业绩的描述及选用原则和方法；监造方案描述，突出质量控制计划、措施及包装、发运、交货期保证措施等。

施工装备的配置则要突出主要的、先进的、关键的吊装、施工机具及测量、检测仪器。

施工组织设计纲要主要包括施工组织机构及主要成员情况；施工进度计划及保证措施；质量标准及其保证措施；职业健康、安全、环境保证措施；主要施工装备配备计划；主要设备及专业的施工方案编制；突出方案在技术、工期、质量、安全保障等方面有创新，有利于降低施工成本。

4.2.2.2 商务标的编制要点

商务标报价主要有以下几种：总价一次包死，合同履行过程中不发生变更签证；包总价，但超出合同规定工程量范围可现场签证；工程量单价包干，这是我国目前采取较多的计价形式；施工图预算结算。

商务标的报价中，商务报价分析是最为关键的环节。首先要认真研究招标文件，核实工程量清单。做到不多报、不发生漏报、不废标，分析标书中的漏洞，为以后签订合同或索赔提供根据。其次，认真评估自身的能力和市场走势，管理、技术、装备、资金等能力，以及当地市场人力、材料、施工机具租赁的价格和走势。最后，认真分析和考虑工程的风险因素，如业主和自身的风险、工程风险、市场风险、资金风险及自然灾害等不可预见的风险，国外项目还应考虑政治、汇率等风险等；认真考虑各种刚性和弹性税费的压缩空间；认真测算工程的盈亏平衡点并决定盈亏水平。

在做好报价分析的基础上，认真填写报价和密封商务标书。按招标文件规定的格式填写报价单，按规定要求密封商务标书。

4.2.3 电子投标方法

随着计算机、互联网、大数据等技术的发展，传统的纸质文件传递招投标方式在逐步向电子招投标方式转变。电子招标投标活动是指以数据电文形式，依托电子招标投标系统完成的全部或者部分招标投标交易、公共服务和行政监督活动。电子招标投标系统根据功能的不同，分为交易平台、公共服务平台和行政监督平台等。

电子招标投标交易平台的运营机构，以及与该机构有控股或者管理关系可能影响招标公正性的任何单位和个人，不得在该交易平台进行的招标项目中投标和代理投标。投标人应当在资格预审公告、招标公告或者投标邀请书载明的电子招标投标交易平台注册登记，如实递交有关信息，并经电子招标投标交易平台运营机构验证。投标人应当通过资格预审公告、招标公告或者投标邀请书载明的电子招标投标交易平台递交数据电文形式的资格预审申请文件或者投标文件。

电子招标投标交易平台应当允许投标人离线编制投标文件，并且具备分段或者整体加密、解密功能。投标人应当按照招标文件和电子招标投标交易平台的要求编制并加密投标文件。投标人未按规定加密的投标文件，电子招标投标交易平台应当拒收并提示。投标人应当在投标截止时间前完成投标文件的传输递交，并可以补充、修改或者撤回投标文件。投标截止时间前未完成投标文件传输的，视为撤回投标文件。投标截止时间后送达的投标文件，电子招标投标交易平台应当拒收。

电子招标投标交易平台收到投标人送达的投标文件，应当即时向投标人发出确认回执通知，并妥善保存投标文件。在投标截止时间前，除投标人补充、修改或者撤回投标文件外，任何单位和个人不得解密、提取投标文件。资格预审申请文件的编制、加密、递交、传输、接收确认等，适用上述关于投标文件的规定。

4.3 ● 机电工程施工合同管理

通过招标程序选定中标人后，经技术和商务谈判达成一致后，双方可签订项目合同，从而进入项目施工阶段。施工合同的管理应遵循合同评审、合同订立、合同实施计划、合同实施控制以及合同管理总结等流程。

4.3.1 施工合同的类型及风险

机电工程的施工合同可分为施工承包合同和专业施工分包合同。为规范建筑市场，维护建设工程施工合同当事人的合法权益，住房和城乡建设部、国家工商行政管理总局制订了《建设工程施工合同（示范文本）》(GF—2017—02010)。施工合同的内容包括工程范围、建设工期、中间交工工程的开工和竣工时间、工程质量、工程造价、技术资料交付时间、材料和设备供应责任、拨款和结算、竣工验收、质量保修范围和质量保证期、双方相互协作等条款。

4.3.1.1 施工承包合同

施工承包合同的合同文本一般都由协议书、通用条款、专用条款组成。除合同文本外，合同文件一般还包括中标通知书，投标书及其附件，有关的标准、规范及技术文件，图纸、工程量清单、工程报价单或预算书等。在合同订立及履行过程中形成的与合同有关的文件均构成合同文件组成部分。

构成合同的文件众多，不可避免地会在多个文件中对同一内容出现不一致的表述。在这种情况下，需要有明确的规则处理众多文件中的不一致。定义合同文件的优先顺序是最基本的处理文件中不一致的规则。在合同通用条款中规定的合同文件的优先顺序为中标通知书（如果有），投标函及其附录（如果有），专用合同条款及其附件，通用合同条款，技术标准和要求，图纸，已标价工程量清单或预算书，其他合同文件。也可根据项目的具体情况在专用合同条款内约定合同文件的优先顺序。原则上应把文件签署日期在后的和内容重要的排在前面，即更加优先。所有合同文件中包括合同当事人就该项合同文件所做出的补充和修改，属于同一类内容文件的，应以最新签署的为准。专用合同条款及其附件须经合同当事人签字或盖章。

在施工承包合同中，必须对合同中的承包人，即项目经理进行明确约定。项目经理应为合同当事人所确认的人选，并在专用合同条款中明确项目经理的姓名、职称、注册执业证书编号、联系方式及授权范围等事项，项目经理经承包人授权后代表承包人负责履行合同。项目经理应是承包人正式聘用的员工，承包人应向发包人提交项目经理与承包人之间的劳动合同，以及承包人为项目经理缴纳社会保险的有效证明。承包人不提交上述文件的，项目经理无权履行职责，发包人有权要求更换项目经理，但由此增加的费用和（或）延误的工期由承包人承担。

4.3.1.2 专业工程分包合同

作业分包管理是机电工程承包合同管理的重要组成部分。专业工程分包合同主要内容包括专业工程分包合同示范文本的结构和主要条款，内容与施工承包合同相似。分包合同内容的特点是既要保持与主合同条件中相关分包工程部分规定的一致性，又要区分两个合同主体之间的差异。分包合同所采用的语言文字和适用的法律、行政法规及工程建设标准一般应与主合同相同。

项目总承包单位（施工承包单位）必须向分包人提供与分包工程相关的各种证件、批件和各种相关资料，向分包人提供具备施工条件的施工场地。总承包单位必须组织分包人参加图纸会审，向分包人进行设计图纸交底，并提供本合同专用条款中约定的设备和设施。同时，在施工中，总承包单位负责施工场地的管理工作，协调分包人与同一施工场地的其他施工人员之间的交叉配合，确保分包人按照经批准的施工组织设计进行施工。

专业工程分包人应履行并承担总包合同中与分包工程有关的发包人的所有义务与责任，同时应避免因分包人自身行为或疏漏造成发包人违反发包人与业主间约定的合同义务的情况发生。分包人须服从发包人下达的或发包人转发监理工程师与分包工程有关的指令。未经发包人允许，分包人不得以任何理由越过发包人与业主或监理工程师发生直接工作联系，分包人不得直接致函业主或监理工程师，也不得直接接受业主或监理工程师的指令。如分包人与业主或监理工程师发生直接工作联系，将被视为违约，并承担违约责任。

机电工程总承包单位进行项目分包时，应考虑到总承包合同约定的或业主指定的分包项目。对于不属于主体工程的分部工程，总承包单位考虑分包施工更有利于工程的进度和质量，可以进行分包。另外，一些专业性较强的分部工程也可进行分包，但分包单位必须具备相应的企业资质等级以及相应的技术资格，如锅炉、压力管道、压力容器、起重、电梯技术资格。签订分包合同后，若分包合同与总承包合同发生抵触时，应以总承包合同为准，分包合同不能解除掉总承包单位的任何义务与责任。分包单位的任何影响到业主与总承包单位间合同的违约或疏忽，均为总承包单位的违约行为。因此，总承包单位必须重视并指派专人负责对分包单位的管理，保证分包合同和总承包合同的履行。

只有业主和总承包单位才是工程施工总承包合同的当事人，分包单位根据分包合同也应享受相应的权利和承担相应的责任。分包合同必须明确规定分包单位的任务、责任及相应的权利，包括合同价款、工期、奖罚等。在分包合同中应明确禁止分包单位把工程转包给其他单位。

4.3.1.3 合同风险主要表现形式及防范

合同风险指合同中的不确定因素，是由工程的复杂性决定的，它是工程风险、业主资信风险、外界环境风险的集中反映和体现。合同风险的主要表现形式为合同主体不合格；合同订立或招标投标过程违反建设工程的法定程序；合同条款不完备或存在着单方面的约束性；签订固定总价合同或垫资合同的风险；固定总价合同由于工程价格在工程实施期间不因价格变化而调整，承包人需承担由于工程材料价格波动和工程量变化所带来的风险；业主违约、拖欠工程款；履约过程中的变更、签证风险；业主指定分包单位或材料供应商所带来的合同风险。

防范合同风险，要规范合同行为，诚信守法。加强合同评审、评估、管控。认真组织合同评审，评估各项风险，选派高水平的人员参与谈判，加强合同风险在合同执行期间的管理和控制。加强索赔管理。以合同为依据，用索赔和反索赔来弥补或减少损失。管控、转移、规避、消减风险。针对合同风险，灵活采用消减风险、转移风险、共担风险等管控方法。

如果从事的是国际机电工程项目，则合同风险主要考虑项目所处的环境风险以及项目实施中的自身风险。对这些风险在分析潜在危害和发生可能性的基础上，制定相应的防范措施。对项目所处的环境风险，需要制定相应的政治风险、市场和收益风险、财经风险、法律风险，以及不可抗力风险的防范措施。对项目实施中的自身风险，需要制定相应的建设风险、营运风险、技术风险和管理风险等防范措施。

4.3.2 施工合同的实施

施工合同的实施包括总包合同实施和分包合同实施。

4.3.2.1 总包合同实施

总包合同的实施包括合同分析、合同交底以及合同控制等。

合同分析是分析合同风险，制定风险对策，分解、落实合同任务。分析合同中的漏洞，解释有争议的内容，包括合同的法律基础、承包人的主要任务、发包人的责任、合同价格、施工工期、违约责任、验收、移交和保修、索赔程序和争执的解决等。

合同交底是组织分包单位与项目有关人员学习合同条文和分析结果，熟悉合同中的主要内容、规定和程序，了解合同双方的责任和工作范围、各种行为的法律后果等，并将各项任务和责任分解，落实到具体部门、人员或分包单位，明确工作要求和目标。

合同控制是合同跟踪与控制。在合同期内，就工作范围、质量、进度、费用及安全等方面的合同执行情况与合同条文所规定内容进行对比。内容包括工程变更；工程质量是否符合合同要求；工期有无延长，原因是什么；有无合同规定以外的施工任务；成本的增加和减少；对各施工单位所负责的工程进行跟踪检查、协调关系，保证工程总体质量和进度。

合同实施的偏差分析，包括产生偏差的原因分析；合同实施偏差的责任分析；合同实施趋势分析等。合同实施的偏差处理，是根据合同实施偏差分析的结果，应该采取的调整措施。调整措施可以分为组织措施、技术措施、经济措施和合同措施。

4.3.2.2 分包合同实施

总承包单位对分包单位及分包工程的施工管理，应从施工准备、进场施工、工序交验、竣工验收、工程保修以及技术、质量、安全、进度、工程款支付等进行全过程的管理。总承包单位应派代表对分包单位进行管理，对分包工程施工进行有效控制和记录，保证分包工程的质量和进度满足工程要求，保证分包合同的正常履行，保证总承包单位的利益和信誉。

分包单位工作中的停检点应在自检合格的前提下，由总包单位检查合格后报请监理（业主代表）进行检查。分包单位对开工、关键工序交验、竣工验收等过程经自行检验合格后，均应事先通知总承包单位组织预验收，经认可后由总承包单位通知业主组织检查验收。总承包单位应及时检查、审核分包单位提交的分包工程施工组织设计、施工技术方案、质量保证体系、质量保证措施、安全保证体系及措施、施工进度计划、施工进度统计报表、工程款支付申请、隐蔽工程验收报告和竣工交验报告等文件资料，提出审核意见并批复。若因分包单位责任造成重大质量事故或安全事故，或因违章造成重大不良后果的，总承包单位可按合同约定终止分包合同，并按合同追究其责任。分包工程竣工验收后，总包单位应组织有关部门对分包工程和分包单位进行综合评价。

4.3.2.3 合同的变更

合同变更分为约定变更和法定变更。合同变更成立的条件有两个，其一是合同关系已经存在，其二是合同内容发生变化。如工程变更主要包括工程量变更、工程项目变更、进度计划变更、施工条件变更等。设计变更主要包括更改有关标高、基线、位置和尺寸等。合同变更需经合同当事人协商一致，或者法院、仲裁庭裁决，或者援引法律直接规定。如果法律、行政法规对合同变更方式有要求，则应遵守这种要求。

除专用合同条款另有约定外，常见的变更范围包括：合同履行过程中发生增加或减少合同中任何工作，或追加额外的工作；或取消合同中任何工作（但转由他人实施的工作除外）；或改变合同中任何工作的质量标准或其他特性；或改变工程的基线、标高、位置和尺寸等。

在合同变更的实施过程中，发包人可以取消任何工作，但不得随意转由他人实施。否则属于违约行为，且涉嫌肢解分包。在分包商不能按合同约定的质量、进度等条件完成工作，且无有效措施予以纠正时，发包人有权将工作或部分工作交与第三方进行，费用从分包商进度款中扣除或在分包商的履约保函中扣除。承包人收到监理人下达的变更指示后，认为不能执行，应立即提出不能执行该变更指示的理由。承包人认为可以执行工作变更的，应当书面说明实施该变更对合同价格和工期的影响，且合同当事人应当按照工作变更约定的定价原则确定变更价款。

合同变更会导致工作量改变，进而导致合同价格改变。除专用合同条款另有约定外，工作变更定价时，已标价工程量清单或预算书有相同项目的，按照相同项目单价认定。已标价工程量清单或预算书中无相同项目，但有类似项目的，参照类似项目的单价认定。

变更导致实际完成的变更工程量与已标价工程量清单或预算书中列明的该项目工程量的变化幅度超过规定的，或已标价工程量清单或预算书中无相同项目及类似项目单价的，按照合理的成本与利润构成的原则，由合同当事人商定或确定变更工作的单价。承包人应在收到变更指示后的规定日期内，向监理提交变更调价申请。监理应在收到承包人提交的变更调价申请后的规定日期内审查完毕并报送发包人，监理对变更调价申请有异议，通知承包人修改后重新提交。发包人应在承包人提交变更调价申请后的规定日期内审批完毕。发包人逾期未完成审批或未提出异议的，视为认可承包人提交的变更调价申请。因变更引起的价格调整应计入最近一期的进度款中支付。

4.3.2.4 合同的终止与解除

根据《合同法》规定，合同权利义务终止的原因包括因履行完毕而终止，因解除而终止，因抵销而终止，合同因提存而终止，合同因免除债务而终止，合同因混同而终止等。

合同解除是指在合同有效成立之后至合同没有履行完毕之前，当事人双方通过协议或者一方行使约定或法定解除权的方式，使当事人设定的权利义务关系终止的行为。合同解除是以有效成立的合同为对象，须具备必要的解除条件，应当通过解除行为，效果是合同关系消灭。合同解除可分为约定解除和法定解除。合同解除后，尚未履行的，终止履行；已经履行的，根据履行情况和合同性质，当事人可以要求恢复原状、采取其他补救措施，并有权要求赔偿损失。

4.3.3 施工合同的索赔

施工合同的执行中，索赔和反索赔是合同管理的重要内容之一。利用好索赔是确保项目合理收益的重要手段。

4.3.3.1 索赔的起因与分类

索赔的起因包括合同当事方违约，不履行或未能正确履行合同义务与责任；或合同错误，如合同条文不全、错误、矛盾等，设计图纸、技术规范错误等；或合同变更；或工程环境变化，包括法律、物价和自然条件的变化等；或不可抗力因素，如恶劣气候条件、地震、洪水、战争状态等。

索赔的内容主要是工期和费用。工期索赔，一般指承包人向业主或者分包人向承包人要求延长工期。费用索赔，即要求补偿经济损失，调整合同价格。不同起因所导致的索赔，有的可以索赔工期，有的可以索赔费用，还有的既可以索赔工期又可以索赔费用。

按照索赔事件的性质分类，可以把索赔分为工程延期索赔，工程加速索赔，工程变更索赔，工程终止索赔，不可预见的外部障碍或条件索赔，不可抗力事件引起的索赔，以及其他索赔（如货币贬值、汇率变化、物价变化、政策法令变化等原因引起的索赔）。

在项目实施中，大部分索赔都是承包商向业主的索赔，这些索赔包括因合同文件引起的索赔，工程施工相关的索赔，有关价款方面的索赔，有关工期的索赔，特殊风险和人力不可抗拒灾害的索赔，工程暂停、终止合同的索赔，以及财务费用补偿的索赔等。

索赔是一个复杂且具有专业性的问题，需要熟悉索赔的合同管理人员长期跟踪处理，及时监测在合同执行中是否有可以提出索赔的情况发生，这些可以提起索赔的情况包括：

① 发包人违反合同给承包人造成时间、费用的损失。

② 因工程变更（设计变更、发包人提出的工程变更、监理工程师提出的工程变更，以及承包人提出并经监理工程师批准的变更）造成的时间、费用损失。

③ 由于监理工程师对合同文件的歧义解释、技术资料不确切，导致施工条件的改变，造成时间、费用的增加。

④ 发包人提出提前完成项目或缩短工期而造成承包人的费用增加。

⑤ 发包人延误支付期限造成承包人的损失。

⑥ 对合同规定以外的项目进行检验，且检验合格，或非承包人的原因导致项目缺陷的修复所发生的损失或费用。

⑦ 非承包人的原因导致工程暂时停工。例如，发包人提供的资料有误。

⑧ 物价上涨、法规变化及其他。

反索赔就是反驳、反击或者防止对方提出的索赔，或者让对方的索赔不能成功或者不能全部成功。例如，当承包商向业主提出索赔要求时，则业主可以对承包商进行反索赔，即可以全部否定对方的索赔或部分否定对方的索赔。但需要注意的是，业主的反索赔必须以事实为依据，以合同为准绳，有理有据地反驳。

4.3.3.2 索赔成立的条件

索赔成立应该同时具备以下三个前提条件，缺一不可。第一个条件是与合同对照，事件已造成了承包人工程项目成本的额外支出，或直接工期损失。第二个条件是造成费用增加或工期损失的原因，按合同约定不属于承包人的行为责任或风险责任。第三个条件是承包人按合同规定的程序和时间提交索赔意向通知和索赔报告。

索赔时的主要依据包括工程合同文件，法律和法规，以及工程建设惯例。针对具体的索赔要求（工期或时间），索赔的依据不尽相同。索赔成功与否的关键在于用来支持索赔成立或与索赔有关的证明文件和资料是否充分，也即索赔的证据是否齐全。在索赔中，可以作为证据的材料包括书证、物证、证人证言、视听材料、被告人供述和有关当事人陈述、鉴定结论、勘察和检验笔录等。索赔的证据应该具有真实性、及时性、全面性、关联性和有效性。

4.3.3.3　施工索赔的几个关键环节

进行施工索赔的环节包括提出索赔意向书，做好同期记录，提交详细情况报告，提交最终索赔报告。

承包人应在指导或应当知道索赔事件发生后 28 天内，提交索赔意向书。索赔意向书递交监理工程师后应经主管监理工程师签字确认，必要时施工单位负责人、现场负责人及现场监理工程师、主管监理工程师要一起到现场核对。索赔意向书送交监理工程师签字确认后要及时收集证据，收集的证据要确凿，理由要充分，所有工程费用和工期索赔应附有现场工程监理工程师认可的记录和计算资料及相关的证明材料。判别索赔是由何种原因导致，并正确计算索赔的起止日期。

从索赔事件起算日起至索赔事件结束日止，认真做好同期记录，记录的内容要完整。当索赔事件造成现场损失时，还应注意现场照片、录像资料的完整性，且粘贴打印说明后请监理工程师签字。

在索赔事件的进行过程中，承包人应在发出索赔意向书 28 天内向监理工程师提交索赔报告，如果索赔事件具有持续影响的，承包人应按合理的时间间隔递交索赔事件的阶段性详细情况报告，说明索赔事件目前的损失款额影响程度及费用索赔的依据。

当索赔事件所造成的影响结束后，承包人应 28 天内向监理工程师提交最终索赔详细报告，形成正式文件，同时抄送、抄报相关单位。承包人的正式索赔文件有索赔申请表、批复的索赔意向书、编制说明、附件（与本项费用或工期索赔有关的各种往来文件，包括承包人发出的与工期和费用索赔有关的证明材料及详细计算资料）等。

4.3.3.4　通用的索赔事项及内容

在不同的索赔事件可以索赔的费用是不同的，不同的合同文本规定也不完全一致。根据国家发改委、财政部、住房城乡建设部等九部委第 56 号令发布的《标准施工招标文件》中通用条款的内容，可以合理补偿承包人的条款如表 4.1 所示。

表 4.1　通用的可以合理补偿承包人索赔的事项及内容

序号	主要内容	工期	费用	利润
1	施工过程发现文物、古迹以及其他遗迹、化石、钱币或物品	√	√	
2	承包人遇到不利物质条件	√	√	
3	发包人要求向承包人提前交付材料和工程设备		√	
4	发包人提供的材料和工程设备不符合合同要求		√	√
5	发包人提供资料错误导致承包人的返工或造成工程损失	√	√	√
6	发包人的原因造成工期延误	√	√	√
7	异常恶劣的气候条件	√		
8	发包人要求承包人提前竣工		√	
9	发包人原因引起的暂停施工	√	√	√
10	发包人原因造成暂停施工后无法按时复工	√	√	√
11	发包人原因造成工程质量达不到合同约定验收标准的	√	√	√
12	监理人对隐蔽工程重新检查，经检验证明工程质量符合合同要求的	√	√	√
13	法律变化引起的价格调整		√	

续表

序号	主要内容	工期	费用	利润
14	发包人在全部工程竣工前,使用已接收的单位工程导致承包人费用增加的	√	√	√
15	发包人的原因导致试运行失败的		√	√
16	发包人原因导致的工程缺陷和损失		√	√
17	不可抗力	√		

4.3.3.5　费用索赔计算

在机电工程中,可以索赔的费用组成如图 4.2 所示。

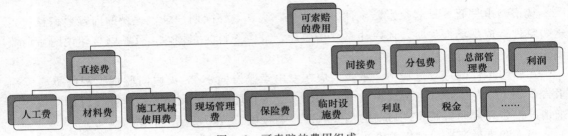

图 4.2　可索赔的费用组成

从原则上来说,承包人有索赔权利的工程成本增加,都是可以索赔的费用。但是,对于不同原因引起的索赔,承包人可索赔的具体费用内容是不完全一样的。

在可索赔的费用中,人工费是指完成合同之外的额外工作所花费的人工费用;由于非承包人责任的功效降低所增加的人工费用;超过法定工作时间加班劳动;或者法定人工费增长以及非承包人责任延期导致的人员窝工费和工资上涨费等。索赔的人工费应当包括施工人员的基本工资、工资性质的津贴、加班费、奖金以及法定的安全福利等。

可以索赔的材料费包括:由于索赔事项材料实际用量超过计划用量而增加的材料费;由于客观原因材料价格大幅度上涨;由于非承包人责任工程延期导致的材料价格上涨和超期储存费用。材料费中应包括运输费、仓储费以及合理的损耗费用。如果由于承包人管理不善,造成材料损坏失效,则不能列入索赔计价。

施工机械使用费的索赔包括:由于完成额外工作增加的机械使用费;由于非承包人责任功效降低率增加的机械使用费;由于业主和监理工程师原因导致机械停工的窝工费。租赁机械的窝工费按实际租金和调进调出费的分摊计算,自由机械的窝工费一般按机械的台班折旧费计算。

可以索赔的分包费用指的是分包人的索赔费,一般包括人工、材料、机械使用费的索赔。

索赔款中的现场管理费是指承包人完成额外工程、索赔事项工作以及工期延长期间的现场管理费用。

索赔款中的总部管理费主要指的是工程延期期间所增加的管理费,包括总部职工工资、办公大楼、办公用品、财务管理、通信设施以及总部领导人员赴工地检查指导工作等开支。

可以索赔的利润通常是由于工程范围的变更、文件有缺陷或技术性错误、业主未能提供现场等引起的索赔。而对于动车暂停的索赔,一般不计算利润。

例如：A 化工厂从国外订购了一批离心机及附属装置系统，并与 B 安装公司签订了安装合同，A 化工厂在将设备运往施工现场的途中，遇到大雨，设备被雨水浸润。为了保证这批设备的完好性，应 A 化工厂要求，B 安装公司解体清洗了该批离心机，并重新组装。为此，B 安装公司增加费用人民币 10 万元。为了按原计划工期完工，B 安装公司采用新方法施工，使得工期节省了 9 天，增加费用 6 万元。此外，A 化工厂特批 15 万元赶工费用，B 安装公司采取有效赶工措施，按时完成了合同约定任务。在试运行中，一台离心机振动超标，经查原因，A 安装公司认为 B 安装公司存在质量管理责任，对其按照合同罚款 1.5 万元。则，B 安装公司除合同价款外，应得的费用索赔项目有哪些？费用索赔总额是多少？

在上述案例中，B 安装公司应得的费用索赔项目包括解体并安装离心机设备增加费用 10 万元，采用新技术增加费用 6 万元，特批赶工费用 15 万元。但由于 B 安装公司原因导致的质量问题产生了 1.5 万元罚款，所以，最终的费用索赔总额应为：$10+6+15-1.5=29.5$ 万元。

4.3.3.6 工期索赔计算

工期延误是指工程实施过程中任何一项或多项工作的实际完成日期迟于计划规定的完成日期，从而可能导致整个合同工期的延长。工期延误对合同双方一般都会造成损失。虽然工期延误的后果是形式上的时间损失，实质上会造成经济损失。

造成工期延误，可能是业主和工程师的原因所导致的；也可能是承包商的原因所导致的；还可能是由不可控因素引起的延误，例如自然灾害、特殊风险（战争或叛乱）、不利的施工条件等。

可索赔的延误是指非承包商原因引起的工程延误，包括业主或工程师的原因和双方不可控制的因素引起的索赔。根据补偿内容，延误索赔可分为仅索赔工期的延误、仅索赔费用的延误，以及同时索赔工期和费用的延误。通常情况下，只有延误造成总工期延长，业主才会同意工期索赔。对于由不可控因素引起的延误，通常只进行工期索赔，而不进行费用索赔。

工期索赔计算的主要方法通过进度分析，计算出索赔事件所造成的总工期延长时间，并以此为依据，确定索赔工期。

例如：某市 A 炼钢厂新建一座炼钢炉，将项目以采购-安装承包模式通过招标选定 B 公司承担该项工程，合同中明确规定 120t 以上大型吊车及其操作司机由 A 炼钢厂提供。B 公司在施工过程中，因设备延期交付，延误工期 3 天；在吊车吊装作业中因司机操作失误致使吊车零部件损坏造成停工 5 天；后又因大暴雨成灾停工 4 天。则 B 公司应向 A 炼钢厂索赔工期多少天？

在上述案例中，因为 B 公司负责采购-安装，设备交付延期属于 B 公司的责任，不能向 A 炼钢厂索赔；吊车及司机由 A 炼钢厂提供，所造成的工期延误 B 公司提出索赔；大暴雨成灾属于不可抗力，B 公司可以索赔工期为：$5+4=9$ 天。

4.4 ⊙ 延伸阅读与思考

20 世纪末，我国能源消费增长速度是世界平均水平的 3 倍，但能源结构很不合理，煤炭在一次能源生产和消费中的比重均高达 72%。我国西部地区塔里木、柴达木、陕甘宁和四川盆地蕴藏着丰富的天然气资源，约占全国陆上天然气资源的 87%，其中塔里木盆地占比高达 22%。为了更好地促进西部地区经济社会发展，改善东部沿海地区的生态环境，助力我国经济实现可持续发展，西气东输这项令世人瞩目的宏伟工程被提上议事日程。西气东输工程从 1998 年最先提出，在 2000 年完成项目的可行性等论证汇报，并成立中国石油天然气股份有限公司西气东输工程项目经理部（西气东输项目部），完成西气东输工程前期工作、工程建设和运营管理工作。在 2000 年 8 月，国务院第 76 次总理办公会批准西气东输工程项目立项。

西气东输管道公司作为西气东输工程的主要建设者和运营方，负责西气东输工程的工程项目设想、论证、实施、建设以及运营等每个重要环节，并见证了中国西部大开发伟大战略和国家能源结构调整重要基础设施建设的全面开启，由此掀开了我国油气管道建设和天然气工业发展史上的新篇章。

20 年来，西气东输管道公司不仅将西气东输建设和运营成为国内第一条高压、大口径、高钢级长距离输气管道，使其一举跨入世界先进管道工程行列，创造了世界管道建设史上的奇迹，而且以"把西气东输管道建成高科技工程、绿色工程、优质工程、阳光工程、智慧管道"为宗旨，将其逐步打造成为促进我国经济发展、调整能源结构、改善生态环境、造福人民群众的能源大动脉。

西气东输工程包括西一线工程、西二线工程、西三线工程，以及互通工程。西一线工程于 2002 年 7 月全线开工，于 2004 年 10 月 1 日，一线工程管道全线建成投产。西二线工程于 2008 年 2 月开工，这是我国第一条引进境外天然气的大型管道工程。2012 年 12 月，西气东输二线工程 1 条干线 8 条支干线全部建成投产，来自中亚的天然气经由西气东输二线最后一条投产的支干线广州-南宁段于 30 日到达南宁。西三线工程于 2012 年 10 月开工，首次引入社会资本和民营资本参与建设。2016 年 12 月，西三线东段工程建成通气。当前，西气东输管道公司按照"全国一张网"的目标要求，全力推进互联互通工程。

截至目前，西气东输管道公司运营的管道总里程超过 1.282 万 km，途经 16 个省区市和香港特别行政区，下游分输用户超过 470 家，管网一次管输能力达 1236 亿 m^3/年。其中，包括西气东输一线、西气东输二线、西气东输三线 3 条主干线管道（宁夏中卫站以东）、10 条支干线、12 条联络线、18 条支线，站场超过 190 座，维抢修队超过 28 支，阀室 480 座，国家石油天然气大流量计量站两座。

在西气东输工程的建设过程中，西气东输管道公司有重点、分层次地开展科技攻关，使自主科技创新能力得到了进一步强化和提升。特别是天然气长输管道三大关键设备"20 兆瓦级电驱压缩机组、30 兆瓦级燃驱压缩机组和高压大口径全焊接球阀"国产化研制取得成功，是我国民族工业在高端机电制造领域的重大突破，打破了这三大项设备制造技术由国外少数几家一流公司垄断的局面，彻底改变了大口径管道工程关键设备长期依赖进口的局面，促进了我国石油工业以及装备制造业的发展，为保障国家能源安全提供了重要保障。时至今日，西气东输二线的高陵站、彭阳站、鲁山站、黄陂站、抚州站、衢州站、广州站、醴陵站等都跳动着"中国芯"。

近年来，我国天然气消费量年均增速达 13.9%，预计天然气需求量到 2030 年达到 6000 亿 m^3，在一次能源中的占比将由 7.2% 提高至 15%，市场潜力巨大。根据国家中长期油气管网规划，天然气管道总里程到 2025 年将达到 16.3 万 km，管道建设正迎来发展的黄金期。西气东输位于内陆资源连接下游市场的中枢地带、核心位置，管网覆盖长三角、珠三角等天然气消费高端市场，辐射中原、华中等新兴市场，管控水平和专业能力行业领先，管网运行平稳可靠。未来，西气东输在管道里程、管网密度方面必将持续增长，在完善管网布局、开拓管输市场方面必将承担更大责任。

与此同时，随着第四次工业革命以指数级速度推进，人工智能、大数据、物联网等前沿技术不断取得突破。推进数据由零散分布向统一共享转变、信息由孤立分散向融合互联转变，加快建设智能管道、智慧管网，已成为行业共识。立足当下，站场智能巡检机器人、电子化巡检系统等新技术应用极具前景，高后果区智能视频监控、异常行为辨别等泛在感知技术的突破值得期待。西气东输将以建设推进"智能管道、智慧管网"为着力点，以"数据全面统一、感知交互可视、系统融合互联、供应精准匹配、运行智能高效、预测预警可控"为目标，继续加大攻关力度，重点加强站场和管道数字化、智能化两个方面的技术研究，加快站场智能化建设全面实施。

西气东输项目时间跨度大、设备材料多、采购工作量大，工程实施中的招投标管理是极为重要的工作。在众多招投标信息网站上公开有西气东输招标信息，特别是在中国电力招标网上开辟有西气东输招标专用信息门户，极大方便了招投标工作的进行。

请查阅公开资料，了解西气东输工程所涉及的招标项目，并通过具体案例分析招标书的内容、招标和投标流程等，加深对项目招标和投标的认识。

本章练习题 ▶▶

4-1　某市的 A 公司承建该市污水处理厂工程，该工程总造价为 5 亿元，其中土建工程为 3 亿元。工程资金来源中，40% 的资金为自有资金，60% 的资金为银行贷款。B 公司受 A 公司委托，就该工程的部分标段进行招标，选定标段承包人。试问：（1）建设工程招标的方式有哪几种？（2）该项目中，部分标段的招标应采用哪种招标方式？为什么？

4-2　某市的 A 厂拟新建一条生产线，采用公开招标的方式确定项目总承包。A 厂委托 B 公司负责招标事宜，B 公司依法发布了招标公告，招标公告中规定投标人必须是本市注册单位，且必须获得过本省的科学技术进步一等奖。在招标文件中同时列出投标最高限价为 3000 万元、投标最低限价为 2600 万元，投标截止日期为 2020 年 8 月 6 日，投标有效期为六个月。试问：（1）招标公告中对招标人的限定是否合理，为什么？（2）招标文件中关于投标限价的限定是否合理，为什么？（3）投标有效期的截止日期是哪天？

4-3　某机电工程项目于 2020 年 7 月 10 日发布了招标公告并对外发售招标文件，按招标公告要求，于 7 月 13 日开始资格预审，并规定投标截止日期为 8 月 31 日。7 月 20 日，招标人发现招标文件中有重大工程量计算错误，于 7 月 21 日向全体投标人发出了招标修改文件，并要求投标人按原定招标截止日期投标。试问：（1）投标过程中，招标人的做法是否有不恰当的地方，请指出并纠正？（2）最早符合要求的开标日期是哪天？

4-4　某单位设备采购公开招标，在招标公告中规定采用资格后审方式，三个投标商进行了投标。资格审查时，发现其中一个投标商的生产许可证过期，确定其资格条件不满足招标文件要求，该投标商资格审查没有通过，否决其投标；其他两个投标商，资格条件、技术能力满足要求，评标委员会对投标文件进行了评审，认为二家投标商在技术、价格方面具有竞争性，评标委员会对二家投标商进行详细的综合评审，向招标人推荐了中标候选人。试问：（1）评标委员会的构成有什么要求？（2）评标委员会的做法是否合理，为什么？

4-5　在某机电工程项目公开招标中，共有 A、B、C、D、E、F、G、H 八家单位报名投标，经招标代理机构资格预审全部合格，但建设单位以 A 单位是省外企业为由不同意其参加投标。评标委员会由 5 人组成，其中当地建设行政主管部门的招标办主任 1 人，建设单位代表 1 人，随机抽取的技术经济专家 3 人。在评标过程中发现，C 单位的投标报价明显低于其他单位报价且未说明理由；D 单位投标报价的大写金额小于小写金额；F 单位投标文件提供的施工方法为自创，且未按照原方案给出报价；H 单位投标文件中某分项工程的报价有个别漏项；其他单位的投标文件均符合要求。试问：（1）建设单位禁止 A 单位参加投标是否合理，为什么？（2）评标委员会的构成是否合理，为什么？（3）C、D、F、H 四家单位的标书是否有效？

4-6　某工业项目建设中，设备钢架吊装和工艺设备吊装两项工作共用一台塔式起重机（以下简称塔机），其他工作不使用塔机。经建设单位审核确认，施工单位按该进度计划进场组织施工。在施工过程中，由于建设单位要求变更设计图纸，致使设备钢架制作工作停工 10 天（其他工作持续时间不变）。建设单位及时向施工单位发出通知，要求施工单位塔机按原计划进场，调整进度计划，保证该项目按原计划工期完工。施工单位采取措施将工艺设备调整工作的持续时间压缩 3 天，得到建设单位同意。施工单位提出的费用补偿要求如下，但建设单位没有全部认可。（1）工艺设备调整工作压缩 3 天，增加赶工费 10000 元。（2）塔机闲置 10 天损失费，1600 元/天（包含运行费 300 元/天），10 天合计 16000 元。（3）设备钢架制作工作停工 10 天造成其他有关机械闲置、人员窝工等综合损失费 15000 元。试问：（1）施工单位提出的 3 项费用补偿要求是否合理？（2）计算建设单位应补偿施工单位的总费用。

4-7　某市 B 公司负责该市某水泥厂一条日产 3000t 干法生产线建设施工。工程以固定综合单价计算，工程量按实调整，并明确施工场地、施工道路、100t 以上大型吊车及其操作司机由建设单位提供。B 公司在施工过程中：因设备延期交付，延误工期 6 天，并发生窝工费及其他费用 6 万元；150t 吊车在吊装过程中因司机操作失误致使吊车零部件部分损坏造成停工 7 天，发生窝工费 3 万元；因大暴雨成灾停工 4 天；设备安装的工程量在经核实后增加费用 14 万元；因材料涨价，增加费用 26 万元；非标准件制作安装因设计变更增加费用 13 万元。试问：（1）B 公司可向建设单位索赔的费用有哪些，共计多少？（2）B 公司可向建设单位索赔的工期共计多少天？

4-8　某市 A 单位中标某厂新建机修车间的机电工程，除两台 15t 桥式起重机安装工作分包给具有专业资质的 B 单位外，余下的工作均自行完成。B 单位将起重机安装工作分包给 C 劳务单位。B 单位检查了桥式起重机安装有关的安装精度和隐藏工程记录等资料，并编写了桥式起重机试车方案，经批准后，由 C 单位组织进行桥式起重机满负荷重载行走试验。桥式起重机在试验中，由于大车的限位开关失灵，大车在碰撞车挡后停止，剧烈的甩动造成试验配重脱落，砸坏了停在下方的一辆叉车，造成 18 万元的经济损失。经查，行程开关失灵的原因是其控制线路虚接。之后按规范接线及测试，达到合格要求。该事故致使项目工期超过合同约定 3 天后才交工。建设单位根据与 A 单位的合同约定，对 A 单位处 3 万元的延迟交工罚款。A 单位向 C 单位要求 21 万元的索赔，C 单位予以拒绝。A 单位按规定的程序进行了索赔，并获得了经济补偿。试问：（1）A 单位向 C 单位索赔 21 万元是否合理？说明原因。（2）A 单位应如何索赔？

第5章

机电工程设备采购管理

设备采购工作是机电工程项目管理的核心工作之一。机电工程中设备的种类型号繁多，差异性巨大，且价值往往较高，因此，设备采购任务量极大，责任极重。若设备采购管理不善，不仅容易造成设备采购混乱，影响工期，甚至造成较大经济损失，因此，设备采购管理需要依据规范的制度设计和严密的操作流程，由专职部门和人员负责。对于关键的大型核心设备，为保证供货质量，还需要在制造现场进行监造，对制造过程进行监督并完成过程验收等工作，这是机电工程设备采购的特殊环节，是设备质量控制的关键措施。

5.1 ◐ 工程设备采购工作程序

工程设备的采购由专门的设备采购小组负责，依据采购计划和采购程序，按照工期要求和质量要求完成设备的采购。

5.1.1 设备采购的工作阶段

设备采购工作从建立组织开始，经采买、催交、检验，直到最后一批产品通过检验为止。通常将设备采购管理分为三个阶段，即准备阶段、实施阶段和收尾阶段。

准备阶段的主要工作首先是建立组织，然后对采购的设备进行需求分析和市场调查，最后确定采购策略并编制采购计划。

建立组织也就是要成立采购小组。根据设备的重要程度、采购难度、技术复杂程度、预估资金占用量的大小，确定采购小组的规模和人员配置。设备采购小组的采买行为应符合《中华人民共和国招标投标法》的具体要求。

采购小组应对拟采购的设备进行需求分析和市场调查。设备需求分析的重点是明确实际工程项目对设备的功能性、质量控制等方面的具体要求，比如，设备的技术水平、制造难度、特殊的检查仪表或器材要求、第三方监督检查的必要性及相应要求、对监造人员的特殊要求、售后服务的要求等。市场调查的重点则是明确满足项目需求设备的市场供应状况，比如，制造设备所需原材料的供给情况、有类似设备的制造商业绩的情况、潜在厂商的任务饱和度、类似设备的市场价格或计价方式、类似设备的加工周期、不同的运输方式的费用情况等。

同时，也应对潜在的供货商进行必要的能力调查和地理位置调查。供货商的能力调查着重调查供货商的技术水平、生产能力、生产周期。地理位置调查着重考察供货商的分布、地理位置、交通运输等对交货期的影响程度。例如，超大型设备的制造和运输，若供货商的制造基地远离港口，就很难满足设备整体到货的要求。再例如，对大宗设备制造，若远离项目所在地，运输周期和费用都会大增，会在一定程度降低该供货商中标的概率。

采购小组在充分调查的基础上确定采购策略，就是确定采购招标方式，包括公开招标、邀请报价、单独合同谈判等。通常情况下，公开招标适用的采购设备属于市场通用产品、没有特殊技术要求、标的金额较大、市场竞争激烈的大宗设备、永久设备等，如通风空调系统、电梯等。邀请报价适用于拟采购的标的物数量较少、价值较小、制造高度专业化的设备，如办公设备等。单独合同谈判适用于拥有专利技术的设备、或为使采购的设备与原有设备配套而新增购的设备、或为保证达到特定的工艺性能或质量要求而提出的特定供货商提供的设备、或特殊条件下（如抢修）为了避免时间延误而造成更多花费的设备。

在完成上述各项工作后，采购小组应编制采购计划。设备采购计划的主要内容包括采购工作范围、采购内容及相应的管理标准；采购信息，包括拟采购的产品和服务数量、适用的技术标准和质量规范；检验方式和标准；供方资质审核要求；采购控制目标和措施。采购小组还要根据项目的总体计划制定好设备采购过程的里程碑，并结合项目的总体进度计划、施工计划、资金计划编制可行的项目采购计划，避免盲目性。例如，根据项目的总体进度安排，制订设备采购招标、订单、监造计划、检验运输等里程碑，以保证设备能按项目的总体进度计划到达项目指定的地点，避免后期安装的设备在项目初期到达，占压资金，增加保管成本。

在设备采购的实施阶段，采购小组要严格按照设备采购计划将每一项工作落实。设备采购实施阶段的主要工作包括接收请购文件、确定合格供应商、招标或询价、报价评审或评标定标、召开供应商的协调会、签订合同、调整采购计划、催交、检验、包装及运输等。

在设备采购的收尾阶段，采购小组的主要工作包括货物交接、材料处理、资料归档和采购总结等。

5.1.2　设备采购的中心任务

设备采购工作的中心任务是做好质量安全保证、进度保证和经济保证。

质量安全保证的核心是要确保人身安全和项目运行安全。在设备采购计划的制定和实施中，必须严格按设计文件指定的质量标准执行采购、检查和验收。对重大设备，如大型锻压机、汽轮发电机、轧机、石油化工设备，必须进行设备监造或第三方认证。

进度保证则应以项目整体进度为着眼点，综合采用监造、催交、催运等手段，严格按拟定的设备采购周期进行控制，使设备采购计划与设计进度和施工进度合理搭接，处理好接口管理关系，以保证项目能按计划运行。例如，设备主装置、需要早期施工的设备管路及其配套设备应优先采购。

经济保证则应以项目全寿命周期总成本最低为目标。通过优化方案、优化工艺、简化检验维护措施、减少仓储保管费用、避免二次倒运等技术或经济手段，使项目的全过程成本最低。在设备采购中，应着眼于项目建设的大局，以降低项目总体成本为标准，而不能只看到采购直接成本降低，而忽视采购间接成本。例如，要避免节省了采购的直接费，却不得不采取赶工等手段挽回损失的工期，而造成追加支出的费用远远大于采购节省的费用的情况发生。

准确预算是设备采购的基准。设备采购预算是对资金使用的一个整体规划，准确预算可确保资金的使用在合理的范围内浮动，有效地控制资金的流向和流量，达到控制设备采购成本的目的。在制定采购预算时，采购小组应充分利用环境，建立健全市场信息机制，为科学决策提供有力参考。采购小组还应加强成本控制（内部环境），将各项费用控制在预定的基准以内。

设备采购实施时，应对全过程进行精细化管理，最大限度地降低采购成本。采购小组应对每一个环节都进行精细控制。例如，在对设备进行需求分析时，采购小组就应严格控制设备的选型与核算；在设备制造和安装时，应当以主要精力把好工程的质量关，坚决杜绝返工情况发生；在设备采购的结束阶段，要对多余的原材料进行合理的处置，避免浪费。

5.1.3 设备采购文件

设备采购文件由设备采购技术文件和设备采购商务文件组成。

设备采购技术文件包括设备请购书、请购设备的技术要求，以及请购设备的技术附件。

设备请购书包括供货和工作范围，技术要求和说明、工程标准，图纸、数据表，检验要求，供货商提交文件的要求等。设备请购书及附件由项目控制经理向项目采购经理提交，对于未设置控制部的公司则由项目设计经理提交。

请购设备的技术要求包括拟采购设备的设计规范和标准；特殊设计要求；底图和蓝图的份数、电子交付物的要求；操作和维修手册的内容和所需份数；图纸和文件的审批；对制造设备的材料的要求；设备材料的表面处理和防腐、涂漆；设备工艺负荷说明；超载能力要求；性能曲线；控制仪表的要求；电气和公用工程技术数据；指定用途、年限的备品备件清单；检验证书和报告等。

请购设备技术附件包括数据表、技术规格书、图纸及技术要求、特殊要求和注意事项等。

设备采购商务文件的组成包括询价函及供货一览表、报价须知、设备采购合同基本条款和条件、设备包装、设备唛头、装运及付款须知，确认报价回函（格式）等。

设备采购文件由项目采购经理依据工程项目建设合同、设备请购书、采购计划及业主方对设备采购的相关规定等文件，按照相关程序进行编制。经过编制、技术参数复核、进度（计划）工程师审核、经营（费控）工程师审核，由项目经理审批后实施。若实行公开招标或邀请招标的还要将该文件报招标委员会审核，由招标委员会批准后实施。设备采购技术文件和商务文件编写完成并审批通过后，即可按采买计划，依照程序向已经过资质审查的潜在供货商发出。

5.2 ⊘ 工程设备采购询价与评审

5.2.1 设备采购询价

设备询价的工作程序包括选择合格供货商、招标文件（询价文件）的编制和发放、询价和报价文件的接收、报价的评价、报价评审结果交业主确认、召开厂商协调会并决定中标厂商，最后签订购货合同。

设备采购询价在项目早期即要展开。早期开展的询价称为预询价，是在 EPC 项目的总承包商投标阶段实施，参加投标的 EPC 总承包商要根据业主（建设方）要求及项目参数制定项目的总体方案，以此为依据对项目的主要材料和设备参数进行初选，按初选的材料和设备参数向供货商征询其价格区间，作为 EPC 项目进行项目总承包报价的依据。

只有经过考察合格的供货商才具有报价的资格。对于初次进入系统的供货商，需要按照各公司的程序进行资格审查。审查的重点是确认供货商是否有制造该类设备的资质证书，是否具备制造该类设备的能力，以及是否能够保证产品质量和进度。供货商也要具有执行合同的良好信誉，良好的财务状况，完善的经营管理和质量保证体系，以及具有相似或相同设备的供货历史等。在确定供货商具备基本资质和能力条件后，采购小组还需要重点考察供货商在当年的生产负荷状态，供货商制造场地至建设现场的运输条件，以及货物来源质量和成套能力等。

实行公开招标的设备采购，应由招标人通过公众媒体发出招标通告，对所有参与投标的潜在供货商均需进行资格审查，只有通过资质评审的潜在供货商可参与投标。

实行邀请招标的设备采购，在项目实施过程中，为了避免不同技术档次、信誉档次、产品质量档次的供货商之间恶性竞标，通常情况下，可在合格供货商名录中，挑选更加符合设备供货要求的潜在供货商，形成"短名单"。"短名单"筛选必须严格按程序进行，根据制定的入选规则和评审工作流程，由具备资格的审定人员审定"短名单"，由监督部门监督检查其公正性，并经建设方或上级主管部门审批后方可采用。

5.2.2 设备采购评审

设备采购小组应在开标后尽快组织相关专家，按《招标投标法》的规定进行投标文件评审。设备采购评审包括技术评审、商务评审和综合评审三项。

技术评审由项目设计经理组织相关专业的具备一定资质条件的专家进行评审。技术评审以设备采购招标文件所含的设备技术文件为依据，对供货商的技术标书进行评审，做出合格、不合格或局部澄清后合格的结论。评审结果也可按招标文件中规定的评分标准进行量化评分。供货商的技术标书在评价合格的基础上，再对其进行横向比较，并排出推荐顺序。

商务评审由采购工程师（或者费用控制工程师）组织相关专家进行评审。技术评审不合格的厂商，不再对其进行商务评审。商务评审主要依据设备采购招标文件审查厂商的商务报价。在评审过程中，未列入评标办法的指标不得作为商务评标的评定指标。评审小组对照招标书逐项对各家商务标的响应性做出评价，重点评审厂商的价格构成是否合理并具有竞争力，并对各厂商的商务报价做横向比较，并排出推荐顺序。

采购经理在技术评审和商务评审的基础上组织综合评审。评审人员由有资质的专家组成，按规定的程序进行评审。综合评审既要考虑技术，也要考虑商务，应从质量、进度、费用、厂商执行合同的信誉、同类产品业绩、交通运输条件等方面综合评价并排出推荐顺序。项目经理依据推荐的供货商排名审批评审结果。对于价格高、制造周期长的重要设备还需要按程序报请业主（如果合同上有规定的）和上级主管单位审批。如报价突破已经批准的预算，则需要从费用控制工程师开始逐级办理审批手续，最终按照经过批准的修正预算进行控制。

5.3 ⊙ 设备购置费用计算

设备购置费是指购置或自制的达到固定资产标准的设备、工器具等所需的费用。设备购置费可以分为外购设备费和自制设备费。外购设备是指设备生产厂制造，符合规定标准的设备，对于机电工程中的设备，绝大部分都属于此类设备。自制设备是指按订货要求，并根据具体的设计图纸自行制造的设备。

所谓固定资产标准是指使用年限在一年以上，单位价值在国家或各主管部门规定的限额以上。新建项目和扩建项目的新建车间购置或自制的全部设备，不论是否达到固定资产标准，均计入设备购置费中。设备购置费包括设备原价和设备运杂费，计算公式如下：

$$C_{\text{T}} = C_0 + C_y \tag{5-1}$$

式中，C_{T} 为设备购置费；C_0 为设备原价（对进口设备则为设备抵岸价）；C_y 为设备运杂费。设备运杂费要涵盖在设备原价中未列入的包装和包装材料费、运输费、装卸费、采购费及仓库保管费、供销部门手续费等。如果设备是由设备成套公司供应的，则成套公司的服务费也应当计入设备运杂费中。

5.3.1 国产设备的原价

国产设备分为标准设备和非标准化设备。国产标准设备是指按照主管部门颁布的标准图纸和技术要求，由设备生产厂批量生产，且符合国家质量检验标准的设备。非标准设备是指国家尚无定型标准，各设备生产厂按一次订货，并根据具体的设备图纸制造的设备。对于这两类设备，其购置费的重点是确定设备原价。

国产标准设备原价一般指的是设备制造厂的交货价，也即出厂价。如设备由设备成套公司供应，则以订货合同价为设备原价。标准设备由于具有标准图纸和制造工艺，设备价格往往较为成熟且不同制造厂的设备定价在市场上的表现也较为一致。需要注意的是，设备往往有两种出厂价，即带有备件的出厂价和不带有备件的出厂价。在计算设备原价时，一般按带有备件的出厂价计算。

非标准设备由于是一次性订货且按个性化图纸生产，因此设备原价的确定较为复杂。此类设备原价有多种计算方法，如成本计算估价法、系列设备插入估价法、分部组合估价法、定额估价法等。但无论哪种方法都应该使非标准设备计价的准确度接近实际出厂价，并且计算方法要简便。

5.3.2 进口设备的抵岸价

进口设备抵岸价是指设备抵达买方边境港口或边境车站且交完关税以后的价格。进口设备抵岸价的构成比较复杂，计算相对烦琐。

进口设备的交货方式可分为内陆交货、目的地交货和装运港交货。交货的实质是买卖双方所承担费用和风险责任的转换，在设备交货前，卖方承担交货前的一切费用和风险；交货后，买方承担接货后的一切费用和风险。采用内陆交货，也即在卖方在出口国内陆的某个地点完成交货任务，需要买方自行办理出口手续和装运出口。采用目的地交货，也即卖方要在进口国的港口或内地交货，对卖方来说承担的风险较大，在国际贸易中卖方一般不愿意采用这类交货方式。采用装运港交货，也即卖方在出口国装运港完成交货任务，卖方负责货物装船前的一切费用和风险，并负责办理出口手续，只要卖方把合同规定的货物装船后提供货运单据便完成交货任务，并可凭单据收回货款。而买方则负责租船，支付运费，并将船期、船名通知卖方，并承担货物装船后的一切费用和风险。在国际贸易中，采用装运港交货较为普遍。

进口设备如果采用装运港船上交货，其抵岸价构成按式（5-2）计算。

$$C_0 = P + C_{\text{TE}} + C_{\text{IE}} + C_{\text{B}} + C_{\text{P}} + T_{\text{I}} + T_{\text{Z}} + T_{\text{C}} \tag{5-2}$$

式中，C_0 为进口设备抵岸价；P 为设备货价（也即设备离岸价，记为 FOB）；C_{TE} 为设备在国外的运费；C_{IE} 为设备在国外的运输保险费；C_B 为银行财务费；C_P 为外贸手续费；T_I 为进口关税；T_Z 为增值税；T_C 为消费税。

进口设备的货价以设备的离岸价（也即装运港船上交货价）为基准，根据人民币外汇牌价换算为人民币价格。

国外运费是指将进口设备通过海运、铁路运输或空运等运至国内口岸的费用。通常国外运费可按式（5-3）或式（5-4）计算。

$$C_{TE} = FOB \times R_{te} \tag{5-3}$$

$$C_{TE} = Q_t \times p \tag{5-4}$$

式中，FOB 为离岸价；R_{te} 为运费率；Q_t 为运量；p 为运输单价。其中，运费率或运输单价参照有关部门或进出口公司的规定。在计算抵岸价时，注意要将国外运费换算为人民币。

国外运输保险费是由保险公司与被保险人（出口人或进口人）订立保险契约，在被保险人交付议定的保险费后，保险人根据保险契约的规定对货物在运输过程中发生的承保责任范围内的损失给予经济上的补偿，可按式（5-5）计算。

$$C_{IE} = \left(\frac{FOB + C_{TE}}{1 - R_{ti}} \right) \times R_{ti} \tag{5-5}$$

式中，R_{ti} 为国外运输保险费率。在计算进口设备抵岸价时，注意要将国外运输保险费换算为人民币。

银行财务费一般指银行手续费，可按式（5-6）计算。

$$C_B = (FOB \times C) \times R_b \tag{5-6}$$

式中，C 为人民币外汇牌价；R_b 为银行财务费率，一般为 $0.4\% \sim 0.5\%$。

外贸手续费是指按商务部规定的外贸手续费率计取的费用，外贸手续费按式（5-7）计算。

$$C_P = (FOB + C_{TE} + C_{IE}) \times C \times R_p \tag{5-7}$$

式中，R_p 为外贸手续费率，一般取为 1.5%；（$FOB + C_{TE} + C_{IE}$）为进口设备到岸价，记为 DES。

进口关税是由海关对进出国境的货物和物品征收的一种税，属于流转性课税，按照式（5-8）计算。

$$T_I = DES \times C \times R_{ti} \tag{5-8}$$

式中，R_{ti} 为进口关税率。进口关税的税率按照我国海关进出口税则查询，不同的商品类别税率有所差别，同一种商品又分为最惠国税率和普通税率。例如，按照 2020 年海关进出口税则，行星齿轮减速器的最惠国税率为 8%，普通税率为 30%。

消费税是对部分进口消费类产品（如轿车等）征收的税种，可按式（5-9）计算。

$$T_C = \left(\frac{DES \times C + T_I}{1 - R_{tc}} \right) \times R_{tc} \tag{5-9}$$

式中，R_{tc} 为消费税率，该税率按照《中华人民共和国消费税暂行条例》的规定记取，例如，气缸容量在 2.0L 以上至 2.5L（含 2.5L）的乘用车消费税率为 9%。

增值税是我国政府对从事进口贸易的单位和个人，在进口商品报关进口后征收的税种。我国增值税条例规定，进口应税产品均按组成计税价格，依税率直接计算应纳税额，不扣除任何项目的金额或已纳税额。增值税可按照式（5-10）计算。

$$T_Z=(DES\times C+T_I+T_C)\times R_{tz} \tag{5-10}$$

式中，R_{tz} 为增值税率，增值税基本税率为 16%；$(DES\times C+T_I+T_C)$ 为增值税组成计税价格。

5.3.3　设备运杂费

设备运杂费主要指的是将设备由制造厂或口岸运至工地仓库的运费和装卸费，此外，在运杂费中还应计入以下项目：

① 在设备出厂价格中没有包含的设备包装和包装材料器具费。若在设备出厂价或进口设备价格中如已包括了此项费用，则不应重复计算。

② 供销部门的手续费，按有关部门规定的统一费率计算。

③ 建设单位（或工程承包公司）的采购与仓库保管费。它是指采购、验收、保管和收发设备所发生的各种费用，包括设备采购、保管和管理人员工资、工资附加费、办公费、差旅交通费、设备供应部门办公和仓库所占固定资产使用费、工具用具使用费、劳动保护费、检验试验费等。这些费用可按主管部门规定的采购保管费率计算。

设备运杂费可按式（5-11）计算。

$$C_y=C_0\times R_{ti} \tag{5-11}$$

式中，R_{ti} 为国内设备的运杂费率，该费率按各部门及省、市等的规定计取；C_0 为设备原价或设备抵岸价。对于该费用，一般来讲，沿海和交通便利的地区，设备运杂费率相对低一些；内地和交通不便利的地区就要相对高一些，边远省份则要更高一些。对于非标准设备，应尽量就近委托设备制造厂，以大幅度降低设备运杂费。对于进口设备，由于抵岸价较高，国内运距较短，因而运杂费比率应适当降低。

例如，A 公司拟从国外进口一台 3D 打印机，总重量 2t，装运港船上交货价，离岸价（即 FOB 价格）为 50 万美元。相关费用参数如表 5.1，估算该设备购置费。

表 5.1　费用参数表

序号	项目	计费标准
1	国际运费标准	300 美元/t
2	海上运输保险费率	0.25%
3	中国银行手续费率	0.5%
4	外贸手续费率	1.5%
5	普通关税的税率	30%
6	增值税的税率	13%
7	美元的银行外汇牌价	1 美元 = 6.95 元人民币
8	设备的国内运杂费率	3.5%

根据上述各项费用的计算公式，计算设备购置费的构成子项如下：

进口设备货价 = 50×6.95 = 347.5 万元

国际运费 = 300×2×6.95 = 0.417 万元

国外运输保险费 = [(347.5+0.417)/(1−0.25%)]×0.25% = 0.872 万元

进口关税 = (347.5+0.417+0.872)×30% = 104.637 万元

增值税＝（347.5＋0.417＋0.872＋104.637）×13％＝58.945 万元

银行财务费＝347.5×0.5％＝1.738 万元

外贸手续费＝（347.5＋0.417＋0.872）×1.5％＝5.232 万元

国内运杂费＝347.5×3.5％＝12.163 万元

则设备购置费为上述各项的和，共计 531.504 万元。

5.4 ➲ 工程设备监造及检验

在机电工程中，对大型设备、重要设备和结构复杂制造周期长的设备，为了对设备质量进行完全把控，确保运至施工现场的设备符合采购要求，随时可用，不影响施工工期，常采用设备监造和过程质量检验等手段进行控制。

5.4.1 工程设备监造

设备监造是由业主方或承包方选派技术过硬且经验丰富的人员长驻设备生产厂家，在设备制造过程中进行现场质量控制。人员选派是否恰当，监造大纲是否完善，监造方法是否得当等都会影响设备监造效果，因此，要在这些方面精心决策。

选派的工程设备监造人员应具备本专业的丰富技术经验，并熟悉《质量管理体系 基础和术语》（GB/T 19000—2016）和 1SO 9000 系列标准和各专业标准。监造人员应熟练掌握监造设备合同技术规范、生产技术标准、工艺流程以及补充技术条件的内容，明确监造设备的准确技术参数。监造人员要熟悉标准，具有质量管理基本知识，能进行质量保证体系审核，明确设备制造过程应遵循的质量标准。监造人员还需掌握所监造设备的生产工艺及影响其质量的因素，熟悉关键工序和质量控制点的要求和必要条件，明确所制造的设备应达到的规定质量。监造人员也要具备一定的组织协调能力，有高度的责任感，善于处理问题，且思想品德好，作风正派，身体健康。

设备监造需要编制完善的工程设备监造大纲，监造过程严格按照监造大纲的要求进行。完整的监造大纲要包括以下内容：①监造计划及进行控制和管理的措施，明确监造进度及相应控制等；②明确设备监造单位，如果监造是采用外委方式，则业主方或承包方还需与外委方签订设备监造委托合同；③明确设备监造过程，确定在设备制造过程中是采用全过程监造，还是仅对设备重要部位的制造进行监造；④选派监造人员，明确有资格的相应专业技术人员到设备制造现场进行监造工作；⑤明确设备监造的技术要点和验收实施要求。

监造大纲是监造人员开展监造工作的纲领性文件，指导一切监造工作的展开。监造大纲制定的越具体翔实，可实践性越强，则越有利于监造。监造大纲的制定过程中，要参考设备供货合同、国家有关法律法规和标准、设备设计图纸、规格书、技术协议，以及设备制造相关的质量规范和工艺文件等。

在监造过程中，常采用的监造方法包括文件审查、日常巡检、召开监造会议、进行现场监督、召开质量会议，以及编写相关记录等。

文件审查是在监造过程中对制造设备的有关质量保证文件、技术文件、原材料检验文件等进行审查。审查的主要内容包括制造单位质量保证体系，施工技术文件和质量验收文件，质量检查验收报告；制造单位施工组织设计和进度计划；原材料、外购件的质量证明书和复验报告；设备制造过程中的特种作业文件，特种作业人员资质证书等。

　　日常巡检由监造人员进行现场检查。监造人员每日巡查制造现场，检查制造单位执行工艺规程情况、工序质量情况、各种程序文件的落实情况。在检查过程中，发现不合格品应及时处置并做好标识。

　　监造会议由监造机构或监造工程师组织召开的协调处理会，根据设备监造需要可随着组织召开。监造会议召开的目标是协调处理质量、进度等方面的问题。

　　现场监督就是对停工待检点（H 点），现场见证点（W 点）和文件见证点（R 点）等的监督。

　　停工待检点是针对设备安全或性能最重要的相关检验、试验而设置。必须设置的停工待检点包括重要工序节点、隐蔽工程、关键的试验验收点或不可重复试验验收点。停工待检点的检查重点之一是验证作业人员上岗条件要求的质量与符合性。例如，压力容器的水压试验就属于停工待检点。监督人员须按标准规定监视作业，确认该点的工序作业。对于停工待检点，监造工程师必须按制造商提交的报检单中的约定时间，参加该控制点的检查。制造商未按规定提前通知监造人员如期参加现场监督，监造人员有权要求重新见证、现场检验。控制点须由监造工程师签证后，设备制造商方能转入下道工序。

　　现场见证点是针对设备安全或性能重要的相关检验、试验而设置。监督人员在现场进行作业监视，例如，因某种原因监督人员未出席，则制造厂可进行此点相应的工序操作，经检验合格后，可转入下道工序，但事后必须将相关的结果交给监督人员审查认可。对于现场见证点，制造商需提前通知监造人员，监造人员在约定的时间内到达现场进行见证和监造。制造商未按规定提前通知，致使监造人员不能如期参加现场监督，监造人员有权要求重新见证、现场检验。监造人员未按规定程序提出变更见证时间而又未能在规定时间参加见证时，制造商可进行下道工序，W 点则转为 R 点见证。

　　文件见证点是对制造厂提供质量符合性的检验记录、试验报告、原材料与配套零部件的合格证明书或质保书等技术文件，以及施工组织设计、进度计划、技术方案和人员资质证明等进行审查，确保设备制造相应的工序和试验已处于可控状态。对于文件见证点，监造人员审查设备制造单位提供的文件，并对符合要求的资料予以签认。

　　质量会议是当在设备制造过程中如发生质量问题，监造工程师应及时通知制造商处理，并组织有关单位召开质量会议，分析原因，制定整改措施和预防措施，并监督整改和预防措施的执行。同时将相关情况以书面形式报告委托方。

　　在监造过程中需要编写的记录包括监造日记，监造周报、监造月报、监造总结。监造日记要记录每天监造检查工作内容及相关情况。特别是在发现质量问题时，应将通知制造商处理、组织相关人员分析原因、制定整改措施和预防措施等情况以书面形式向委托方汇报。监造工作小组每周一向委托方提交"监造周报"，在每月的规定日期前提交上月"监造月报"，在报告中应全面反映设备监造过程中的质量情况、进度情况及问题处理情况。设备监造工作结束后，监造工程师应编写设备监造工作总结，整理监造工作中的有关资料、记录等文件。

5.4.2　工程设备检验

　　设备制造完成后经过检查验收确认达到设计要求才能交付。检查验收时，依据设备采购合同、设备相关的技术文件和标准，以及监造大纲等，确认设备质量符合采购要求和国家标准与法规的规定，以及与设备相关的服务可按合同要求提供。在项目实施过程中，设备验收包括核对验证、外观检查、运转调试检验和技术资料验收四项验收内容。

核对验证主要核对设备的型号规格、设备供货厂商、数量等。设备整机、各类单元设备及部件出厂时所带附件、备件的种类、数量等应符合制造商出厂文件的规定和定购时的特殊要求。关键原材料和元器件质量及质量保证文件应进行复核,设备复验报告中的数据与设计要求必须一致。关键零部件和组件的检验、试验报告和记录以及关键的工艺试验报告与检验、试验记录等也应进行复核。验证产品与制造商按规定程序审批的产品图样、技术文件及相关标准的规定和要求的符合性。设备与重要设计图纸、文件与技术协议书要求的差异复核,主要制造工艺与设计技术要求的差异复核。购置协议的相关要求是否兑现。变更的技术方案是否落实,查阅设备出厂试验的质量检验的书面文件,应符合设备采购合同的要求,验证监造资料,查阅制造商证明和说明出厂设备符合规定和要求所必需的文件和记录。

外观检查的主要检验内容包括设备的完整性、管线电缆布置、连接件、焊接结构件;工作平台、加工表面、非加工表面;外观、涂漆、贮存、接口。非金属材料、备件、附件专用工具;包装、运输、各种标志等。外观检验的目的是确认其设备是否符合供货商技术文件的规定和采购方的要求,产品标志是否符合相关特定产品标准的规定。

设备的调试和运转应按制造商的书面规范逐项进行。所有待试的动力设备传动、运转设备应按规定加注燃油、润滑油(脂)、液压油、冷却液等。相关配套辅助设备均应处于正常状态,记录有关数据形成运转调试检验报告。

技术资料的验收应检查设备出厂验收文件(一般称为设备随机文件),制造厂应提供文本文件和电子文档,且要符合国家、行业的有关法律法规和相关标准的规定。

设备完成上述四项验收且合格后可出厂运至施工现场。设备达到施工现场后,还必须进行现场验收,通常称为进场验收。进场验收由建设单位组织设备施工现场验收,参加单位应由建设单位、监理单位、设备供货厂商、施工方有关代表参加。进场设备验收要结合现场的实际,按规定的验收步骤实施。对进场设备包装物的外观进行检查,确认无损坏且无拆封后,设备进场运至仓库。设备达到仓库后,按照设备存放、开箱检查规定进行开箱检查,确认合格后入库存放。进口设备在验收前应先办理报关和通关手续,经商检合格后,再按进口设备的规定进行设备进场验收工作。

5.5 ⊋ 延伸阅读与思考

吉利集团建于 1986 年,1997 年进入汽车行业,总部位于杭州,旗下拥有吉利汽车、沃尔沃汽车、伦敦出租车等品牌。吉利汽车在浙江台州/宁波、湖南湘潭、四川成都、陕西宝鸡、山西晋中等地建有汽车整车和动力总成制造基地,并在浙江杭州建有研究院,形成完备的整车、发动机、变速器和汽车电子电器的开发能力。

吉利集团的乘用车汽车制造厂除了浙江五大基地(临海、宁波北仑、台州路桥、宁波春晓、宁波杭州湾等)和上海基地外,还分布在湖南湘潭、甘肃兰州、山东济南、四川成都、陕西宝鸡、山西晋中、贵州贵阳、广西桂林、河北张家口等地,工厂数量约 17 个。吉利集团的商用车制造厂主要分布在四川南充、浙江义乌和陕西晋中三处,形成了三大商用车基地。此外,吉利在乌克兰、瑞典、比利时、英国、南非、墨西哥等国家都组建了生产基地。吉利汽车在短短 23 年间壮大成为超级汽车制造集团,是中国经济蓬勃发展的典型代表。

吉利南充工厂是浙江吉利新能源商用车有限公司旗下的吉利四川商用车有限公司投建的新工厂,与已经落成的晋中基地、英国考文垂基地,以及义乌基地,共同构成吉利新能源商用车的全球四大基地。南充工厂项目分两期建设。一期项目总投资 70 亿元,占地 1530 亩,建设年产 10 万台新能源商用车、5 万台燃气发动机的生产基地和新能源商用车研究院,项目达产后可实现年产值 216 亿元,创税 15 亿元。二期项目计划投资 68 亿元,占地 800 亩,建设周期 22 个月,建设年产 50 万台新能源商用车动力总成(20 万台甲醇发动机、30 万台增程式动力总成)、1 万台新能源客车的生产基地。项目达产后可实现年产值 302 亿元,创税 12.6 亿元。南充工厂一期项目采用吉利全新纯电动及分布式、智能化集成的新能源动力系统和轻量化车身技术,建设内容包括冲压、焊接、涂装、车架、总装和动力总成组装等主要生产工艺装备,以及新能源商用车研究院和试车场等配套设施,南充工厂具有生产节拍快、先进设备多、质量保障能力强等特点,达到国内领先水平。

吉利济南工厂于 2007 年 8 月开工建设,2009 年 10 月 10 日完工,厂区占地面积 1120 亩,总建筑面积约 18 万 m²,一期总投资 23 亿元,是规划建设年产 10 万辆整车的生产基地。主要包括冲压、焊装、涂装、总装四大车间以及发动机车间、变速器车间、污水处理系统、油辅料库房等。冲压车间配备了 2400t 打头和 1600t 打头的全自动化冲压线各一条,同时预留了一条小件冲压线和一条开卷线。焊装车间主要是由主拼线以及前底板、后底板、发动机舱、侧围及顶盖等部分总成构成,将它们拼焊组装的工作主要由机器人作业完成。所有焊接完成后,通过空中运输到白车线,在白车线上进行车门、盖的安装和调整。在这里白车是未经过油漆喷涂的半成品,当车辆框架搭建完成后,将被运送到涂装车间。总装车间共设 151 个工位,采用国际标准的 T 型生产线。整条生产线分为车身存储线、内饰装配线、底盘装配线、后内饰装配线和调整线,同时还设有一条整车检测线。生产线按年产 10 万台生产能力建造,设计节拍为 144s/台。

吉利晋中工厂由山西新能源汽车工业有限公司投建,项目规划年产整车 20 万台,一次规划,分期建设。项目一期规划建设年产 10 万台整车的生产规模,总投资约 26.8 亿元,一期项目达产后,年生产 10 万台整车。吉利晋中工厂建有整车冲压、焊装、涂装、总装四大工艺生产线,配备先进水平的液压机、起重机、珩磨机、三坐标测量机和焊接、喷漆机器人等生产、检测设备。

吉利-沃尔沃张家口工厂,是沃尔沃在华第三家整车项目,该基地总投资 47 亿元,占地 1196 亩,主要生产基于 CMA 模块化架构的各种车型,其中包括沃尔沃的 4 款车型。工厂完全依据沃尔沃全球质量标准建设,厂房包括冲压、焊装、涂装和总装四大车间,设计年产 20 万辆整车。沃尔沃张家口工厂包含发动机制造,目前生产的是发动机型号主要为 I5P、VEP4 和 1.3/1.5L 小排量三大系列产品,是沃尔沃汽车除瑞典以外唯一的发动机制造企业。沃尔沃汽车在张家口生产的最先进的 Drive-E 发动机,均搭载在沃尔沃 XC60、S60L 等多款畅销车型上。根据规划,该工厂还将生产纯电动与插电混动动力总成并安装在未来新产品上。

吉利杭州湾工厂一期工程占地 1000 亩,总投资 29 亿元,可年产帝豪整车 12 万辆、CVVT 汽车发动机 12 万台,年产值达 115 亿元。一期和二期全部达产后,可年产整车 22 万辆,CVVT 发动机及 1.3T 发动机 52 万台,年产值可达 250 亿元。

在汽车工厂的建造过程中,有众多的设备需要采购安装,设备类型多样,来源广泛,既有国产设备,也有进口设备,因此,设备的采购管理是项目管理中的重要内容之一。

请查阅公开资料,了解汽车工厂建造过程中的设备,并根据资料调研测算一个汽车厂设备的购置费用。

5-1　某市博览中心的机电工程由某安装公司总承包，合同约定安装公司负责设备采购、施工和试运行验收，工期为 2 个月，合同价为固定总价。机电工程中的一些主要设备由业主指定供货商，其中空调工程的冷水机组等设备，业主指定了某国厂商的产品。安装公司及时向厂商进行了产品询价，得知设备从订货、运输到施工现场最少需要 6 个月。安装公司依据冷水机组的型号、规格、数量、技术标准、到货地点、质量保证、运输手段、结算方式和产品价格与厂商签订了设备供货合同。工程施工到 6 个月后，因该国的政局不稳定，冷水机组等设备延期 60 天到达我国口岸，所以冷水机组等设备在通关时，未经商检就直接运到施工现场。安装公司组织本公司人员对设备进行了开箱验收。因设备晚到 60 天，安装公司调整了施工进度计划，增加施工人员和机械设备，加班加点，冷水机组等设备按原计划安装到位，通电试运行并验收合格。试问：（1）结合背景写出安装公司采购冷水机组等设备的采买程序。（2）冷水机组的进场验收流程是否正确，应如何纠正？

5-2　设备采购工作可以分为哪几个阶段？每个阶段的主要工作包括什么？

5-3　设备请购文件的组成包括哪些？

5-4　设备采购评审包括哪几项？每项评审应由谁组织，评审人员构成应包括什么？

5-5　某项目拟建一条化工原料生产线，所需设备 A 为进口设备。设备 A 的离岸价为 1000 万美元，海运公司的海运费率为 6％，海运保险费为 3.5％，外贸手续费为 1.5％，银行手续费为 5‰，关税税率为 17％，增值税率为 17％。国内供销手续费为 0.4％，运输装卸和包装费的费率合计为 0.1％，采购保管费率 1％，美元和人民币的汇率为 1 美元＝6.8 人民币，设备 A 的安装费率为设备原价的 10％。试计算 A 设备的原价（抵岸价），以及 A 设备的购置费。

5-6　某项目拟建一条化工原料生产线，所需设备 C 为国产标准设备，其带有备件的订货合同价为 4500 万人民币，国产设备 C 的运杂费率为 2％。试计算设备 C 的购置费。

第6章 ▶▶
机电工程施工及资源管理

机电工程施工管理主要依据施工组织设计，在施工过程中合理配置人力、材料、设备、机械、技术和资金等施工资源，控制好工程的工期、成本和质量，并做好施工现场内部和外部的协调工作。施工组织设计的制定是施工管理的基础性工作，施工资源管理则是保证施工过程中人、财、物能够根据项目进度合理供给。

6.1 ◆ 机电工程施工组织设计

施工组织设计在投标阶段就需要开始编写。投标时编写的施工组织设计主要为投标服务，编制的内容较为概括，仅对投标项目的施工布局做出总体统筹安排，通常将其称为标前施工组织设计或施工组织设计纲要。在项目中标后，施工单位要编制项目实施阶段的施工组织设计，通常称为标后施工组织设计。项目实施阶段的施工组织设计服务于施工过程，是进行施工管理的依据，因此，编制的内容需要极其详尽，要能够对项目的施工过程做出全面安排以满足履约需要，必须具有可操作性。

6.1.1 施工组织设计编制原则和依据

我们通常所说的施工组织设计指的就是施工阶段的施工组织设计。施工组织设计按照施工对象分层级编制，可分为施工组织总设计、单位工程施工组织设计和施工方案。

施工组织总设计的编制必须遵循工程建设程序，并且应符合标准规范，具有一定的先进性、科学性、经济性和适宜性。

施工组织总设计编制的首要条件就是要遵守工程建设法律法规、方针政策、标准规范的规定，符合施工合同或招标文件中有关工期、质量、安全、造价等技术经济指标的要求。同时，施工组织总设计也必须要符合施工现场安全、防火、环保和文明施工的要求。

施工组织总设计编制中，鼓励采用先进的技术措施和方法，如开发应用新技术、新工艺、新材料、新设备，大力推广应用建筑十项新技术，推广应用建筑节能环保和绿色施工技术。建筑十项新技术指的是地基基础和地下空间工程技术、混凝土技术、钢筋及预应力技术、模板及脚手架技术、钢结构技术、机电安装工程技术、绿色施工技术、防水技术、抗震加固与监测技术，以及信息化应用技术。

施工组织总设计的编制也要强调科学性，采取科学的管理措施和方法，进行多种方案的优化比选。坚持科学的施工程序和施工顺序，如采用流水施工和网络计划等方法，采取季节性施工措施等。

在确保施工安全和质量的前提下，施工组织总设计的编制也要遵循经济性原则。在施工组织总设计中采用具有指导性强的施工组织、进度计划、资源计划、成本控制、技术措施、效益分析等。在施工过程中能够合理配置资源，并尽可能使施工现场布置紧凑，提高场地利用率并减少施工用地等。

另外，施工组织总设计编制时也不可忽视适宜性。编制的施工组织总设计务必要满足工程实际情况，提出针对工程特点、重点和难点的施工方法及保障措施。同时，务必与企业的质量、环境和职业健康安全三个管理体系有效结合，切不可提出与企业实力不符的施工组织总设计而导致在施工中施工管理捉襟见肘，徒增项目风险。

施工组织设计编制的依据主要包括与工程建设有关的法律、法规和文件；国家现行有关标准和技术经济指标；工程所在地区行政主管部门的批准文件，建设单位对施工的要求；工程施工合同或招标投标文件；工程设计文件；工程施工范围内的现场条件，工程地质及水文地质、气象等自然条件；与工程有关的资源供应情况；以及施工企业的生产能力、机具设备状况、技术水平等。

6.1.2　施工组织总设计

施工组织总设计是以整体工程或若干个单位工程组成的群体工程为主要对象编制，对整个项目的施工全过程起统筹规划和重点控制的作用，是编制单位工程施工组织设计和施工方案的依据。

根据《建筑施工组织设计规范》(GB/T 50502—2009)施工组织总设计的编制内容包括工程概况、总体施工部署、施工总进度计划、总体施工准备与主要资源配置计划、主要施工方法、施工总平面布置等内容。

工程概况主要介绍项目主要情况和项目主要施工条件等。项目主要情况包括项目名称、性质、地理位置和建设规模；项目的建设、勘察、设计和监理等相关单位的情况；项目设计概况；项目承包范围及主要分包工程范围；施工合同或招标文件对项目施工的重点要求等。项目主要施工条件包括项目建设地点气象状况；项目施工区域地形和工程水文地质状况；项目施工区域地上、地下管线及相邻的地上、地下建（构）筑物情况；与项目施工有关的道路、河流等状况；当地建筑材料、设备供应和交通运输等服务能力状况；当地供电、供水、供热和通信能力状况等。

总体施工部署是对项目施工所做的宏观部署，确定项目施工总目标，包括进度、质量、安全、环境和成本等目标；根据项目施工总目标的要求，确定项目分阶段（期）交付的计划；明确项目分阶段（期）施工的合理顺序及空间组织。同时，在总体施工部署中，对项目施工的重点和难点应进行简要分析。对总承包单位的项目管理组织机构形式进行确定，并宜采用框图的形式表示。对项目施工中开发和使用的新技术、新工艺应做出部署，并对主要分包项目施工单位的资质和能力应提出明确要求。

施工总进度计划应按照项目总体施工部署的安排进度编制，可采用网络图或横道图表示，并附必要说明。

总体施工准备与主要资源配置计划应包括技术准备、现场准备和资金准备，以及劳动力配置计划和物资配置计划等。施工准备应满足项目分阶段（期）施工的需要。劳动力配置计划应确定各施工阶段（期）的总用工量以及相应的劳动力配置。物资配置计划应根据施工总进度计划确定主要工程材料和设备的配置计划，并根据总体施工部署和施工总进度计划确定主要周转材料和施工机具的配置。

主要施工方法应对项目涉及的单位（子单位）工程和主要分部（分项）工程所采用的施工方法进行简要说明。特别是对脚手架工程、起重吊装工程、临时用水用电工程、季节性施工等专项工程所采用的施工方法进行简要说明。

施工总平面布置应科学合理，施工场地占用面积少，可有效减少二次搬运，合理划分施工区域，分离设置办公区、生活区和生产区，并且要合理安排场地的临时占用，尽可能使临时设施方便生产和生活，减少相互干扰。同时，还应充分利用既有建（构）筑物和既有设施为项目施工服务，降低临时设施的建造费用。施工总平面布置随着施工阶段的变化也应随之调整设置，应在施工组织总设计中绘制现场不同阶段（期）的总平面布置图。在绘制的施工总平面图中，应包括项目施工用地范围内的地形状况；全部拟建的建（构）筑物和其他设施的位置；施工用地范围内的加工设施、运输设施、存贮设施、供电设施、供水供热设施、排水排污设施、临时施工道路和办公、生活用房等；施工现场必备的安全、消防、保卫和环境保护等设施；以及相邻的地上、地下既有建（构）筑物及相关环境。

6.1.3 单位工程施工组织设计

单位工程施工组织设计是以单位（子单位）工程为主要对象编制，对单位（子单位）工程的施工过程起指导和制约的作用，是施工组织总设计的进一步具体化，直接指导单位（子单位）工程的施工管理和技术经济活动。单位工程施工组织的编制内容包括工程概况、施工部署、施工进度计划、施工准备与资源配置计划、主要施工方案、施工现场平面布置等。

工程概况应包括工程主要情况、各专业设计简介和工程施工条件等。其中，工程主要情况应包括工程名称、性质和地理位置；工程的建设、勘察、设计、监理和总承包等相关单位的情况；工程承包范围和分包工程范围；施工合同、招标文件或总承包单位对工程施工的重点要求等。在各专业设计简介中，建筑设计简介应依据建设单位提供的建筑设计文件进行描述，包括建筑规模、建筑功能、建筑特点、建筑耐火、防水及节能要求等，并应简单描述工程的主要装修做法；结构设计简介应依据建设单位提供的结构设计文件进行描述，包括结构形式、地基基础形式、结构安全等级、抗震设防类别、主要结构构件类型及要求等；机电及设备安装专业设计简介应依据建设单位提供的各相关专业设计文件进行描述，包括给水、排水及采暖系统、通风与空调系统、电气系统、智能化系统、电梯等各个专业系统的做法要求。

施工部署应根据施工合同、招标文件以及本单位对工程管理目标的要求确定，包括进度、质量、安全、环境和成本等目标。各项目标应满足施工组织总设计中确定的总体目标。工程主要施工内容及其进度安排应明确说明，施工顺序应符合工序逻辑关系，通常单位工程施工阶段可划分为地基基础、主体结构、装修装饰和机电设备安装三个阶段。

单位工程施工进度计划应按照施工部署的安排进行编制。施工进度计划可采用网络图或横道图表示，并附必要说明。对于工程规模较大或较复杂的工程，宜采用网络图表示。

施工准备应包括技术准备、现场准备和资金准备等。技术准备应包括施工所需技术资料的准备、施工方案编制计划、试验检验及设备调试工作计划、样板制作计划等；现场准备应根据现场施工条件和工程实际需要，准备现场生产、生活等临时设施。资金准备应根据施工进度计划编制资金使用计划。

源配置计划应包括劳动力配置计划和物资配置计划等。劳动力配置计划应确定各施工阶段用工量，以及根据施工进度计划确定各施工阶段劳动力配置计划。物资配置计划应确定各施工阶段所需主要工程材料、设备的种类和数量，以及各施工阶段所需主要周转材料、施工机具的种类和数量。

单位工程应按照《建筑工程施工质量验收统一标准》GB 50300—2013 中分部、分项工程的划分原则，对主要分部、分项工程制定施工方案。对脚手架工程、起重吊装工程、临时用水用电工程、季节性施工等专项工程所采用的施工方案应进行必要的验算和说明。

单位工程施工现场平面布置应结合施工组织总设计，按不同施工阶段分别绘制。

6.1.4 施工方案

施工方案是以分部（分项）工程或专项工程为主要对象编制，对分部（分项）工程或专项工程的作业过程进行具体指导，又可将其称为专项工程施工组织设计。通常情况下，对于复杂及特殊作业过程，如难度大、工艺复杂、质量要求高、新工艺和新产品应用的分部（分项）工程或专项工程均需要编制详细的施工技术与组织方案。

根据施工方案所指导的内容可分为专业工程施工方案和安全专项施工方案两大类。专业工程施工方案是指以组织专业工程（含多专业配合工程）实施为目的，用于指导专业工程施工全过程各项施工活动而编制的施工方案。安全专项施工方案是为《危险性较大的分部分项工程安全管理规定》及相关安全生产法律法规中所列的危险性较大的专项工程，以及特殊作业需要而编制的施工方案。

施工方案编制内容包括工程概况、施工安排、施工进度计划、施工准备与资源配置计划、施工方法及工艺要求等基本内容。

工程概况应包括工程主要情况、设计简介和工程施工条件等。其中，工程主要情况应包括分部（分项）工程或专项工程名称、工程参建单位的相关情况、工程的施工范围、施工合同、招标文件或总承包单位对工程施工的重点要求等。设计简介应主要介绍施工范围内的工程设计内容和相关要求。工程施工条件则应重点说明与分部（分项）工程或专项工程相关的内容。

施工安排需要设定工程的进度、质量、安全、环境和成本等目标，安排工程施工顺序及施工流水段，并简述针对工程的重点和难点的主要管理和技术措施，以及工程管理的组织机构及岗位职责等。

施工方案的进度计划应按照施工安排，并结合总承包单位的施工进度计划进行编制，可采用网络图或横道图表示，并附必要说明。

施工方案的施工准备与资源配置计划应与单位工程施工方案的内容保持一致，但应针对施工方案所涵盖的工程进行更为详尽的说明。

在施工方法及工艺要求，应明确分部（分项）工程或专项工程施工方法并进行必要的技术核算，对主要分项工程（工序）明确施工工艺要求；对易发生质量通病、易出现安全问题、施工难度大、技术含量高的分项工程（工序）等应做出重点说明；对开发和使用的新技术、新工艺以及采用的新材料、新设备应通过必要的试验或论证并制定计划；对季节性施工应提出具体要求。

在施工方案的编制中，要特别重视安全专项施工方案的编制，必须遵照严格的编制管理要求执行。对于实行施工总承包的项目，安全专项施工方案应由施工总承包单位组织编制。其中，起重机械安装拆卸工程、深基坑工程、附着式升降脚手架等专业工程实行分包的，其安全专项施工方案可由专业承包单位组织编制。

安全专项施工方案应由施工单位技术部门组织本单位施工技术、安全、质量等部门的专业技术人员进行审核。经审核合格的，由施工单位技术负责人签字。实行施工总承包的，安全专项施工方案应由总承包单位技术负责人及相关专业承包单位技术负责人签字。需专家论证的安全专项施工方案，经施工单位审核合格后报监理单位，由项目总监理工程师审核签字后实施。对于超过一定规模的危险性较大的分部分项工程，施工单位应组织专家对安全专项施工方案进行论证。实行施工总承包的，由施工总承包单位组织召开专家论证会。施工单位应根据论证报告修改完善安全专项施工方案，并经施工单位技术负责人、项目总监理工程师、建设单位项目负责人签字后方可组织实施。实行施工总承包的，应当由施工总承包单位、相关专业承包单位技术负责人签字。

6.1.5 施工方案评价

对施工方案进行技术经济评价是选择最优施工方案的重要环节之一。根据条件不同，可以采用多个施工方案，进行技术经济分析，选出工期短、质量好、材料省、劳动力安排合理、工程成本低的方案。

施工方案的技术经济分析需要有两个以上的方案，每个方案都要可行，方案要具有可比性，还要具有客观性。由于施工方案涉及的因素多且复杂，一般只对一些主要的分部分项工程的施工方案进行技术经济分析评价，可以有效地起到节省工程成本和保证建设工期的作用。

在工程中，常需要进行技术经济评价的方案包括特大、重、高或精密、价值高设备的运输、吊装方案；特厚、大焊接量及重要部位或有特别要求的焊接方案；工程量大、多交叉工程的施工组织方案；特殊作业方案；现场预制和工厂预制的方案；综合系统试验及无损检测方案；传统作业技术和采用新技术、新工艺的方案；以及关键过程技术方案等。

施工方案的技术经济比较通常包括技术先进性比较、经济合理性比较，以及重要性比较。

评价施工方案的技术先进性，就要比较各方案的技术水平，看具体可归属于国家、行业、省市级水平等何种层次。技术的先进性还体现在方案的技术创新程度，如是否突破、填补空白、达到领先。比较各方案的技术效率，如吊装技术中的起吊吨位、每吊时间间隔、吊装直径范围、起吊高度等，焊接技术中能否适应母材、焊接速度、熔敷效率、适应焊接位置等，无损检测技术中的单片、多片射线探伤等，测量技术中平面、空间、自动记录、绘图等。比较各方案的创新技术点数，如技术创新数占本方案总的技术点数的比率。比较各方案实施的安全性，如可靠性、事故率等。

评价施工方案的经济合理性，需要比较各方案的一次性投资总额，资金时间价值，对环境影响的损失，总产值中剔除劳动力与资金对产值增长的贡献，对工程进度时间及其费用影响的大小，以及各方案综合性价比。施工方案经济评价的常用方法是综合评价法。综合评价常采用如下公式

$$E_j = \sum_{i=1}^{n}(A \times B) \tag{6-1}$$

式中，E_j 为 j 方案的评价值；n 为评价要素；A 为方案满足程度；B 为评价要素的权重值。用式（6-1）计算出的最大方案评价值就是被选择的方案。

施工方案的重要性比较主要评价方案对社会的影响度。比如，比较各方案推广应用的价

值，分析其是否会影响社会（行业）进步等，是否能够节约资源、降低污染，具有良好的社会效益。

6.1.6 施工组织设计的实施

施工组织设计实施前应严格执行编制、审核、审批程序。没有批准的施工组织设计不得实施，这是施工管理的基本原则。

施工组织设计编制必须坚持"谁负责实施，谁组织编制"的原则，其编制归属如图6.1所示。对于规模大、工艺复杂的工程、群体工程或分期出图的工程，可分阶段编制和报批。施工组织总设计由施工总承包单位组织编制。当工程未实行施工总承包时，施工组织总设计应由建设单位负责组织各施工单位编制。单位工程或施工方案设计由施工单位组织编制。

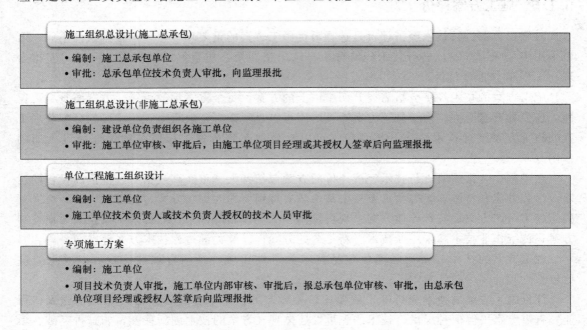

图 6.1　施工组织设计的编制、审核与审批

施工组织设计编制、审核和审批工作实行分级管理制度，如图6.1所示。施工组织总设计应由总承包单位技术负责人审批后，向监理报批。单位工程施工组织设计应由施工单位技术负责人或技术负责人授权的技术人员审批，专项工程施工组织设计应由项目技术负责人审批，施工单位完成内部编制、审核、审批程序后，报总承包单位审核、审批，然后由总承包单位项目经理或其授权人签章后向监理报批。工程未实行施工总承包的，施工单位完成内部编制、审核、审批程序后，由施工单位项目经理或其授权人签章后向监理报批。规模较大的分部（分项）工程或专项工程的施工方案应按单位工程施工组织设计进行编制和审批。

施工组织设计的实施必须严格执行交底制度。施工组织设计应逐级交底，使相关管理人员和施工人员了解和掌握相关部分的内容和要求。施工组织设计交底是施工现场项目施工各级技术交底的主要内容之一，保证施工组织设计得以有效地贯彻实施。工程开工前，施工组织设计的编制人员应向施工人员作施工组织设计交底，以做好施工准备工作。施工组织设计交底的内容包括工程特点、难点，主要施工工艺及施工方法，进度安排，组织机构设置与分工，质量、安全技术措施等。

对编制施工方案的分部工程和专项工程在实施前，也要进行施工方案交底。工程施工前，施工方案的编制人员应向施工作业人员做施工方案的技术交底。除分项、专项工程的施工方案需进行技术交底外，涉及新产品、新材料、新技术、新工艺即"四新"技术以及特殊环境、特种作业等也必须向施工作业人员交底。交底内容为该工程的施工程序和顺序、施工工艺、操作方法、要领、质量控制、安全措施等。

施工组织设计一经批准，施工单位和工程相关单位应认真贯彻执行，未经审批不得修改。施工组织设计的修改或补充涉及原则的重大变更，须履行原审批手续。涉及原则的重大变更包括工程设计有重大修改，有关法律、法规、规范和标准实施、修订和废止，主要施工方法有重大调整，主要施工资源配置有重大调整，施工环境有重大改变等。

在施工过程中，组织有关人员在施工过程中做好记录，积累资料，工程结束后及时做出总结。各级生产及技术负责人都要督促、检查施工组织设计的贯彻执行，分析执行情况、适时调整。

6.2 ❂ 机电工程施工资源管理

机电工程的施工资源包括人力、材料、设备、机械、技术以及资金等。在施工中，需要对这些资源分类别进行动态管理，与施工进度相配合，保证工程顺利完工。

6.2.1 人力资源管理

在机电工程项目中，随着施工进展，所需的专业施工人员配置可能会发生结构性变化。因此，需要实施人员配置管理，根据工程需要配置合理的施工作业人员。同时，为提高作业效率，应对人员进行培训，并给予适当的激励，提高劳动积极性。在施工过程中，也必须做好劳动管理，避免发生人员伤害等影响人身安全和建设安全的事件发生。

6.2.1.1 人员配置管理

在机电工程项目施工中，项目部和施工现场应按照法规要求配置基本的项目管理人员和作业人员。在项目中需要配置的主要人员包括项目部负责人、项目技术负责人、项目部技术人员、项目部的现场施工管理人员、项目部的现场技术人员、机电工程特种作业人员、特种设备作业人员，以及根据施工作业需要配置的其他作业人员等。

项目部负责人包括项目经理、项目副经理、项目总工程师。项目经理必须具有机电工程建造师资格。项目技术负责人必须符合规定，且具有规定的机电工程相关专业职称，有从事工程施工技术管理工作经历。项目部技术人员根据项目大小和具体情况，按分部、分项工程和专业配备。

项目部的现场施工管理人员包括施工员、材料员、安全员、机械员、劳务员、资料员、质量员、标准员等必须经培训、考试、持证上岗。项目部的现场施工管理人员的配备，应根据工程项目的需要。施工员、质量员要根据项目专业情况配备，安全员要根据项目大小配备。项目部的现场主要技术工人，根据项目具体情况，按分部、分项工程和专业配备，且必须持证上岗。

机电工程特种作业人员是指直接从事容易发生人员伤亡事故，对操作者本人、他人及周围设施的安全有重大危险因素作业的人员。涉及的作业范围通常有电工作业、金属焊接切割作业、起重机械（含电梯）作业、企业内机动车辆驾驶（轮机驾驶）、登高架设作业、锅炉作业（含水质化验）、压力容器操作、爆破作业、放射线作业等。

特种作业人员在独立上岗作业前，必须进行与本工种相适应的、专门的安全技术理论学习和实际操作训练。具备相应工种的安全技术知识，参加国家规定的安全技术理论和实际操作考核并成绩合格，取得特种作业操作证。特种作业人员必须持证上岗。特种作业操作证复审年限，以相关主管部门规定为准。对离开特种作业岗位6个月以上的特种作业人员，上岗前必须重新进行考核，合格后方可上岗作业。

特种设备作业人员是指从事锅炉、压力容器与压力管道焊接的焊工，以及进行无损检测的人员。特种设备的焊接应由持有相应类别的"锅炉压力容器压力管道焊工合格证书"的焊工担任。焊工合格证（合格项目）有效期以相关主管部门规定为准。中断受监察设备焊接工作6个月以上的，再从事受监察设备焊接工作时，必须重新考试。

无损检测人员必须经资格考核取得相应的资格证。无损检测人员的级别分为Ⅰ级（初级）、Ⅱ级（中级）、Ⅲ级（高级）。其中Ⅰ级人员可进行无损检测操作，记录检测数据，整理检测资料。Ⅱ级人员可编制一般的无损检测程序，并按检测工艺独立进行检测操作，评定检测结果，签发检测报告。Ⅲ级人员可根据标准编制无损检测工艺，审核或签发检测报告，解释检测结果，仲裁Ⅱ级人员对检测结论的技术争议。持证人员只能从事与其资格证级别、方法相对应的无损检测工作。

6.2.1.2 培训与激励管理

企业人力资源部门对员工的培训是一个长期的过程，包括对新入职员工的岗前培训和在岗员工的专项培训等。通过培训，可以定位员工的岗位取向、提升员工的专项技术、增强员工对企业的认同等。对所录用人员岗前培训的主要内容是熟悉工作内容性质、责任权限、利益、规范；了解企业文化、政策及规章制度；熟悉企业环境、岗位环境、人事环境；熟悉、掌握工作流程、技能等。对在岗员工的专项培训是针对新设备、新技术、新工具或新理念所做的特定培训。员工的培训是一个持续的过程，开展培训要在工作需求和个人需求分析的基础上，根据需要，明确培训目标，组织相应的培训对象进行培训，并适时评价培训效果。

恰当的激励会调动员工的工作积极性并提高效率。对于不同员工应采取不同的激励，适当拉开实绩效价的档次，控制奖励的效价差。注意期望心理的疏导、公平心理的疏导。恰当地树立奖励目标，并注意掌握奖励时机和奖励频率，注重综合效价。

6.2.1.3 劳动管理

劳动管理的主要对象是劳动力。对劳动力的管理关键在于合理安排、正确使用。使用的关键在于提高效率、调动劳动力的积极性。

对项目所需劳动力进行优化配置，需要首先明确项目所需劳动力的种类及数量，项目的进度计划，项目的劳动力资源供应环境等。在调查结果的基础上，按照充分利用、提高效率、降低成本的原则确定每项工作所需劳动力的种类和数量。根据项目进度计划进行劳动力配置的时间安排。进行劳动力资源的平衡和优化，同时考虑劳动力来源，最终形成劳动力优化配置计划。

项目实施中，劳动力的管理属于动态管理。劳动力的动态管理是指根据生产任务和施工条件的变化对劳动力进行跟踪平衡、协调，以解决劳务失衡、劳务与生产要求脱节的动态过程。

同时，项目部也要做好劳动保护管理，采取适当的劳动保护措施和劳动环境改善措施，确保劳动安全。通过改善劳动条件、预防和消除工伤事故、中毒和职业病等方面采取积极的有效组织措施和技术措施避免劳动伤害发生。开展工业卫生工作，创造良好的劳动环境和工作秩序。

6.2.2 工程材料管理

机电工程项目施工中所用材料种类多，价值高，需要制定严格的管理制度和管理方法进行科学管理。在机电工程中，主要的管理制度包括材料管理责任制和材料计划、材料采购制度、材料进场和库存管理制度等，主要的材料管理方法包括 ABC 分类法、存储理论法和价值工程法等。

6.2.2.1 材料管理制度

通过建立材料管理责任制明确管理责任人，专人依据材料计划管控材料供应，并通过严格的材料采购制度、库存管理制度及使用制度等，对施工所用材料进行科学管理。

（1）材料管理责任制和材料计划

材料管理责任制的主要负责人是施工项目经理，施工项目经理是现场材料管理全面领导责任者。施工项目部主管材料人员是施工现场材料管理直接责任人。班组材料员在主管材料员业务指导下，协助班组长组织和监督本班组合理领、用、退料。

材料计划是根据施工图纸、整体施工进度安排进行编制。所编制的材料计划应包括供应备料计划、调整供料月计划、加工制品计划、施工设施用料计划等。供应备料计划是项目开工前，向企业材料部门提出一次性计划，作为供应备料依据。调整供料月计划是在施工中，根据工程变更及调整的施工预算，及时向企业材料部门提出调整供料月计划，作为动态供料的依据。加工制品计划是根据施工图纸、施工进度，在加工周期允许时间内，提出加工制品计划，作为供应部门组织加工和向现场送货的依据。施工设施用料计划是根据施工平面图对现场设施的设计，按使用时间提出施工设施用料计划，报告供应部门作为送料的依据。对材料计划的执行情况进行检查，不断改进材料供应。

（2）材料采购管理

材料采购管理首先要制定材料采购计划。材料采购计划的制定需要经营部门、工程部门、项目部、施工工地和采购部门等共同的协作来完成。材料计划的内容应包括材料种类、规格品种、数量、工程项目、使用时间、技术要求等。

材料管理其次要明确项目所需材料的适合采购方式。计划内采购的大宗材料一般均应采取招标、议标方式。对特殊原因，供货商不足规定的招标单位数时，可采取议标。对零星材料、工程急需材料、技术要求高和专业性强的材料以及业主对产品有特殊要求的材料，可采用询价比价、协商价格采购方式。

材料管理的重点工作对供应商进行评价选择。只有选择的材料供应商诚信可靠，在工程实施过程中不仅能够保证材料质量，而且能够显著减轻材料管理的工作压力。选择供应商时应对若干个供货商的质量保证能力进行调查，对调查结果进行分析，并做出评价。同时，还要向曾经使用过或正在使用供货商商品的用户进行质量、价格、交货期、售后服务等方面的情况调查，征求这些用户的评价意见。在了解供货商供货能力和信誉的基础上，应要求供货商提供相应的商品样品，对商品样品进行质量验证和评价。最后，对各个供货商进行对比评价，确定该项目的最佳供货商。

（3）材料进场和库存管理

材料进场时必须根据进料计划、送料凭证、质量保证书或产品合格证，进行材料的数量和质量验收，要求复检的材料应有取样送检证明报告。验收工作按质量验收规范和计量检测规定进行，验收内容应完整，必须包括品种、规格、型号、质量、数量、证件等。验收要做好记录、办理验收手续，不符合、不合格的材料必须拒绝接收。

对于材料的库存管理，必须做到专人管理、建立台账、标示清楚、安全防护、分类存放，并定期盘点。材料仓库应安排专职人员对库房进行日常管理。所有进库的材料必须建立台账，其中所记录的账、物、卡、金额要相符。施工现场材料的放置要按平面布置图实施，做到标识清楚且摆放有序，符合堆放保管制度。库区安全设施应完好，不能存在安全隐患，库区环境应清洁、干燥、通风。对于易燃、易爆、有毒、有害危险品的储存，必须在远离人员密集区设置专门库房存放，并制定安全操作规程并详细说明该物质的性质、使用注意事项、可能发生的伤害及应采取的救护措施。对危险品存放的专用库，应有明显的标示，并配备相应的安全及消防设施和应急器材。根据库存材料的物理化学性能进行科学分类，并分库存放，并要针对不同要求的材料库房要有防雨、防洪、防碰、防火、防腐、防热、防潮、防冻、防爆、防有害气体泄漏的技术措施。库房内也应进行合理分区，设置物资合格区、待验区和不合格区等。仓库管理员对库存物资要定期盘点，根据盘点内容，做好盘点记录，确保库存物资无超储积压、损坏变质等情况发生。

（4）材料领发和使用管理

材料领发要建立领发料台账，记录领发和节超状况。领料时要做到限额领料、定额发料，且超限额用料经签发批准。凡有定额的工程用料，凭限额领料单领发材料。施工设施用料也实行定额发料制度，以设施用料计划进行总控制。有超限额用料情况时应在用料前办理手续，填写限额领料单，注明超耗原因，经签发批准后实施。

材料使用与回收必须统一管理、合理用料、防止丢失、工完料清，并做到余料回收。进入施工现场的物资，由施工单位统一管理，项目部物资部门进行监督和检查。根据项目状况编制周转性材料的需用计划，并建立周转性材料领用、保管、维修、报废制度并严格执行。按规定进行用料交底和工序交接，按材料规格和设计参数合理用料。施工用料做到随用随清、工完料清，及时办理退料手续。对施工过程中的废旧物资、包装物、余料等必须回收，在限额领料单中登记扣除。

材料在施工现场的搬运应注意安全，根据采购合同条款及产品特性，选用适宜的搬运设备和工具搬运。在搬运中注意产品的标识。对超长、超宽、超高、超重、易燃、易爆、易碎、有毒等物品的特殊搬运，应有搬运措施，经批准后方可实施。产品由库房到施工地点或施工现场间的二次搬运，要选用合适的搬运设备和工具及方法。在搬运中要做好防护工作并保护产品标识，检验状态标识，由领料人负责监督检查。

6.2.2.2　材料管理方法

材料的主要管理方法包括 ABC 分类法、存储理论法和价值工程法等。

（1）ABC 分类法

ABC 分类法首先计算项目各种材料所占用的资金总量。根据各种材料的资金占用的多少，按照从大到小顺序排列，并计算各种材料占用资金所占材料总费用的百分比。计算各种材料占用资金的累计金额及其占总金额的百分比，即计算金额累计百分比。计算各种材料的累计数以及累计百分比。按 ABC 三类材料的分类标准，进行 ABC 分类。其中，占比在 80% 以内的属于 A 类材料，占比在 80% 至 90% 之间的属于 B 类材料，其他属于 C 类材料。

A 类材料需用量大、价值高、占用资金多，因此在管理中，必须严格按照设计施工图逐项审核材料的消耗定额，经精心管理。制定严密的材料计划，严格材料采购、运输、存储和使用管理。A 类材料是材料管理的重心所在，只要能控制好 A 类材料的采购和使用，工程在材料方面就不会发生重大问题。

B 类材料通常为批量不是很大的常用材料和专用物资。对这种材料虽然无需像 A 类材料那样进行精心管理，但对其材料计划的制定也不可放松要求，而且也要控制好材料的采购、运输、存储和发放等重要环节。对这种材料的采购可采用竞争性谈判，采购方直接与三家以上的供货商或生产厂家进行谈判，选出质好价低的供应方即可。

C 类材料通常是用量较小，市场上可直接购买到的工具、五金、电料、配件等物质。这类材料占用资金少，属于辅助性材料，可根据需要进行市场化采购。在实际操作中，按照采购计划购买，避免盲目采购造成积压即可。

例如，某变压器生产厂家，对企业采购的主要原材料按照采购金额进行分类统计，如表 6.1 所示。

表 6.1　某变压器厂采购主要原材料的分类管理

序号	材料名称	采购金额/万元	采购资金占比	资金占比累计	管理分类
1	电磁线	2560	32.0%	32.0%	A 类
2	硅钢片	2080	26.0%	58.0%	
3	变压器油	1840	23.0%	81.0%	
4	导电杆	320	4.0%	85.0%	B 类
5	气体继电器	256	3.2%	88.2%	
6	油漆	208	2.6%	90.8%	
7	绝缘子	200	2.5%	93.3%	C 类
8	铭牌	192	2.4%	95.7%	
9	绝缘母线框	176	2.2%	97.9%	
10	无纺布	168	2.1%	100.0%	

按照 ABC 分类法，对生产变压器的十种主要原材料按照采购金额高低排序列表后，统计各项采购资金额所占材料总采购金额的比例，并依次累计资金占比情况。根据统计结果可知，电磁线、硅钢片和变压器油属于 A 类材料，需要精心管理；导电杆、气体继电器、油漆属于 B 类材料，需要有所侧重的恰当管理；绝缘子、铭牌、绝缘母线框和无纺布属于 C 类材料，根据需要进行管理。

（2）存储理论法

存储理论法用于确定材料的经济存储量、经济采购批量、安全存储量和订购点等参数。根据存储理论法可解决材料是采用一次采购，还是分批采购；若分批采购，需要分为几批，每批的采购量是多少等决策性问题。通过对这些问题的回答，可以为制定合理的材料计划提供理论依据。

与材料的储备相关的成本包括取得成本、储存成本以及缺货成本等。

① 取得成本。取得成本指为取得某种存货而支出的成本。取得成本又分为订货成本和购置成本。其中，订货成本指取得订单的成本，如为获取订货所支出的办公费、差旅费、邮资、电话费等。订货成本中有一部分与订货次数无关，如常设采购机构的基本开支等，称为

订货的固定成本。另一部分与订货次数有关，如差旅费、邮资等，称为订货的变动成本。购置成本指存货本身的价值，经常用数量与单价的乘积来确定。

取得成本的表达公式如式（6-2）所示。

$$TC_a = F_1 + \frac{D}{Q}K + DU \tag{6-2}$$

式中，TC_a 材料的取得成本；F_1 为订货的固定成本；K 为每次订货的变动成本；D 为材料的年需要量；Q 为材料的单次采购进货量；U 表示材料的采购单价。

② 储存成本。储存成本指为保持存货而发生的成本，包括存货占用资金所应计的利息、仓库费用、保险费用、存货破损和变质损失等，通常用 TC_c 表示。储存成本也分为固定成本和变动成本。固定成本与存货数量的多少无关，如仓库折旧、仓库职工的固定按月工资等。变动成本与存货的数量有关，如存货资金的应计利息、存货的破损和变质损失、存货的保险费用等。

储存成本的表达公式如式（6-3）所示。

$$TC_c = F_2 + K_2 \tag{6-3}$$

式中，F_2 为材料储存的固定成本；K_2 为材料储存的单位变动成本。

③ 缺货成本。缺货成本指由于存货供应中断而造成的损失，包括材料供应中断造成的停工损失、产成品库存缺货造成的拖欠发货损失和丧失销售机会的损失，还应包括需要主观估计的商誉损失等。如果生产企业以紧急采购代用材料解决库存材料中断之急，那么缺货成本表现为紧急额外购买成本。通常情况下，紧急额外购买的开支会大于正常采购的开支。缺货成本可用 TC_s 表示，则材料存货的总成本可用式（6-4）表示。

$$TC = TC_a + TC_c + TC_s \tag{6-4}$$

④ 存货决策。存货的决策包括确定进货项目、选择供应单位、决定进货时间和决定进货批量。其中，进货时间和进货批量的确定是制定材料计划的重要依据之一。

按照存货管理的目的，需要通过合理的进货批量和进货时间，使存货的总成本最低，这个批量称为经济订货量或经济批量。有了经济订货量，可以很容易地找出最适宜的进货时间和进货批量。

经济订货量的基本模型是建立在严格的假设条件之下的一个理论模型，如式（6-5）所示。

$$Q^* = \sqrt{2KD/K_2} \tag{6-5}$$

式中，Q^* 为经济订货量；K 为每次订货的变动成本；D 为存货的年需要量；K_2 为存货的单位储存成本。

例如，某机电安装公司所需要的结构钢，年度采购总量为1200t，材料单价为3800元/t，一次订货的变动成本为3000元，每 t 材料的平均储存成本为150元，则结构钢的经济采购批量为：

$$Q^* = \sqrt{\frac{2 \times 3000 \times 1200}{150}} \approx 219.1 \text{ t}$$

上式表明，当采购批量为219.1t时，结构钢存货的总成本最低，超过或低于这一数值都是不经济的。

（3）价值工程法

价值工程是以提高产品（或作业）价值和有效利用资源为目的，通过有组织的创造性工作，寻求用最低的寿命周期成本，可靠地实现使用者所需功能，以获得最佳的综合效益的一种管理技术。价值工程是研究如何以最少的人力、物力、财力和时间获得必要功能的技术经济分析方法，强调的是产品的功能分析和功能改进。价值工程应用于材料管理，目的是要寻求降低材料成本，提高应用材料价值的主要途径。

价值工程中所述的"价值"也是一个相对的概念，是指作为某种产品（或作业）所具有的功能与获得该功能的全部费用的比值。它不是对象的使用价值，也不是对象的交换价值，而是对象的比较价值，是作为评价事物有效程度的一种尺度，如式（6-6）所示。

$$V = \frac{F}{C} \tag{6-6}$$

式中，V 为价值；F 为研究对象的功能（广义讲是指产品或作业的功用和用途）；C 为成本，即寿命周期成本，是为实现物品功能耗费的成本，包括劳动占用和劳动消耗，涵盖产品寿命周期的全部费用，是产品的科研、设计、试验、试制、生产、销售、使用、维修直到报废所花费用的总和。V 的值等于 1，说明该功能的重要性与其成本的比重大体相当，是合理的，无需进行进一步改进；V 的值小于 1，说明该功能不太重要，而目前的成本比重较高，可能存在过剩功能，应将其作为重点进行分析，需求降低成本的途径；V 的值大于 1，则比较常见的原因是该功能虽然重要，但目前的成本偏低，可能未能充分实现该功能，需要适当增加成本，提高该功能的实现度。

价值工程的目标，是以最低的寿命周期成本，使产品具备它所必须具备的功能。产品的寿命周期成本由生产成本和使用及维护成本组成。产品生产成本 C_1 是指发生在生产企业内部的成本，也是用户购买产品的费用，包括产品的科研、实验、设计、试制、生产、销售等费用及税金等；而产品使用及维护成本 C_2 是指用户在使用过程中支付的各种费用的总和，它包括使用过程中的能耗费用、维修费用、人工费用、管理费用等，有时还包括报废拆除所需费用。在一定范围内，产品的生产成本与使用及维护成本存在此消彼长的关系。随着产品功能水平提高，产品的生产成本 C_1 增加，使用及维护成本 C_2 降低；反之，产品功能水平降低，其生产成本 C_1 降低，但是使用及维护成本 C_2 增加。因此，当功能水平逐步提高时，寿命周期成本（C_1 和 C_2 之和）呈马鞍形变化，如图 6.2 所示。

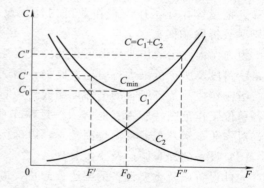

图 6.2 产品的寿命周期成本构成

在 F' 点，产品功能较少，此时虽然生产成本较低，但由于不能满足使用者的基本需要，使用及维护成本较高，因而使用寿命周期成本较高；在 F'' 点，虽然使用及维护成本较低，但由于存在着多余的功能，因而致使生产成本过高，同样寿命周期成本也较高。只有在 F_0 点，产品功能既能满足用户的需求，产品成本和使用及维护成本两条曲线叠加所对应的寿命周期成本为最小值 $C_{\min}$，是比较理想的功能与成本的关系。

根据美国建筑业应用价值工程的统计结果表明：一般情况下应用价值工程可以降低整个建设项目初始投资 5%～10% 左右，同时可以降低项目建成后的运行费用 5%～10%。而在某些情况下这一节约的比例更是可以高达 35% 以上。所以，价值工程法在机电工程项目中的应用必须给予足够的重视。

6.2.3 工程设备管理

工程设备管理包括大件工程设备运输管理、设备卸车与搬运、设备验收、设备出入库及仓储管理等。

（1）大件工程设备运输管理

大件设备运输方案中的路径主要有公路、铁路、水路以及水陆路等。进口大件设备往往采用水陆联运，货到港码头后直接落驳，用拖轮拖运至港口码头，再用浮吊卸到运输车辆后陆运至工程现场。

公路运输具有灵活、方便、可靠的优点，可作为首选方案，但公路运输的工作量较大，需一定的准备工作周期和道路、桥梁加固等措施费。铁路运输快捷，且避免公路运输中桥梁加固等费用的支出，但受制于铁路线路，在铁路沿线地区可优先采用。水路运输费用低，但需要的时间长，同时需要有码头或港口作支持。在确定大件设备的运输方案时，需要对各种运输方案的技术经济特征进行论述和比较分析，选择合理的运输方式，降低运输成本，提高运输效益。

大件工程设备采用公路运输时，对沿途公路和桥梁要进行相关作业，保证运输可靠性与安全性。在大件设备运输前应会同有关单位对道路地下管线设施进行检查、测量、计算，由此确定行驶路线和需采取的措施。按照车辆运输行走路线，根据桥梁的设计负荷、使用年限及当时状况，对每座桥梁进行检测、计算，并采取相关的修复和加固措施。施工现场道路两侧用大石块填充并铺盖厚钢板加固，车辆停靠指定位置后，考虑顶升、平移、拖运等作业工作，在作业区内均铺设厚钢板增加承载力，沿途其他施工用的障碍物要尽数拆除和搬离。

为确保大件运输作业确保可靠性、安全性，运输全过程均委托有关主管单位部门对重要道路、路段及所有桥梁进行引导、监护、测试，确保运输作业时车辆及设施的可靠性、安全性。运输作业前备齐所有的书面证明资料，制定运输作业方案报公司审批，并组织讨论，明确各单位工作范围、职责、监督人。运输作业前对作业人员进行必要的技术交底和安全交底，对作业车辆及工器具做全面检查，以确保大件设备运输万无一失。

（2）设备的卸车搬运及验收管理

大件设备以及重要设备的搬运、卸货，应编制具体施工技术措施，经批准后组织实施。供货方如对所供设备有专门的卸车、搬运要求，必须按供货方提供的搬运方案执行。大型设备进入设备库区，首先组织专业的起重人员，根据设备的体积、重量及设备的保管级别等选择适宜的库区，使用适当的起重及搬运机械，确保第一次卸车到位，避免二次及多次搬运。在搬运前，按照设备的性质、类别确定其搬运方式，确保设备在卸车及搬运过程中安全完好无损。

设备验收工作在业主的组织下进行。设备管理人员必须掌握了解有关技术协议以作为设备开箱验收、入库和发放的依据。开箱检验以供货方提供的装箱单为依据，验收结果必须由各方代表签字后存档。

设备验收的主要内容包括随机资料，尤其是对压力、焊接、渗漏等有特殊要求的试验报告。设备要按规定的标识方法进行编号、挂牌、隔离。如果设备属于特种设备，则还要重点检查设备的安全技术文件、资料，产品铭牌、安全警示标志及说明书等。

（3）设备出入库及仓储管理

设备入库后，必须由设备负责人、采购人员及设备管理员三方共同对采购的设备材料进行确认，确认设备是否提供了质量证明资料，设备外观是否有损伤，设备规格型号是否正确，设备数量是否正确等。核对无误后，由三方在设备入库单上共同签字，入库底单由设备管理员存档。

设备的保管工作应严格按要求进行操作，实施多级化管理。设备保管人员应进行专业培训，明确岗位责任制，负责对设备进行分类储存和标识。设备保管人员应按照供货方提供的保养资料及性能资料，对设备进行定期的保养、维护，做好防潮、防锈、防霉、防变质及保温、恒温，做好认真记录等工作，特别是对露天保管的设备，应强化检查，采取防雨、防风措施。设备保管人员还要定期检查库房内设置的消防设备和消防器具，保证其在使用有效期内。设备出库时，必须由施工班组负责人填写设备领用单，并经管理人员确认签字后方可发放设备，同时，设备管理员和设备领用人必须对其外观质量、规格型号、数量逐项进行确认，核实无误后在设备领用单上签字确认。

通过对设备的全方位管理实现设备的可追溯性，能及时追踪设备应用情况，一旦发现问题，能够及时查明原因，并采取相应措施。

6.2.4　施工机械管理

施工机械管理的主要任务是正确选择机械设备，保证在使用中处于良好状态，减少机械设备的闲置、损坏，提高使用效率及产出水平。

施工机械的选择可以采取综合评分法、单位工程量的成本比较法、界限使用判断法以及等值成本法等。综合评分法是综合考虑机械设备的主要特性进行评分选择。单位工程量的成本比较法是根据机械设备所耗费用进行比较选择。界限使用判断法则主要改进了单位工程量的成本受使用时间制约的不利条件，而是计算出两种机械单位工程量的成本相等时的使用时间，并根据该时间进行选择，使用更简单可靠。等值成本法又称折算费用法，是通过计算折旧费用进行比较，选择费用低者。等值成本法是针对机械设备在项目中使用时间较长且涉及购置费用时，则在选择机械设备时往往涉及机械设备原值、资金时间价值等问题，这时可采用等值成本法进行选择。

在工程实施中，对施工机械的技术管理是要运用施工机械磨损规律，减少磨合阶段的磨损，延长正常使用期限，避免早期发生事故性磨损。对施工机械的管理要强调全过程管理，尽可能地减小机械的磨损。

对进入现场的施工机械应进行安装验收，保持性能、状态完好，做到资料齐全、准确，属于特种设备的应履行报检程序。强化现场施工机械设备的平衡、调动，合理组织机械设备使用、保养、维修。提高机械设备的使用效率和完好率，降低项目的机械使用成本。执行重要施工机械设备专机专人负责制、机长负责制和操作人员持证上岗制。严格执行施工机械设备操作规程与保养规程，制止违章指挥、违章作业，防止机械设备带病运转和超负荷运转。严格实行专业人员进行的定期保养和监测修理制度。大型解体进场的吊装机械，现场组装调试后必须试吊，试吊的重量必须满足在同等条件下需吊装的最重设备的重量。经相关负责人确认合格后方可使用。大型移动式起重机吊装前，需对行走道路、吊装场地的空间障碍物进行清理、地基（路基）进行夯实，确保吊装时无障碍、地基不下沉等。

对于施工机械设备的操作人员，要求严格按照操作规程作业，搞好设备日常维护，保证机械设备安全运行。特种作业严格执行持证上岗制度并审查证件的有效性和作业范围。在实践中逐步达到施工机械的"四懂三会"要求，即能够懂性能、懂原理、懂结构、懂用途，会操作、会保养、会排除故障等。

施工机械的使用要严格执行"三定"制度、维修保养制度和安全操作制度。"三定"制度指定人、定机、定岗位责任。"三定"制度是人机固定原则的具体表现，是保证机械合理使用、精心维护的关键环节。机械设备维修保养是以预防为主的思想为指导，根据各种机械的运行规律、结构、工作条件和磨损规律制定强制性的保养制度。安全操作制度是强调劳动纪律和安全知识，不得超负荷作业，发现异常情况及时实施应急措施。安全操作制度还针对各种机械不同的结构、性能、用途等特点而制定相应的安全使用要点，随机而异，反映不同机械各自的正确使用和安全操作要求。

6.2.5　施工技术与信息化管理

虽然施工组织机构随公司的组织形式而异，但是都必须建立分级技术责任制，设置分级技术负责人，使项目的具体技术工作落实到人，明确职责。

技术管理制度一般包括施工图纸会审制度、施工组织设计管理制度、技术交底制度、施工材料和设备检验制度、工程质量检验验收制度、技术组织措施制度、工程施工技术资料管理制度等。

6.2.5.1　施工图纸会审管理

施工图纸会审应由项目技术负责人组织，一般按班组到项目部、各专业到综合的顺序进行。为使图纸会审达到较好效果，会审前，会审组织者应通知会审人员仔细阅图，核对数据，做好参会准备。会后，会审组织者应对会议记录汇总，分送相关单位。

6.2.5.2　施工技术交底管理

施工技术交底是有层次、有重点、有针对性的一项重要的技术管理制度内容，交底应在开工前进行，并贯穿施工全过程。施工技术交底要直至交底到施工操作人员。对于重要项目的技术交底文件，应由项目技术负责人审核或批准，交底时技术负责人应到位。施工技术交底包括设计交底，施工组织设计交底，施工方案交底，设计变更交底等，例如，技术交底的主要内容包括施工工艺与方法、技术要求、质量要求、安全要求及其他要求等。

在机电安装工程中，一些重点施工内容必须进行技术交底，例如，设备构件的吊装，焊接工艺与操作要点，调试与试运行，大型设备基础埋件、构件的安装，隐蔽工程的施工要点，管道的清洗、试验及试压等。

对施工过程中存在较大安全风险的项目则必须进行安全技术交底，提出相应的技术性安全措施。例如，项目有大件物品的起重作业与运输、高空作业、地下作业、大型设备的试运行以及其他高风险的作业等，都必须进行安全技术交底。

技术交底人员应认真填写表格并签字，接受交底人也应在交底记录上签字。交底资料和记录应由交底人或资料员进行收集、整理，并妥善保存。竣工后作为工程档案进行归档。

6.2.5.3　设计变更管理

在施工中如发现因设计原因或因施工方面的原因要求变更设计时，应提出变更申请，办理签认后方可更改。设计变更分为小型设计变更、一般设计变更和重大设计变更。

小型设计变更需要由项目部提出设计变更申请单，经项目部技术管理部门审核。由现场设计、建设（监理）单位代表签字同意后生效。

一般设计变更应由项目部的专业工程师提出设计变更申请单，经项目部技术管理部门审签后，送交建设（监理）单位审核。经设计单位同意后，由设计单位签发设计变更通知书并经建设单位（监理）会签后生效。

重大设计变更应由项目部总工程师组织研究、论证后，提交建设单位组织设计、施工、监理单位进一步论证、审核，决定后由设计单位修改设计图纸并出具设计变更通知书，还应附有工程预算变更单，经建设、监理、施工单位会签后生效。超出建设单位和设计单位审批权限的设计变更，应先由建设单位报有关上级单位批准。

6.2.5.4 技术检验管理

技术检验是用科学方法对工程中的设备和使用的原材料、成品、半成品以及热工、电工测量元件，以及施工用各类测量工具等进行检验、试验和监督，防止错用、乱用和降低标准，以保证工程质量。

从事技术检验的公司或项目部各类试验室的资质应符合国家或行业的规定和标准，并取得有关主管部门的认证。试验室应及时、准确、科学、公正地对检测对象的规定技术条件进行检验，出具试验报告，为施工提供科学依据。发现问题应立即向质量管理部门或委托单位报告，及时研究处理。计量管理机构的主要职责是贯彻国家和行业有关计量管理工作的法令、法规和标准。项目部和公司下属的生产单位都应设专职计量员，且计量员应持证上岗。

6.2.5.5 工程建设工法管理

工法是以工程为对象，工艺为核心，运用系统工程原理，把先进技术和科学管理结合起来，经过一定的工程实践形成的综合配套的施工方法。工法按类别分为房屋建筑工程、土木工程、安装工程三个类别。工法又按级别分为国家级、省（部）级、企业级三个级别。

工法文本的编写内容应完整齐全，应包括前言、工法特点、适用范围、工艺原理、施工工艺流程及操作要点、材料与设备、质量控制、安全措施、环保措施、效益分析和应用实例等。

企业申报国家级工法必须经省（部）级的工法批准单位向住房和城乡建设部推荐，并提供规定主管部门（全国性行业协会、国资委管理的企业）等单位组织的建设工程技术专家委员会鉴定，关键技术必须是国内领先水平或国际先进水平。所申报工法的关键技术属填补国内空白时，还应有科技查新报告。科技查新报告由省级以上技术情报部门提供。企业申报的工法是企业标准，在经过两个工程实践后，编制总结形成为公司的标准文件（企业标准），方可逐级申报。因此，工法的申报也推动着企业标准工作的进步。

6.2.5.6 机电工程新技术与信息化管理

机电工程新技术主要有基于 BIM 的管线综合技术、机电管线及设备工厂化预制技术、工业化成品支吊架技术、金属矩形风管预制安装施工技术、金属圆形螺旋风管制安装技术、薄壁金属管道新型连接安装施工技术、机电消声减振综合施工技术、内保温金属风管施工技术、超高层垂直高压电缆吊运敷设技术、建筑机电系统全过程调试技术、导线连接器应用技术，以及可弯曲金属导管安装技术等。

随着网络技术的日趋融合，信息化技术可为施工提供有效的管理工具与管理平台，提升企业的生产力，改善企业的管理行为。企业应重视建立技术信息管理体系，促进信息的传递和应用，运用计算机进行信息管理，建立完善的技术信息快存快递的机制，避免信息过时失效。当前信息技术应用相对比较成熟的平台有项目管理系统（PMS）、协同办公系统、二维码和基于 BIM 成本管控平台等。

6.2.5.7 施工技术档案管理

施工技术档案是施工单位保存工程原始记录、积累施工经验的重要手段。因此，施工技术档案管理需要建立责任制和有序的管理制度，将工程项目管理部归档的竣工文件记录收存建档，并规范查询与使用。

工程项目结束后，需要归档的施工技术档案内容很多，涵盖工程建设过程中的一切相关文件，包括施工组织设计、作业指导书及施工方案；施工图纸及图纸会审记录；规程、规范、标准和工程所需其他技术文件和资料；主要原材料、构件和设备出厂证件；设计变更、材料设备代用记录；施工技术记录（按验收规范要求的内容）；隐蔽工程与中间检查验收签证；材料的检验、试验记录；重大质量事故处理情况记录；竣工图纸；有关工程建设的和运行单位生产所需的有关协议、文件和会议记录；工程总结和工程音像资料；以及其他为积累经验所需的资料。文件资料应有专人管归档。文件资料的发放和更改严格按照制度操作。

施工技术档案按照规范要求及建设、监理单位的要求汇编，在工程结束后，经建设、监理单位检验合格后，移交运行单位。施工技术档案除分发、移交运行单位外，应移交技术档案管理部门一套资料用以长期保管使用，若份数不足，应优先满足工程移交的需要。

6.2.6 资金使用管理

项目资金使用管理要执行资金使用计划管理、结算制度和资金管理责任制，并加强资金控制，提高资金的利用。

6.2.6.1 资金使用计划管理

资金使用计划管理是建立在资金使用定额的基础上。通过将各项使用资金制定对应的定额，为编制资金使用计划提供依据。定额制定的方法包括定额日数法、因数分析法、比较计算法、余额计算法等。

定额日数法是根据平均每天所需占用资金数和定额天数确定资金定额数，如式（6-7）所示。

$$C = C_d \times D \tag{6-7}$$

式中，C 表示计划期资金定额数；C_d 表示平均每天需要占用资金数；D 表示定额日数。这种方法计算严密准确，但计算工作量大，一般适用于主要材料等资金的核定。

因数分析法的计算方法如式（6-8）所示。

$$C = (C_h - C_u) \times (1+m) \times (1-a) \tag{6-8}$$

式中，C 表示计划期资金定额数；C_h 表示历史基数或上期资金实际平均占用额；C_u 表示不合理占用额；m 表示计划期产值增减率；a 表示计划期资金加速周转率。此方法计算简便，但较粗略。一般在历史资料或上期数额准确可靠、计划期变动因素比较确切的情况下采用。可用于一些资金占用少、种类多的项目资金定额的确定。

比较计算法的计算方法如式（6-9）所示。

$$S = (C_b - C_u) \div W \tag{6-9}$$

式中，S 表示计划产值资金率；C_b 表示历史基数或上期实际流动资金平均余额；C_u 表示不合理占用；W 表示历史基数或上期总工作量。此方法计算简单，有一定局限性。

余额计算法的计算方法如式（6-10）所示。

$$C = C_1 + C_u - V \tag{6-10}$$

式中，C 表示计划期资金定额；C_1 表示计划期期初资金余额；C_u 表示计划期增加额；

V表示计划期减少额。余额计算法一般只适用于占用资金比较稳定的项目。

编制资金使用计划要留有余地，不搞"赤字预算"。要保证施工需要又要注意节约使用资金，提高资金利用效果。项目资金管理应本着促进生产、节省投入、量入为出、适度负债的原则，合理使用。

6.2.6.2 资金结算制度

项目资金管理严格执行结算制度，做好工程项目的往来结算和竣工结算。要坚持"钱出去、货进来，货出去、钱进来"的原则，慎重处理预付款项。在结算执行中，要做到"六不准"，即不准出租、出借账户；不准签发空头支票和远期支票；不准套用银行信用；不准高估冒算和虚报冒领工程价款；不准无故拖欠分包施工企业工程款；不准违反现金管理规定办理结算。

6.2.6.3 资金管理责任制

资金管理制度是在项目经理领导下，根据内部核算管理体制，把资金使用管理权责，按"管用结合"的原则，归口给财务部门，进行集中管理。从材料的采购，一直到施工和竣工结算的各个环节都应有对口的资金运转责任部门。资金管理必须明确管理责任，根据"权责结合"的原则，进行资金计划指标分解，落实到各个职能部门，建立资金管理的岗位责任制。在资金使用过程中，要实行限额用款，对各个归口分管部门，要核定、分配使用资金的定额。

6.2.6.4 资金使用的控制

资金使用的控制主要包括储备金控制、生产资金控制、结算资金控制，以及资金使用考核等内容。

储备金控制需要认真编制材料采购计划，加强库存管理，掌握库存动态，做到账实相符。实行限额领料，严格控制材料耗用、材料代用和材料串用。

生产资金控制需要合理安排施工，严格施工管理，正确处理施工过程的矛盾，准确掌握施工进度。在施工过程中，尽量做到资金供应、物资供应、材料供应和工程进度相一致。为了降低生产资金消耗，要尽可能缩短工期，节约生产费用，不断降低工程成本，提高劳动生产率，节约材料消耗，提高工程质量，避免返工损失。

结算资金控制的主要内容包括应收工程款、应收销货款和其他应收款等。对结算资金控制的要求是尽快收回，转化为货币资金，并且要经常性清理检查，严格执行结算纪律。

考核资金使用效果的指标主要有资金周转率、资金产值率、资金利用率等三种。资金周转率是资金占用量和它所完成的周转额之间的比例。它反映了一定时期内资金的周转速度，以此可考察资金总的利用效果。资金产值率是指完成一定施工产值占用资金数额的比例，它概括地说明了资金利用效果的一个方面。资金利润率是把一定时期内资金的平均占用额同所实现的利润进行对比，反映资金利用的经济效果。

在施工项目资金管理中，有效的组织措施是管理机制的重要保障。由于施工企业规模不同和性质上的差别，其资金使用的组织形式也不尽相同。大型施工企业在企业内部引进商业银行的信贷与结算职能和方式，来充实和完善企业内部经济核算。项目资金管理也可实行企业内部银行的形式，即内部各核算单位的结算中心，按照商业银行运作机制运行，基本管理原则是对存款单位负责，谁账户的款谁用，不许透支，存款有息，借款付息，违章罚款。

6.3 ➡ 机电工程施工协调管理

机电工程施工的协调包括施工现场内容协调和施工现场外部协调。施工现场内部协调是协调施工各单位及各种施工要素，使之相互配合保障施工顺利。施工现场外部协调是与项目相关的政府、机构和周边居民等进行协调，使项目具有良好的外部环境，有利于施工的顺利开展。

6.3.1 施工现场内部协调

施工计划制定后，在实施过程中总会出现偏差，就需进行协调，使参与计划实施的执行者步伐符合计划要求，因为施工管理活动是有计划的管理活动，所以协调管理始终贯穿于施工管理的全过程，协调管理涉及项目部的决策层、管理层和执行层。

6.3.1.1 施工项目的实施协调

施工项目内部协调管理包括了与施工进度安排的协调、与施工资源分配供给的协调、与施工质量管理的协调、与施工安全管理的协调，与施工作业面的安排的协调，以及与工程资料的形成相协调等。

机电工程施工进度计划安排受工程实体现状、机电安装工艺规律、设备材料进场时机、施工机具和作业人员配备等诸因素的制约，协调管理的作用是把制约作用转化成和谐有序相互创造的施工条件，使进度计划安排衔接合理、紧凑可行，符合总进度计划要求。

施工资源分为人力资源、施工机具、施工技术资源、设备和材料、施工资金资源等，也称五大生产要素。施工资源分配供给协调要注意符合施工进度计划安排、实现优化配置、进行动态调度、合理有序供给。尤其是要发挥资金效益，做好对资金的调度使用，这对资源管理协调的成效起着基础性的保证作用。

通过质量管理协调，保证质量检查检验计划的编制与施工进度计划的要求保持一致性，确保质量检查或验收记录的形成与施工实体进度形成的同步性，确保不同专业施工工序交接的及时性，以及确保处理质量问题的各专业人员的协同性。

通过安全管理协调，使全场安全检查计划中部位和顺序的安排合理，使各专业施工用公用安全设施的设立、使用和维修通畅，确保各专业在同一场所施工时对因作业可能危害他人安全而采取防护措施的设定及实施有效，保证突发安全事故应采取的应急预案的培训、演练有效性评审及维护。

机电工程在同一工作面上由不同专业作业人员在不同时段进行工作，专业间存在作业面交替现象，在交接时应协调临时设施的共同使用，如脚手架、用电和用水点等，共用机具的移交，如电焊机、氧乙炔装置等，还要协调好已形成的工程实体的成品保护措施。如同一个工作面实行两个专业以上的搭接作业，则应协调好开始搭接的作业时间、搭接的初始部位和作业完成后现场的清理工作。

机电工程要由各专业共同施工后才能完成，如大型钢储罐的组装，涉及铆焊专业、无损检测专业、涂装防腐专业等，而各专业的工程资料按分工各自形成，但完整的工程资料是按工程实体（储罐）来归类的，因而要协调好不同类别工程实体的工程资料集、整理、移交，使工程资料无遗漏，流转有序。

内部协调的主要形式召开管理协调会，主要对例行检查后发现的管理偏差进行通报沟通，讨论措施进行纠正，避免类似情况再次发生。此外也可以通过建立协调调度室或设立调度员，对项目的执行层（包括作业人员）在施工中所需生产资源需求、作业工序安排、计划进度调节等实行即时调度协调。对于突发事项、急需处理事项，则由项目经理或授权的其他领导人以指令形式进行管理协调。

在协调管理中，需要依靠适当的措施来保证协调管理可以取得实效。在实践中，主要的协调管理措施包括组织措施、制度措施、教育措施和经济措施。

组织措施是在项目部建立协调会议制度，定期组织召开协调会，解决施工中需要协调的问题。制度措施是在项目部建立健全的规章制度，明确责任和义务，使协调管理有章可循，各类人员、各级组织的责任明确，确保协调后的实施能落实到位。在责任制度的基础上建立奖惩制度，提高施工人员的责任心和积极性，建立以项目经理为责任人的质量问题责任制度。教育措施是通过各种形式的教育使项目部全体员工明白工作中的管理协调是从全局利益出发，即使可能对局部利益或小部分人利益发生损害，也要服从协调管理的指示。经济措施是对协调管理中受益者要按规定收取费用，给予受损者适当补偿。

6.3.1.2 分包单位的协调

在机电工程项目施工中，施工承包单位常常将其所承包工程中的专业工程发包给具有相应资质的其他专业工程施工企业完成的活动。因此，在施工现场内的也要做好与分包单位之间的相关协调。总承包单位必须对分包单位及分包工程的施工进行全过程的管理，涵盖从施工准备、进场施工、工序交验、竣工验收、工程保修以及技术、质量、安全、进度、工程款支付等方面的全面管理。

总承包单位对分包单位及分包工程的协调管理的范围应在分承包合同中有界定。总承包单位向分包单位提供具备现场施工条件的场地，提供临时用电、用水设施，组织图纸会审、设计交底，负责施工现场协调等。总承包单位负责整个施工场地的管理工作，协调分包人与同一施工场地的其他分包人之间的交叉配合，确保分包人按照经批准的施工组织设计进行施工。总承包单位必须重视并指派专人负责对分包单位的管理，保证分包合同和总承包合同的履行。

在工程项目施工中，主体工程不得分包，禁止转包或再分包。一些专业性较强的分部工程分包，分包单位必须具备相应的企业资质等级，以及相应专业技术资质，例如，锅炉、压力管道、压力容器、起重机械、电梯技术资质。

在项目施工中，分包单位向总包单位负责，除合同条款另有约定，分包人应履行并承担总包合同中与分包工程有关的施工承包单位的所有义务与责任。分包合同必须明确规定分包单位的任务、责任及相应的权利，包括合同价款、工期、奖罚等。分包人须服从施工承包单位转发的发包人或监理工程师与分包工程有关的指令。如分包人与发包人或监理工程师发生直接工作联系，将被视为违约，并承担违约责任。一切对外有关工程施工活动的联络传递，如向发包单位、设计、监理、监督检查机构等的联络，除经总包单位授权同意外，均应通过总包单位进行。

对分包单位的协调管理的重点在于施工进度计划安排、临时设施布置、甲方所供物资分配、资金使用调拨、质量安全制度制定、重大质量事故和重大工程安全事故的处理，以及竣工验收考核、竣工结算编制和工程资料移交等方面。

对分包单位的协调，需要由总承包单位负责分承包管理的人员在现场、在作业面实时协调，处理发现的事项。另外，也要定期召开协调会议，提出需协调解决的问题和建议，经沟通取得共识后，会后分头实施。此外，分承包单位在施工中发生必须协调处理的事项，应即时向总承包单位管理层或分承包管理人员反馈，并引起重视，总承包单位应立即专题协商而取得妥善处理。

6.3.2　施工现场外部协调

施工现场外部协调所涉及的单位和关系众多，主要包括与施工单位有合同契约关系的单位、与施工单位有协商洽谈记录的单位、对施工行为进行监督检查的单位，以及工程所在地的相关单位等。

在机电工程施工中，和项目部与施工单位有合同契约关系的单位主要包括发包单位、业主及其代表监理单位，材料供应单位或个人，设备供应单位，施工机械出租单位，经委托的检验、检测、试验单位，临时设施场地或建筑物出租单位或个人等。

在与上述这类单位的协调中，施工单位与其订有合同契约，如规范合法的话，双方的权利和义务应该是明晰的，所以协调的内容应是在合同契约的框架内进行协商。在项目实施中，之所以会发生协调行为，其原因往往是由于合同细节规定得不够具体，例如，对方履行义务时间拖延、支付额度不足、支付频次多于合同规定，往来签证确认日期超过时限规定等。对此类问题的协调解决应以会议座谈为主，辅之以个别交流沟通，并对协调的结论做好记录。在协调中，协调双方应本着平等协商、相互沟通、求得共识、避免导入诉讼的原则进行。

在机电工程施工中，和项目部与施工单位有洽谈协商记录的单位主要包括工程设计单位，与工程试运转相关的市政供水、供气、供热、供电单位，交通市政运输道路管理以及航道、车站、港口、码头等管理单位，通信、污水排放、建筑垃圾处置等管理单位等。

这类单位与施工单位没有合同契约关系，也就是说没有经济上的相互制约条件，但影响着工程建设能否顺利进行。因此，做好相互间的协调工作也是十分重要和必要的。施工单位要主动地对协调行为进行安排，以施工组织设计的要求和施工总进度计划安排或某个施工方案的具体措施规定作为协调工作的出发点或出发方向，例如，要求设计单位图纸供应、设计变更通知的及时性，大件设备运输的装卸地点、经过路线及时间的许可，试生产用供水、供气、供热、供电时间的确定以及连通界面的施工分工，试生产污水排放的许可及费用处理等。虽然这些单位与施工单位间无合同契约关系，但通常与发包单位或业主间有永久性的或一次性的经济合同关系，所以总承包单位与其协调时应尽量邀请发包单位或业主参加，可以获得较佳的协调效果。协调的形式同样要以会议座谈为主，个别交流沟通为辅，在协调后的工作分工中应尽量由总承包施工单位多承担或多向对方提供工作便利条件，这样容易达到协调的目的，也有利于施工的顺利进行。而多做工作的部分，施工单位只要索赔技巧得法，往往会在向发包单位或业主的索赔中得到经济补偿。

在机电工程施工中，对施工行为监督检查的单位主要包括工程质量监督机构，施工安全监督机构，特种设备安全监督机构，消防安全监督机构，环保监察机构，海关和检验检疫机构等。

这类单位是经政府行政主管部门授权依法对工程建设施工活动进行监督检查，具有强制性，施工单位要主动配合其监督检查活动，以避免造成重大事故或重大损失，防止发生影响社会稳定的事件。施工单位要将施工计划安排及时告知相应监督检查机构，以利于机构掌握情况安排监督检查工作。对施工行为的监督检查既有行政法规方面的内容，更多的是工程管理和技术标准规范方面的内容，监督检查的目的是查验施工单位对两方面执行的情况是否符合规定，取得的效果是否符合要求。施工单位要有专门人员熟知相应的有关内容，才能使受检工作配合良好。对监督检查中发现的整改事项，施工单位应认真组织整改，并将整改结果及时反馈给监督检查机构，以利于下一次检查时验证。有些监督检查是一次性的，更多是过程性的，即在施工全过程中有多次的同类型的监督检查。有的工程实体要经监督检查机构最终确认其合格后才能投入使用，施工单位应熟练掌握，做好配合协调，否则要被依法处罚。施工单位要做好迎检的各项准备工作，并为监督检查机构提供工作上、生活上的方便。

在机电工程施工中，和项目部与人员驻地生活直接相关的单位或个人包括工程所在地的基层行政机构，工程所在地的公安机构，工程所在地的医疗机构，租用临时设施的房东，工程周界的居民等。施工单位与这些单位或个人做好协调工作的目的是为员工生活方便提供支持。协调的方法是定期访问征求意见，发现对方有困难时，提供必要的力所能及的援助。当施工活动扰邻或影响周界居民生活时，施工单位要提早通报取得谅解，并尽可能采取措施降低影响程度。

6.4 ☉ 延伸阅读与思考

乌兰察布有效风场面积达 $6828km^2$，技术可开发量达 6800 万 kW，前者占内蒙古的三分之一，后者占全国的十分之一，风电装机容量达 485 万 kW，被誉为"空中三峡、风电之都"。

辉腾锡勒风电场（图 6.3）地处乌兰布察市察右中旗德胜乡南部，卓资县哈达图苏木和白银厂汉乡的北部边缘，海拔高，风力资源非常丰富，这里 10m 高度和 40m 高度年平均风速分别为 7.2m/s 和 8.8m/s，风能功率密度为 $662W/m^2$，年平均空气密度为 $1.07kg/m^3$，10m 和 40m 高度 5～25m/s 的有效风时数为 6255～7293h。自 1996 年开始建风电场以来，已装机 94 台，装机容量已达 14 万亿 kW·h。

图 6.3　辉腾锡勒风电场

2010 年，辉腾锡勒风电场 100MW 世行项目工程开工建设，B1 标段工程为 40 台单机容量为 1.25MW 的风力发电机吊装、安装与配合厂家调试。风机安装包括塔筒的各个部位的吊装、机舱与发电机吊装，三叶片和轮毂的地面组装和吊装，变频器和地面控制柜等塔筒基础平台设备安装，塔筒外部人梯和内部爬梯安装与连接，风机和塔筒接地，风力机吊装完成后的机舱和塔筒内的安装（包括全部塔筒内电缆敷设连接、电缆预留段连接、接地等），螺栓塔筒内饰件、照明、电缆、风速仪、风标仪等附件的安装，油漆，防水及防腐处理、基础环、各节塔筒及机舱间的密封，吊装前的塔筒清洁，风电设备的现场卸车，包括分批次的机舱、轮毂、叶片、塔筒及其附属备件的卸货集装箱的卸车和集装箱的掏箱工作，及以上所有风电设备的现场保管，风电场进场道路、场内道路、吊装场地等必要的平整、完善和维护（以确保风机设备及吊车顺利运抵机位为准），承担施工安全保卫工作及非夜间施工照明的责任。

由于工程施工场地在野外，施工期在夏秋季，必须从安全、质量、工期、造价等方面综合考虑，选择最优施工方案，保证机械设备和人员的安全和健康，需要准备充足的设备和资金，保证工期工程的按时完工。

项目建设完成后，电厂运行效益良好。为进一步推进风电能源发展，2020 年，乌兰察布风电基地一期 600 万千瓦项目开始了施工准备工作。项目位于乌兰察布市四子王旗境内，项目总投资近 400 亿元，是全球规模最大的单一陆上风电场，也是国内首个列入国家规划并完成项目核准的大型外送风电基地、首个风电平价上网项目。一期项目中首批四个风电场风机基础、检修道路、集电线路等施工图已设计完成，临建区域用地已依法合规完成审批，开始临建场平、板房订货和样板施工等施工准备工作。

请查阅公开资料，了解辉腾锡勒风电场的风机安装工程的施工组织设计，并调研总结施工过程中的资源管理。

本章练习题 ▶▶▶

6-1 按照施工组织设计的编制对象分类，施工组织设计可分为哪几类？各类施工组织设计的编制对象分别是什么？

6-2 施工方案编制的主要内容包括什么？

6-3 某施工单位承接一栋高层建筑的泛光照明工程。建筑高度为 180m，建筑结构已完工，外幕墙正在施工。泛光照明由 LED 灯（55W）和金卤灯（400W）组成。LED 灯（连支架重 100kg）安装在幕墙上。施工单位依据合同、施工图、规范和幕墙施工进度计划等编制了泛光照明的施工方案。方案中 LED 灯具的安装，选用吊篮施工。试问：（1）吊篮施工方案中应制定哪些安全技术措施和主要的应急预案？（2）吊篮施工方案的编制和审批分别由谁负责？

6-4 某机电安装工程公司承接一座汽车厂重型压力机车间机电设备安装工程，工程内容包括设备建造、压力机的就位安装、压力管道安装、自动控制工程、电气工程和单机试运行等。其中压力机最高 25m，单件最重为 110t。合同工期为 5 个月。合同约定，工期每推迟 1 天罚款 10000 元，提前 1 天奖励 5000 元。该公司项目部对承接工程进行分析，工程重点是压力机吊装就位，为此，制订了两套压力机吊装方案。第一套方案，采用桅杆式起重机吊装，经测算施工时间需要 50 天，劳动力安排日平均为 30 人，参照相关定额预算人日平均工资 50 元，机械台班费及新购置钢丝绳和索具费用共 20 万元，其他费用 2.5 万元。第二套方案，采用两台 100t 汽车式起重机抬吊，但需要租赁，机械租赁费用 1 万元/日·台。经测算，现场共需 14 天，与第一套方案相比人工费可降低 70%，其他费用可降低 30%。该项目部分析选择了合理的吊装方案，注重安全管理，合理调度。加强了各阶段的成本控制，尤其对压力机吊装成本费用控制很严。吊装队发挥了积极性，如期完成任务，为后面工序创造了良好条件，使该工程项目提前 5 天完成了施工任务。试问：（1）两种压力机吊装方案成本费用分别是多少？（2）本项目中采用哪种方案较为合理，为什么？

6-5 在机电工程中，特种作业人员包括哪些？特种设备作业人员有哪些？试说明特种作业人员和特种设备作业人员管理的异同。

6-6 材料管理的责任人员有哪些？材料计划的内容应包括什么？

6-7 如何做好进场材料的验收？

6-8 某机电工程项目施工中库存的材料如下表所示，试用 ABC 分类管理的方法将所述进行分类管理。

库存编号	单位	单价	数量
C01	件	400	30
C02	t	800	120
C03	m	100	29
C04	件	200	14
C05	件	100	27
C06	台	200	15
C07	t	600	4
C08	m	200	70
C09	件	500	5
C10	件	300	200

6-9 某机电安装公司所需要的水泥，年度采购总量为 32000t，材料单价为 460 元/t，一次订货的变动成本为 2000 元，材料的平均储存成本为 300 元/t，试问水泥的经济采购批量为多少？

6-10 某公司承建一栋综合楼，委托设计单位提出了三套设计方案。A 方案结构采用大柱网框架轻墙体系，采用预应力大跨度叠合楼板，窗户为单框双玻璃钢塑窗，面积利用系数 92%，造价为 1380 元/m^2；B 方案结构和 A 方案相同，墙体采用内浇外砌，窗户采用单框双玻璃空腹钢塑窗，面积利用系数 87%，造价为 1210 元/m^2；C 方案结构为砖混结构体系，采用多孔预应力板，墙体的材料为标准黏土砖，窗户采用单玻璃空腹钢塑窗，面积利用系数 78%，造价为 1080 元/m^2。三种方案的功能和权重如下表，试分析：（1）补充完整各个方案的功能总评得分；（2）采用价值工程的方法分析哪种方案为最优。

方案功能	功能权重	方案功能得分		
		A 方案	B 方案	C 方案
结构的体系	0.25	10	10	8
模板的类型	0.05	10	10	9
墙体的材料	0.25	8	9	7
面积利用系数	0.35	9	8	7
窗户的类型	0.10	9	7	8
总评得分	1			

6-11 大件设备采用公路运输时，应采取哪些措施保证运输安全？

6-12　大型解体进场的吊装机械，在施工现场应采取哪些措施保证机械安全？

6-13　施工作业中，必须进行安全技术交底的重要施工内容包括哪些？

6-14　某电力建设工程超大和超重设备多，制造分布地域广，运输环节多，建设场地小，安装均衡协调难度大，业主将该工程的设备管理工作通过招投标方式分包给 A 设备公司，设备安装由 B 安装公司承担。该工程变压器在西部地区采购，需经长江水道运抵长江沿岸某市后，再经由 50km 国道（含多座桥梁）方可运至施工现场。对此，设备公司做了两项工作，首先经与设备制造商、沿途各单位联系妥当后，根据行驶线路中的桥梁状况等因素，进行检测、计算和采取了相关措施，顺利完成运输任务。试问：（1）主变压器运输中设备公司需要与哪些单位沟通协调？（2）在主变压器通过桥梁前，除了考虑桥梁的当时状况外，还要考虑哪些因素？相应采取的主要措施有哪些？

第7章

机电工程施工进度管理

机电工程施工进度是项目实施中最为关注的核心问题之一。项目能否按照进度实施，直接决定了工程交付时间，影响后续的投产，从而影响项目投资的收益。因此，在机电工程项目施工中，强化进度管理至关重要。

7.1 ➡ 施工进度计划

施工进度计划是机电工程施工进度控制的依据。施工进度计划在实施中要具备控制性和调整性，便于沟通协调，使工期、资源、费用等目标获得最佳的效果，应能最大限度地调动积极性，发挥投资效益。因此，编制施工进度计划要首先确定机电工程项目施工顺序，要突出主要工程，要满足先地下后地上、先干线后支线等施工基本顺序要求，满足质量和安全的需要，注意生产辅助装置和配套工程的安排，满足用户要求。确定各项工作的持续时间，计算出工程量，根据类似施工经验，结合施工条件，加以分析对比及必要的修正，最后确认各项工程的持续时间。在确定各项工作的开竣工时间和相互搭接协调关系时，应分清主次、抓住重点，优先安排工程量大的工艺生产主线，工作安排时要保证重点，兼顾一般。

在进度计划中，将项目施工中的所有工序按照时间先后和逻辑关系进行编排，通过适当的表述形式展现出来。

7.1.1 施工进度计划的类型

机电工程项目的施工进度按工程项目分类，可以分为建设项目总进度计划、单位工程进度计划，以及分部分项工程施工进度计划等。按计划周期，施工进度计划可分为年度施工进度计划、季度施工进度计划、月度施工进度计划以及旬施工进度计划和周作业进度计划等。按机电工程专业分类，可分为管道工程施工进度计划、电气工程施工进度计划、通风空调工程施工进度计划和设备安装工程施工进度计划等。

机电工程项目施工进度计划表示的方法包括横道图和网络图等，其中网络图又可分为单代号网络和双代号网络。横道图、单代号网络和双代号网络所表示的进度计划分别如图7.1、图7.2和图7.3所示。

横道图表示的施工进度计划中，表的左侧是工作名称及其工作的持续时间等基本数据和右侧的用横道线表示的施工计划进度时间。横道图施工进度计划编制方法直观清晰，容易看懂施工进度计划编制的意图，便于工程施工的实际进度与计划进度的比较，便于工程劳动力、物资和资金需要量的计算及安排。横道图施工进度计划不能反映工作所具有的机动时间，不能反映影响工期的关键工作和关键线路，也就无法反映整个施工过程的关键所在，因

编号	项目名称	2010年10月20日—2011年7月20日								
		30天	30天	30天	30天	30天	30天	30天	30天	30天
1	准备工作	━								
2	基础工程		━							
3	主体一层			━						
4	主体二层				━					
5	主体三层					━				
6	屋面工程						━			
7	砌筑一层				━					
8	砌筑二层					━				
9	砌筑三层						━			
10	装饰一层						━			
11	装饰二层							━		
12	装饰三层								━	
13	安装工程			━━━━━━━━						
14	其他工程							━━━		
15	验收及收尾									━

图 7.1　横道图表示的进度计划

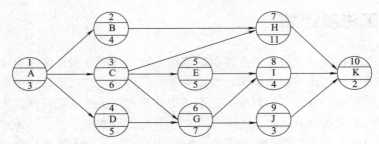

图 7.2　单代号网络表示的进度计划

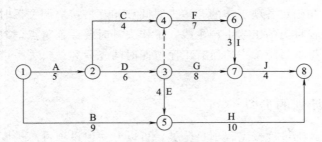

图 7.3　双代号网络表示的进度计划

而不便于施工进度控制人员抓住主要矛盾，不利于施工进度的动态控制。工程项目规模大、工艺关系复杂时，横道图施工进度计划就很难充分暴露施工中的矛盾。由此可见，利用横道图计划控制施工进度有较大的局限性。横道图施工进度计划适用于小型项目或大型项目的子项目。

单代号网络表示的施工进度计划中，每一个节点表示一项工作，节点宜用圆圈或矩形表示。节点所表述的工作名称、持续时间和工作代号等均标注在节点内。单代号网络所表示的进度计划中，工作之间的逻辑关系容易表达，绘图简单，网络图便于检查和修改。但由于工作持续时间表示在节点之中，没有长度，不够直观。当项目中所涉及工作较多且逻辑关系复杂时，表示工作逻辑关系的箭线可能产生较多的纵横交叉现象。

双代号网络图是用箭线和二端节点表示工作内容、工作时间和相互关系的网络图。双代号网络图施工进度计划能够明确表达各项工作之间的逻辑关系，通过网络图计划时间参数的计算，可以找出关键线路和关键工作，也可以明确各项工作的机动时间。双代号网络计划可以利用计算机进行计算、优化和调整施工进度。双代号网络图施工进度计划可以反映出施工工期最长的关键线路和关键工作，便于找出施工进度计划实施中项目管理的重点。双代号网络图施工进度计划能反映非关键线路中的机动时间，可以指导施工进度计划实施时，合理调度人力和物力，使施工进度计划执行平稳均衡，利于降低施工成本。双代号网络图施工进度计划能用于计算机软件编制及项目管理，可快捷得出各类施工进度实时数据，便于判断施工进度计划执行的偏差数值和施工进度计划调整的重点部位。

民用工程项目进度计划是以建筑工程施工进度计划为主线的，建筑机电工程施工进度计划要配合建筑工程施工进度计划，建筑机电工程施工进度计划的工期目标与建筑工程的工期目标是相同的，交工验收活动也是协同的，所以其表达的形式应该是一致的。工业工程项目的机电工程施工进度计划要按生产工艺流程的顺序进行安排，建筑工程的施工进度计划要符合机电工程施工进度计划的安排。机电工程施工进度计划和建筑工程施工进度计划的表达形式可依据各自具体情况进行选定。施工总进度计划节点较大，划分得也较粗，各专业工程相互制约的依赖关系和衔接的逻辑关系比较清楚，用横道图进度计划表示为宜。机电工程规模较大、专业工艺关系复杂、制约因素较多，施工设计图纸、工程设备、特殊材料和大宗材料采购供应尚未全部清晰，为便于调整计划用网络图进度计划表示为妥。

7.1.2 横道图施工进度计划

横道图是一种最简单、运用最广泛的传统的进度计划方法，尽管有许多新的计划技术，但横道图由于其直观便捷的特性在机电工程领域中应用仍非常普遍，特别适用于小型项目或大型项目的子项目。

通常的表头为工作及其简要说明，工作进展表示在时间表格上。按照所表示工作的详细程度，时间单位可以是小时、天、周、月等。横道图计划表中的进度线与时间坐标相对应，这种表达方式较直观，容易看懂计划。横道图的编制可以采用手工编制，也可以使用 PRO-JECT 等项目管理软件及进行编制。

在横道图中，虽然能够直观地看到某项工作开展多长时间，但是各项工作之间的逻辑关系不易表达清楚。同时，由于缺乏严谨的进度计划时间参数计算，因此也不能通过横道图确定计划中的关键工作，关键路线和时差等内容。

例如，A 安装公司承包某大楼的空调设备的智能监控系统安装工程。主要监控设备有现场控制器、电动调节阀、电动风阀驱动器（驱动风阀）和温度传感器（水管型、风管型）等。空调工程施工进度计划如图 7.4 所示。

从上述进度计划中，可以非常直观地观察到项目的总工期是 61 天，以及项目中各工序的进展时间。其中，耗时最长的工序是风管制作安装保温，用时 24 天。但，从上述计划中，难以分析出项目施工的关键路线和关键工作是什么。关键路线和关键工作决定了项目不可压缩的工期，对项目进度起决定性作用。从上述计划中也难以分析出每项工作的自由时差和总时差等关键参数，也就无法判断这项工作是否有可以调整的时间裕度。因此，不难看出，横道图虽然直观易懂，但对项目进行精细控制时能提供的参考信息相对较少，适用于简单项目。

7.1.3 单代号网络施工进度计划

单代号网络图中的节点必须编号，编号标注在节点内，其号码可以间断，但严禁重复，

工序	4月						5月					
	1	6	11	16	21	26	1	6	11	16	21	26
施工准备												
设备开箱检查												
空调机组安装												
风管制作安装保温												
风口安装												
冷热水管安装												
水系统试压清洗保温												
试运转、调试												
验收交付业主												

图 7.4　空调工程施工进度计划

一项工作必须有唯一的一个节点及相应的一个编号。箭线表示紧邻工作之间的逻辑关系，箭线的箭尾节点编号应小于箭头节点的编号，箭线应为水平直线、折线或斜线。箭线投影的方向必须由左向右，表示工作行进的方向。单代号网络中的各条线路上的节点编号从小到大依次表述。

在绘制单代号网络的过程中，必须要正确表述已确定的逻辑关系，不允许出现循环回路，不能出现双向箭头或无箭头的连线，也不能出现没有箭尾节点的箭线和没有箭头节点的箭线。在绘制网络图时，箭线不能交叉，当交叉不可避免时，可采用过桥法或指向法绘制。单代号网络图中只应有一个起点节点和一个终点节点。当网络图中有多项起点节点或多项终点节点时，应在网络图的两端分别设置一项虚工作，作为该网络图的起点节点或终点节点。

如图 7.2 所示的单代号网络中，后续工作的开始都是在其紧前工作结束后开始。在有的工程中，经常存在后续工作在前一项工作尚未完成时就开始等情况。在出现此类情况时，普通的单代号网络就无法胜任，而需要采用单代号搭接网络。单代号搭接网络如图 7.5 所示。

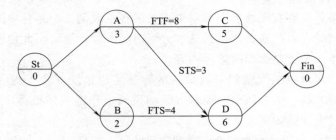

图 7.5　典型的单代号搭接网络

在单代号搭接网络中，项目的起始节点和终结节点为虚拟节点，分别用字母 St 和 Fin 表示。单代号搭接网络的每一个节点表示一项工作，宜用圆圈或矩形表示。节点所表示的工作名称、持续时间和工作代号等应标注在节点内。网络图中的箭线和标注在上面的时距符号表示相邻工作间的逻辑关系。箭线应成水平线、折线或斜线。工作的搭接顺序使用前项工作的开始或完成时间与其紧后工作的开始或完成时间之间的间距来表示，具体包括四类，分别是 FTS、FTF、STS、STF，其中，F 表示工作的完成时间、S 表示工作的开始时间，T 之前的 F 或 S 表示的是前项工作相应参数，T 之后的 F 或 S 表示紧后工作的相应参数。

单代号搭接网络必须正确表述已定的逻辑关系，不允许出现循环回路，不能出现双向箭头或无箭头的连接，也不能出现没有箭尾节点的箭线和没有箭头节点的箭线，并且箭线不宜交叉。

7.1.4 双代号网络施工进度计划

双代号网络图是以箭线及其两端点的编号表示工作的网络图。网络图中的箭线 i-j 表示项目中的一个施工过程，称为一项工作。任意一个箭线都要占用时间，并多数会消耗资源。双代号网络中，为了正确表达图中工作之间的逻辑关系，经常会用到虚箭线所表述的虚工作。虚工作既不占用时间也不占用资源，在双代号网络图中仅起着工作之间的联系、区分和断路三个作用。联系作用是指应用虚箭线正确表达工作之间相互依存的关系。区分作用是指双代号网络图中每一项工作都必须用一条箭线和两个代号表示，若两项工作的代号相同时，应使用虚工作进行区分。断路的作用是用虚箭线断掉多余联系，即在网络图中把无联系的工作连接上时，应加上虚工作将其断开。

双代号网络图中的节点是箭线之间的连接点。在时间上节点表示指向某节点的工作全部完成后该节点后面的工作才能开始的瞬间，它反映前后工作的交接点。网络图中的节点包括起点节点、终点节点和中间节点。起点节点是网络图的第一个节点，只有外向箭线，即由节点向外指的箭线，一般表示一项任务或一个项目的开始。终点节点是网络图的最后一个节点，只有内向箭线，即指向节点的箭线，表示一项任务或一个项目的完成。中间节点是既有内向箭线，又有外向箭线的节点。

双代号网络图中从起始节点开始，沿箭头方向顺序通过一系列箭线与节点，最后达到终点节点的通路称为线路。在一个网络图中可能有很多线路，线路中各项工作持续时间之和就是该线路的长度，即线路所需要的时间。一般网络图有多条线路，可依次用该线路上的节点代号来标记。在各条线路中，有一条或几条线路的总时间最长，称为关键线路。

在双代号网络图中，可以表达出工作之间的工艺关系和组织关系。所谓工艺关系就是根据生产工艺，各项工作开展的先后顺序。所谓组织关系就是由于组织安排需要或资源调配需要而确定的工作开展的先后顺序。双代号网络图中常见的工作逻辑关系表示如表 7.1 所示。

表 7.1 双代号网络图中常见工作逻辑关系表示

A 完成后进行 B 和 C		A 和 B 均完成后进行 C，B 和 D 均完成后进行 E	
A 和 B 完成后进行 C		A，B 和 C 均完成后进行 D，B 和 C 均完成后进行 E	
A 和 B 完成后同时进行 C 和 D		A 完成后进行 C，A 和 B 均完成后进行 D，B 完成后进行 E	
A 完成后进行 C，A 和 B 完成后进行 C		A 和 B 两项工作分成三个施工段，分段流水施工：A_1 完成后进行 A_2 和 B_1，A_2 完成后进行 A_3 和 B_2，A_3 和 B_1 均完成后进行 B_2，A_3 和 B_2 均完成后进行 B_3	
A 和 B 完成后进行 D，A、B 和 C 均完成后进行 E，D 和 E 完成后进行 F			

双代号网络还有一种特殊形式为添加时间坐标的双代号时标网络，如图 7.6 所示。在双代号时标网络中，箭线的长度要根据工作的时长按照时标比例严格绘制。由于添加了时间坐标，因此，双代号时标网络兼有网络计划和横道计划的优点，能够清楚地表明计划的时间进程，使用方便。在双代号时标网络图上，能够直接显示出各项工作的开始与完成时间、工作的自由时差及关键路线，同时，在时标网络上，也可以统计每一个单位时间对资源的需要量，以便进行资源优化和调整。

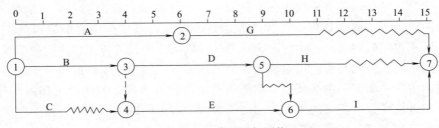

图 7.6　双代号时标网络

7.1.5　双代号网络计划相关时间参数的计算

双代号网络在工程中应用广泛，对双代号网络的时间参数进行计算，其目的在于通过计算各项工作的时间参数，确定网络计划的关键工作、关键路线和计算工期，为网络计划的优化、调整和执行提供明确的时间参数。双代号网络计划时间参数的计算方法很多，有按工作计算和按节点计算等。

7.1.5.1　时间参数

双代号网络可计算的时间参数包括工作持续时间、工期以及网络计划中的六个关键事件参数，即工作的最早开始时间、最早完成时间、最迟开始时间、最迟完成时间、总时差和自由时差等。

工作持续时间是一项工作从开始到完成的时间。

工期是完成任务或项目所需要的时间。工期一般有计算工期、要求工期和计划工期三种。计算工期是根据网络计划时间参数计算出来的工期；要求工期是任务或项目委托人所要求的工期；计划工期是根据要求工期和计算工期所确定的作为实施目标的工期。在规定要求工期的情况下，计划工期可以小于或等于要求工期。在未规定要求工期的情况下，计划工期等于计算工期。

最早开始时间是指在各紧前工作全部完成后，工作有可能开始的最早时刻。所谓紧前工作是拟进行时间参数分析的工作在其开始之前必须要完成的紧邻工作。

最早完成时间是指在各紧前工作全部完成后，工作有可能完成的最早时刻。

最迟开始时间是指在不影响整个任务按期完成的前提下，工作必须开始的最迟时刻。

最迟完成时间是指在不影响整个任务按期完成的前提下，工作必须完成的最迟时刻。

总时差是指在不影响总工期的前提下，工作可以利用的机动时间，可通过最晚开始时间和最早开始时间，或者最晚结束时间和最早结束时间的差值计算获得。

自由时差是指在不影响其紧后工作最早开始的前提下，工作可以利用的机动时间，可通过紧后工作的最早开始时间和本工作的最早结束时间的差值计算获得。本工作指的是拟进行时间参数分析的目标工作，紧后工作是紧随本工作之后开始的工作。

关键工作是网络计划中总时差最小的工作。自始至终全部由关键工作组成的线路为关键线路，或线路上总的工作持续时间最长的路线为关键路线。

双代号网络中计算出的时间参数可以用六宫格标注在工作代号上方，如图 7.7 所示。

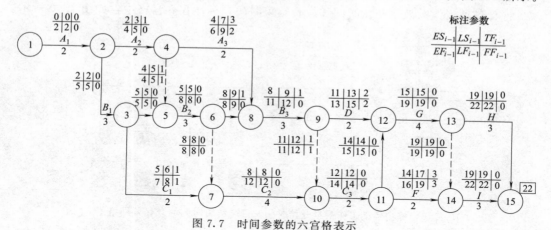

图 7.7　时间参数的六宫格表示

左上格为最早开始时间，左下格为最早结束时间，中上格为最晚开始时间，中下格为最晚结束时间，右上格为总时差，右下格为自由时差。

7.1.5.2　时间参数计算步骤

计算时间参数的步骤一般为首先计算各个节点的最早时间和最晚时间，然后根据两个节点时间确定每一项工作的最早开始时间和最晚结束时间，再根据各个工作的持续时间确定该工作的最早结束时间和最晚开始时间，最后计算总时差和自由时差，并确定总工期。

例如：大武安装公司编制的某项安装工作的施工进度计划双代号网络图如图 7.8 所示，计算进度计划中各项工作的六个时间参数，并确定该工程的总工期。

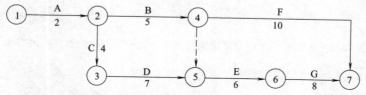

图 7.8　大武安装公司某项安装工作的施工进度计划双代号网络图

按照时间参数的计算步骤，对其分析过程进行如下分析。

① 计算各节点的最早时间和最晚时间，分别用△框圈定节点的最早时间，用□框圈定节点的最晚时间，如图 7.9 所示。在计算节点的最早时间时，按照各项工作开始在顺序进行

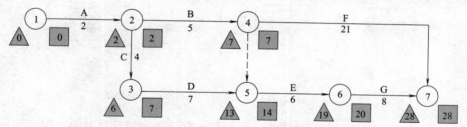

图 7.9　标注节点的最早时间和最晚时间的双代号网络图

计算，对于有多个箭头的节点，其最早时间是各线路计算获得的最早时间最大值。在计算节点的最晚时间时，按照工作开展的逆序计算，对于有多个箭尾的节点，最晚时间是各线路计算获得的最晚时间最小值。

② 计算各项工作的最早开始时间和最晚结束时间，标注在六宫格中，如图7.10所示。

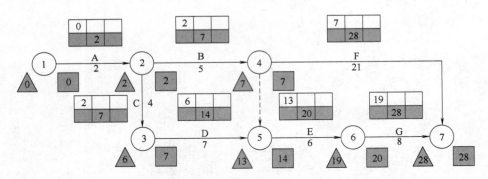

图 7.10 标注各项工作最早开始时间和最晚结束时间的双代号网络图

③ 根据各项工作的持续时间，进一步计算各项工作的最早结束时间和最晚开始时间，标注在六宫格中，如图7.11所示。

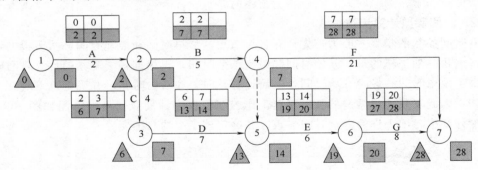

图 7.11 标注各项工作最早结束时间和最晚开始时间的双代号网络图

④ 根据自由时差和总时差计算公式，计算各工作的自由时差和总时差，标注在六宫格中，如图7.12所示。

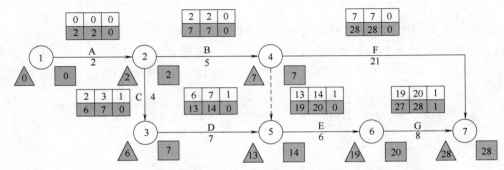

图 7.12 标注自由时差和总时差后的双代号网络图

在标注好六个时间参数后的网络图中，对任何一项工作的时间参数都可以直观地读出数据，支持项目实施的过程管理。

对该项安装工作，总工期为 28 天。关键工作是总时差为零的工作，包括 A、B 和 F。全部由关键工作构成的路线为关键路线，即 1-2-4-7。

7.2 ➲ 施工进度控制与调整

制定好的施工进度计划是进行施工进度控制和调整的重要依据。在各施工过程中要对施工进度进行持续监控并动态调整。

7.2.1 机电工程施工进度控制

施工进度计划目标的达成是建立在施工进度计划实施管理的基础上。对施工进度计划实施的管理包括施工进度目标的分解与落实，施工进度计划的检查与跟踪，施工进度计划的控制与调整等过程。

在施工开始前，要对施工进度目标的进行分解并落实。总包单位编制单位工程施工进度计划，确定施工总进度目标后，应将此目标分解到每个分包单位，要求分包单位按计划工期进一步分解并编制施工进度计划。分包单位则根据单位工程施工进度计划编制年度、月度或周施工进度计划，年度、月度、周施工进度计划应逐级落实，通过下达施工任务书的方式把施工进度计划和施工任务落实到每个班组。

在施工过程中要及时对施工进度计划的进行检查与跟踪。在施工进度计划上进行实际进度的记录，并跟踪记载每个施工工作的开始日期、完成日期，记录每日完成数量、施工现场发生的情况、干扰因素的排除情况；对照施工进度计划，检查施工实际进度，进行比较跟踪。例如，检查关键工作进度、工序时差的利用、工作衔接关系的变化、施工资源状况、施工成本状况、施工管理情况等。同时，跟踪施工实际进度对工程量、总产值、耗用的人工、材料和机械台班等数量进行统计与分析，编制统计报表。

施工进度计划要进行动态控制与调整。项目的总进度计划应通过编制的年、月、周施工进度计划进行控制，逐级落实，确保总工期如期实现。落实控制进度措施应具体到执行人、目标、任务、检查方法和考核办法。分包单位应根据项目施工进度计划编制分包工程施工进度计划并组织实施，项目部将分包工程施工进度计划纳入项目进度控制范畴，并协助分包单位解决项目进度控制中的相关问题。在进度控制中，确保资源供应进度计划的实现。当发现资源供应出现中断、供应数量不足或供应时间不能满足要求时，或者由于工程变更引起资源需求的数量变更和品种变化时，应及时调整资源供应计划。当由于建设单位因素不能满足施工进度要求时，应敦促建设单位执行施工进度计划，并对造成的工期延误及经济损失进行索赔。在工程施工过程中，密切跟踪进度计划的实施情况并进行监督，当发现进度计划执行受到干扰时，应及时进行调整。

在实施施工进度控制过程中，可能影响机电工程施工进度的因素通常包括：

① 影响机电工程施工进度的单位主要有建设单位、设计单位、监理单位、物资供应单位，还有交通、供水、供电、通信等政府有关部门。

② 施工过程中需要的工程设备、材料、构配件和施工机具等，不能按计划运抵施工现场，或是运抵施工现场检查时，发现其质量不符合有关标准的要求。

③ 建设单位没有给足工程预付款，拖欠工程进度款，影响承包单位的流动资金，影响承包单位的材料采购、劳务费的支付，影响施工进度。

④ 建设单位对工程提出了新的要求，设计单位对设计图纸的变更或者是施工单位要求设计修改，都会影响施工进度计划。

⑤ 施工过程中遇到气候、水文、地质及周围环境等方面的不利因素，承包单位寻求相关单位解决而造成工期拖延。例如，在东南沿海夏季施工，遇到台风暴雨，影响施工进度。

⑥ 各种风险因素的影响。例如，在固定总价合同中，遇到设备、材料价格上涨，造成设备、材料没有按计划到达施工现场。新工艺、新技术的应用，施工人员的技术培训，影响施工进度计划的执行。

⑦ 施工单位的自身管理、技术水平以及项目部在现场的组织、协调与管控能力的影响。例如，施工方法失误造成返工，施工组织管理混乱，处理问题不够及时，各专业分包单位不能如期履行合同，到场的工程设备和材料经检查验收不合格等现象都会影响施工进度计划。

机电工程施工进度控制的主要措施包括组织措施、技术措施、合同措施和经济措施等。

组织措施通常包括确定机电工程施工进度目标，建立进度目标控制体系；明确工程现场进度控制人员及其分工；落实各层次的进度控制人员的任务和责任。建立工程进度报告制度及进度信息沟通网络。建立进度计划审核制度和进度计划实施中的检查分析制度。建立施工进度协调会议制度，包括协调会议举行的时间、地点，协调会议的参加人员等。建立机电工程图纸审查、工程变更和设计变更管理制度。

技术措施通常包括为实现计划进度目标，优化施工方案，分析改变施工技术、施工方法和施工机械的可能性。审查分包商提交的进度计划，使分包商能在满足总进度计划的状态下施工。编制施工进度控制工作细则，指导项目部人员实施进度控制。采用网络计划技术及其他适用的计划方法，并结合计算机的应用对机电工程进度实施动态控制。

合同措施通常包括协调合同工期与进度计划之间的关系，保证进度目标的实现；施工前与各分包单位签订施工合同，规定完工日期及不能按期完成的惩罚措施等。合同中要有专用条款，防止因资金问题而影响施工进度，充分保障劳动力、施工机具、设备、材料及时进场。严格控制合同变更，对各方提出的工程变更和设计变更，应严格审查后再补入合同文件之中，并在合同中应充分考虑风险因素及其对进度的影响，以及相应的处理方法。加强索赔管理，公正地处理索赔。

经济措施通常包括在工程预算中考虑加快施工进度所需的资金，编制资金需求计划，满足资金供给，保证施工进度目标所需的工程费用等。施工中及时办理工程预付款及工程进度款支付手续。对应急赶工给予优厚的赶工费用，对工期提前给予奖励，对工程延误收取误期损失赔偿金。

7.2.2 机电工程施工进度调整

通过实际施工进度与计划进度比较，发现施工进度偏差时，应深入施工现场进行调查，分析产生施工进度偏差的原因。通常情况下，偏差产生的来源包括设计单位、建设单位、施工单位和供应商等。

设计单位可能因为施工图纸提供不及时或图纸修改造成工程停工或返工，从而影响计划进度。建设单位可能是建设资金没有落实，工程款不能按时交付，影响设备、材料采购，影响施工人员的工资发放，从而最终影响计划进度。施工单位可能是由于项目管理混乱，施工计划编制失误，分包单位违约，施工现场协调不好，施工人员偏少，施工方案、施工方法不当等原因，影响计划进度。供应商则可能是未按照合同将设备、材料按计划送达施工现场，或者送达后验收不合格，影响计划进度。

施工进度的偏差分析根据不同的施工进度计划形式，有不同的分析方法。如果采用横道图表达的进度计划，只要将计划进度线长度与实际进度线长度对比，即可判定是否有偏差和偏差的数值。用双代号网络图表达的进度计划可用 S 曲线比较法、前锋线比较法和列表比较法等进行判定进度计划是否有偏差和偏差的数值。

在施工进度出现偏差的情况下需要进行偏差分析，分析施工进度产生偏差的原因，采取纠偏措施进行调整，形成新的施工进度计划，进行施工进度动态控制。在工程项目施工中，当通过实际进度与计划进度的比较，发现有进度偏差时，需要分析该偏差对后续工作及总工期的影响，以确定是否应采取措施，对原施工进度计划进行调整，以确保工期目标的实现。进度偏差的大小及其所处的位置不同，对后续工作和总工期的影响程度是不同的，分析时需要利用网络计划中工作总时差和自由时差的概念进行判断。

此外，还要分析施工进度偏差对后续工作和总工期的影响。分析出现进度偏差的工作是否为关键工作，若出现进度偏差的工作位于关键线路上，即该工作为关键工作，则无论其偏差有多大，都将对后续工作和总工期产生影响，必须采取相应的调整措施。若出现偏差的工作不是关键工作，则需要比较偏差值与总时差和自由时差的大小关系，确定对后续工作和总工期的影响程度。还要分析进度偏差是否大于总时差，如果工作的进度偏差大于该工作的总时差，此偏差必将影响后续工作和总工期，必须采取相应的调整措施；如果工作的进度偏差小于或等于该工作的总时差，此偏差对总工期无影响，但它对后续工作的影响程度，则需要比较偏差与自由时差的大小来确定。分析进度偏差是否大于自由时差，如果工作的进度偏差大于该工作的自由时差，此偏差对后续工作产生影响，如何调整应根据后续工作允许影响的程度而定；如果工作的进度偏差小于或等于该工作的自由时差，此偏差对后续工作无影响，原进度计划可不做调整。

施工进度计划调整的方法包括改变某些工作的衔接关系，或缩短某些工作的持续时间。如果实际施工进度产生偏差影响总工期，在工作之间的衔接关系允许改变的条件下，改变关键线路和非关键线路的有关工作之间的衔接关系，缩短工期。不改变工作之间的衔接关系，缩短某些工作的持续时间，使施工进度加快，保证实现计划工期。这种方法实际上就是网络计划优化中的工期优化方法和工期与成本优化方法。

施工进度计划调整的内容还包括了调整施工内容、工程量、起止时间、持续时间、工作关系、资源供应等。调整的原则是当进度偏差影响到后续工作或总工期时，首先应确定可调整施工进度的范围，主要是指关键工作、后续工作的限制条件以及总工期允许变化的范围。调整的对象必须是关键工作，并且该工作有压缩的潜力，同时与其他可压缩的工作相比赶工费是最低的。

施工进度计划的调整中，首先分析进度计划检查结果，确定调整对象和目标，选择适当调整方法，编制调整方案，对调整方案评价和决策，确定调整后实施的新施工进度计划。进度计划调整措施应以后续工作和总工期的限制条件为依据，确保计划进度目标的实现。施工进度调整之后，应采取相应的组织、经济、技术等措施来实施。

7.3 ❯ 赢得值法进度分析与控制

赢得值法是用已完工程预算费用、计划工程预算费用和已完工程实际费用三个基本值来表示项目的实施状态，并以此预测工程可能的完工时间和完工时的可能费用，通过量化分析，来评价工程进度偏差和费用偏差情况。因此，赢得值法是工程中非常实用的进度分析方法，应用广泛。

7.3.1 赢得值法的基本值和基本评价指标

赢得值法的三个基本值分别是已完工程预算费用（budgeted cost for work performed，BCWP）、计划工程预算费用（budgeted cost for work scheduled，BCWS）和已完工程实际费用（actual cost for work performed，ACWP）。

已完工程预算费用 $BCWP$ 的计算方法见式（7-1）

$$BCWP = 已完工程量 \times 预算单价 \tag{7-1}$$

已完工程预算费用是在某一时间段已经完成的工程及以批准认可的预算为标准，所需要的资金总额。业主是根据这个值为承包人完成的工作量支付相应的费用，即承包人获得的金额，故称赢得值。已完工程预算费用是项目实施过程中某阶段按实际完成工程量及按预算定额计算出来的费用，其实质内容是将已完成的工程量用预算费用来度量。

计划工程预算费用 $BCWS$ 的计算方法见式（7-2）

$$BCWS = 计划工程量 \times 预算单价 \tag{7-2}$$

计划工程预算费用是指项目实施过程中某阶段计划要求完成的工程量，所需要的预算费用。计划工程预算费用是根据进度计划，在某一时刻应当完成的工程，以预算为标准所需要的资金总额。一般来说，除非合同有变更，计划工程预算费用在工程实施过程中应保持不变。计划工程预算费用主要是反映进度计划实施中用费用表示的应当完成的工程量，是与时间相联系的，在资金累计曲线中，是在项目预算 S 曲线上的某一点的值。当为某一项作业或某一时间段时，例如，某一月份，计划工程预算费用是该作业或该月份包含作业的预算费用。

已完工程实际费用 $ACWP$ 的计算方法见式（7-3）

$$ACWP = 已完工程量 \times 实际单价 \tag{7-3}$$

已完工程实际费用是到某一时刻为止，已完成的工程所实际花费的总金额费用。已完工程实际费用是指项目实施过程中某阶段实际完成的工程量所消耗的费用。已完工程实际费用主要是反映项目执行的实际消耗指标。

赢得值法的四个评价指标是费用偏差 CV、进度偏差 SV、费用绩效指数 CPI 和进度绩效指数 SPI。

费用偏差 CV 的计算见式（7-4）

$$CV = BCWP - ACWP \tag{7-4}$$

费用偏差是指检查期间，已完工程预算费用 $BCWP$ 与已完工程实际费用 $ACWP$ 之间的差异。当费用偏差 CV 为负值时，表示执行效果不佳，即实际费用超过预算费用即超支。当费用偏差 CV 为正值时，表示实际费用低于预算费用，表示节支或效率高。当费用偏差 $CV = 0$ 时，表示项目按计划执行。

进度偏差 SV 的计算见式（7-5）

$$SV = BCWP - BCWS \tag{7-5}$$

进度偏差是指检查期间，已完工程预算费用 $BCWP$ 与计划工程预算费用 $BCWS$ 之间的差异。当进度偏差 SV 为负值时，表示进度延误，即实际进度落后于计划进度。当进度偏差

SV 为正值时，表示进度提前，即实际进度快于计划进度。当进度偏差 $SV=0$ 时，表明项目进度按计划执行。

费用绩效指数 CPI 的计算见式（7-6）

$$CPI = \frac{BCWP}{ACWP} \tag{7-6}$$

费用绩效指数 CPI 是指已完工程预算费用 $BCWP$ 与已完工程实际费用 $ACWP$ 之比。当费用绩效指数 CPI 小于 1 时，表示超支，即实际费用高于预算费用。当费用绩效指数 CPI 大于 1 时，表示节支，即实际费用低于预算费用。当费用绩效指数 $CPI=1$ 时，表示实际费用与预算费用吻合，表明项目费用按计划进行。

进度绩效指数 SPI 的计算见式（7-7）。

$$SPI = \frac{BCWP}{BCWS} \tag{7-7}$$

进度绩效指数是指已完工程预算费用 $BCWP$ 与计划工程预算费用 $BCWS$ 之比。当进度绩效指数 SPI 小于 1 时，表示进度延误，即实际进度比计划进度拖后。当进度绩效指数 SPI 大于 1 时，表示进度提前，即实际进度比计划进度快。当进度绩效指数 $SPI=1$ 时，表示实际进度等于计划进度。

费用偏差 CV 和进度偏差 SV 所反映的是绝对偏差，结果很直观，有助于管理人员了解项目费用出现偏差的绝对数额，采取针对措施，调整费用计划和进度计划。但是，绝对偏差有一定的局限性，同样是 20 万元的费用偏差，对于总费用 3000 万元的项目和总费用 1 亿元的项目，其严重性显然是不同的，因此费用偏差 CV 和进度偏差 SV 仅适合于对同一项目做偏差分析。

费用绩效指数 CPI 和进度绩效指数 SPI 反映的是相对偏差，不受项目规模的限制，也不受项目实施时间的限制。所以费用绩效指数 CPI 和进度绩效指数 SPI 在同一项目和不同项目的偏差分析均可采用。

7.3.2 赢得值法的偏差分析方法

采用赢得值法进行偏差分析，可以使用曲线法，也可以使用公式计算法。

（1）曲线法

赢得值法的评价曲线法如图 7.13 所示。图的横坐标表示时间，纵坐标则表示费用。$BCWS$ 曲线为计划工程预算费用曲线，表示项目投入费用随时间的推移在不断积累，直至项目结束达到它的最大值，因曲线呈 S 形状，故称为 S 曲线。

在图 7.13 中，已完工程预算费用 $BCWP$ 和已完成工程实际费用 $ACWP$，同样是进度的时间参数，随项目推进而不断增加的，也是呈 S 形的曲线。因此，在项目实施过程中，可以按照工程实施时间推移，做出计划工程预算费用 $BCWS$、已完工程预算费用 $BCWP$ 和已完工程实际费用 $ACWP$ 三个参数的三条曲线。

在图上，在相同时点上，考察 $BCWP$ 和 AC-

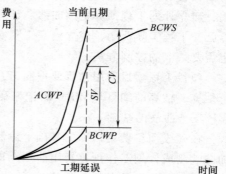

图 7.13 赢得值法的评价曲线

WP，以及 $BCWP$ 和 $BCWS$ 曲线之间的纵坐标间距，即分别代表了费用偏差 CV 和进度偏差 SV。同时，还可以分析出工期延误或提前的时间，即 $BCWP$ 和 $BCWS$ 在相同费用值时的横坐标偏差。

因此，利用赢得值评价曲线可较为直观地进行费用进度评价，图中所示的项目，$CV<0$、$DV<0$，说明项目执行效果不佳，即费用超支，进度延误，应采取相应的补救措施。

（2）公式计算法

公式计算法是对于施工和费用情况较为简单的工程，可以按照相关参数和评价指标的计算公式，分别算出其数值，然后进行评价。

例如，某机电排管工程总排管量为 1000m，预算单价为 50 元/m。该排管工程预算总费用为 50000 元。计划用 20 天完成，每天 50m。开工后第 13 天早晨刚上班时，总承包项目部管理人员前去测量，取得了两个数据，已完成排管 500m，支付给分包单位的工程进度款累计已达 29000 元。项目部管理人员计算出：已完工作预算费用 $BCWP=500\text{m}\times50$ 元/m＝25000 元，已完工程实际费用 $ACWP$ 为 30000 元，查看项目的进度计划及预算费用计划，开工后第 12 天结束时，分包单位应得到的工程进度款累计费用为 30000 元，则计划工程预算费用 $BCWS$ 为 28000 元。

根据上述工程人员初步计算出的三个基本参数，可以进一步计算得到相应的评价指标如下：

费用偏差：$CV=BCWP-ACWP=25000-29000=-4000$ 元，表明分包单位已经超支。

进度偏差：$SV=BCWP-BCWS=25000-30000=-5000$ 元，表明分包单位施工进度已经拖延。表示项目进度落后，比较工程预算计划还有相当于价值 5000 元的工作量没有做。则，5000 元/（50×50）＝2 天的工作量，所以分包单位的施工进度已经落后 2 天。

另外，还可以使用费用绩效指数 CPI 和进度绩效指数 SPI 测量工程是否按照计划进行。

$CPI=BCWP/ACWP=25000/29000=0.96$

$SPI=BCWP/BCWS=25000/30000=0.83$

CPI 和 SPI 都小于 1，说明在工程费用和进度方面都出现了问题，需要查找原因，改进施工。

7.3.3 项目费用及进度综合控制方法

项目的费用及进度综合控制的基本步骤包括工程项目费用估算、编制计划工程预算费用、建立计划工程预算费用曲线、计算已完工程预算费用、绘制已完工程预算费用曲线、计算已完工程实际费用、建立已完工程实际费用曲线、对项目执行效果进行偏差分析，最后确定需要采取的控制方法。

项目工程项目费用估算要按照 WBS（工作分解结构）的组码、记账码和工作包逐项进行估算。估算的细目与 WBS 的记账码和工作包要严格对应，这是 $BCWP$、$BCWS$ 和 $ACWP$ 三条曲线的基础。

在完成项目费用估算的基础上编制计划工程预算费用表，把工程量、资源分配值逐月累加并绘制成计划工作预算费用曲线，即 $BCWS$ 曲线。$BCWS$ 曲线是赢得值分析法中进行执行效果偏差分析的基准。随着项目的实施，计算已完工程预算费用，分别绘制 $BCWP$ 和 $ACWP$。将设计、采购、施工记账码的已完工程预算值均转换为金额，然后按 WBS 向上叠加，即可得出该装置直至整个项目的已完工程预算值。将其用图形表示，即可生成该装置直至整个项目的已完工程预算值曲线，即 BCWP 曲线。绘制已完工程实际费用 ACWP 曲线，把一个项目当月发生的全部人工时卡、发票、单据等收集、整理和分类，并按 WBS 分别记入记账码，即可得出记账当月发生的费用值，将其按月累加可生成 ACWP 曲线。将各类记账码的 ACWP 曲线按 WBS 逐级向上叠加，即可得出各级直至整个项目的 ACWP 曲线。

上述三条曲线绘制完毕后，可以逐月对项目执行效果进行分析。在每月对项目执行效果进行分析时，还要根据当前执行情况和趋势，对项目竣工时所需的费用做出预测。通过三条曲线的对比分析，可以很直观地发现项目实施过程中费用和进度的偏差，而且可以通过 WBS 不同级别的三条曲线，发现项目在哪些具体部分出了问题，进而可以查明产生这些偏差的原因，进一步确定需要采取的补救措施。

在机电工程项目费用及进度综合控制中，最理想的状态是已完工程实际费用 ACWP 曲线、已完工程预算费用 BCWP 曲线和计划工程预算费用 BCWS 曲线非常靠近，平稳上升，表示工程项目按照计划目标进行，如果三条曲线的离散度不断增加，表示出现较大的费用偏差，项目费用及进度失控。

项目费用及进度综合控制中，重要的目的是找出产生偏差的原因，采取有针对性的控制措施。在项目费用及进度偏差原因分析时，应将已经导致偏差的原因和可能导致偏差的原因逐一列举出来。不同工程项目的费用偏差原因有一定的共性，所以通过对工程项目的费用及进度偏差原因分析、总结，为以后的工程项目费用及进度偏差控制提供依据。

在赢得值法分析中，各赢得值参数的比较、分析与控制措施见表 7.2。

表 7.2　赢得值参数比较、分析与控制

基本参数	评价指标	偏差分析	控制措施
BCWS>ACWP>BCWP	CV<0, SV<0	施工效率低、费用超支、进度延误	增加效率高的管理人员和施工作业人员
BCWS>BCWP>ACWP	CV>0, SV<0	施工效率较高、费用节支、进度延误	迅速增加施工管理人员和施工作业人员
ACWP>BCWS>BCWP	CV<0, SV<0	施工效率低、费用超支、进度延误	更换效率高的管理人员和施工人员
BCWP>BCWS>ACWP	CV>0, SV>0	施工效率高，费用节支、进度提前	若偏差不大，则费用投入和进度维持现状
ACWP>BCWP>BCWS	CV<0, SV>0	施工效率较低、费用超支、进度提前	更换部分管理人员和施工人员，增加工资效率高的人员
BCWP>ACWP>BCWS	CV>0, SV>0	施工效率较高、费用节支、进度提前	应减少施工作业人员，放慢施工进度

7.4 ● 延伸阅读与思考

1986 年，批准实施"863"计划，并把发展航天技术列入其中。当时论证了很多方案，最后专家们建议以载人飞船开始起步，最终建成我国的空间站。1992 年 9 月 21 日，中共中央常委会批准实施载人航天工程，并确定了三步走的发展战略：

第一步，发射载人飞船，建成初步配套的试验性载人飞船工程，开展空间应用实验。

第二步，在第一艘载人飞船发射成功后，突破载人飞船和空间飞行器的交会对接技术，并利用载人飞船技术改装、发射一个空间实验室，解决有一定规模的、短期有人照料的空间应用问题。

第三步，建造载人空间站，解决有较大规模的、长期有人照料的空间应用问题。

中国载人航天工程由航天员系统、空间应用系统、载人飞船系统、运载火箭系统、发射场系统、测控通信系统、着陆场系统、空间实验室系统八大系统组成。

2010 年载人空间站工程正式启动实施。载人航天工程实行专项管理机制。设立中国载人航天工程办公室，作为统一管理工程的专门机构和组织指挥部门，也是工程两总和重大专项领导小组（一组）的办事机构。办公室对内行使工程管理职能，在工程两总直接领导下，负责组织指导、协调各任务单位开展研制建设和试验任务，在技术方案、科研计划、条件保障、质量控制、运营管理上实施全方位、全过程、全寿命的组织管理。办公室对外代表中国政府与世界其他国家（地区）航天机构和组织开展载人航天国际合作与交流。

中国载人航天工程发展的 30 多年来，有许多让国人热血沸腾的重要时刻。例如，2003年 10 月 15 日，杨利伟乘坐神舟五号载人飞船圆满完成了我国首次载人航天飞行，飞船在太空运行 14 圈，历时 21 小时 23 分。2011 年 11 月 3 日 1 时 45 分，天宫一号目标飞行器与神舟八号已顺利实现首次交会对接。2016 年 10 月 19 日，神舟十一号飞船与天宫二号自动交会对接成功，航天员景海鹏、陈东进入天宫二号。

2020 年 5 月 5 日晚，长征五号 B 运载火箭在海南文昌航天发射场首飞成功。长征五号B 运载火箭以长征五号运载火箭为基础改进研制而成，主要承担着我国空间站舱段等重大航天发射任务，是目前我国近地轨道运载能力最大的火箭。长征五号 B 运载火箭首次飞行任务取得圆满成功，拉开了我国空间站在轨建造阶段飞行任务的序幕，为后续空间站核心舱、实验舱发射奠定了坚实基础。

按计划，我国空间站将于 2022 年前后完成建造，一共规划 12 次飞行任务。此次任务后，将先后发射天和核心舱、问天实验舱和梦天实验舱，进行空间站基本构型的在轨组装建造；其间，规划发射 4 艘神舟载人飞船和 4 艘天舟货运飞船，进行航天员乘组轮换和货物补给。

请查阅公开资料，了解我国载人航天工程的实施过程，并根据工程项目进度管理的相关知识，试绘制工程进度计划，并分析其中的进度控制与调整的情况。

本章练习题 ▶▶

7-1 某工业项目建设单位通过招标与施工单位签订了施工合同，主要内容包括设备基础、设备钢架（多层）、工艺设备、工业管道和电气仪表安装等。工程开工前，施工单位按合同要求向建设单位提交如下进度计划。

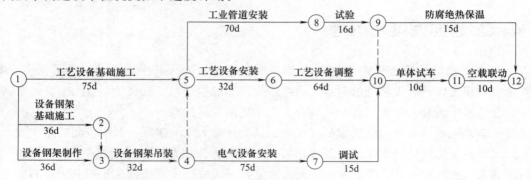

上述施工进度计划中，设备钢架吊装和工艺设备吊装两项工作共用一台塔式起重机，其他工作不使用塔式起重机。经建设单位审核确认，施工单位按该进度计划进场组织施工。在施工过程中，由于建设单位要求变更设计图纸，致使设备钢架制作工作停工 10 天（其他工作持续时间不变）。建设单位及时向施工单位发出通知，要求施工单位塔式起重机按原计划进场，调整进度计划，保证该项目按原计划工期完工。试问：（1）原施工计划的总工期是多少天？（2）原施工计划的关键路线是什么？（3）施工单位按原计划安排塔式起重机在开工后最早投入使用的时间是第几天？（4）能否保证设备钢架吊装和工艺设备吊装的连续作业？说明理由。

7-2　某安装公司分包一栋商务楼（1～5 层为商场，6～30 层为办公楼）的变配电工程，工程的主要设备（三相干式电力变压器、手车式开关柜和抽屉式配电柜）由业主采购，设备已运抵施工现场。其他设备、材料由安装公司采购，合同工期 60 天，并约定提前一天奖励 5 万元人民币，延迟一天罚款 5 万元人民币。安装公司项目部进场后，依据合同、图纸、验收规范及总承包的进度计划，编制了变配电工程的施工方案、进度计划、劳动力计划和计划费用。项目部施工准备工作用去了 5 天。当正式施工时，因商场需提前送电，业主要求变配电工程提前 5 天完工。项目部对工作持续时间及计划费用分析如下表。

代号	工作内容	紧前工作	持续时间/天	计划费用/万元	可压缩时间/天	压缩单位时间增加费用/（万元/天）
A	基础框架安装	—	10	10	3	1
B	接地干线安装	—	10	5	2	1
C	桥架安装	A	8	15	3	0.8
D	变压器安装	A、B	10	8	2	1.5
E	开关柜配电柜安装	A、B	13	32	3	1.5
F	电缆敷设	C、D、E	8	90	2	2
G	母线槽安装	D、E	10	80	—	—
H	二次线路敷设	E	4	4	1	1
I	试验调整	F、G、H	20	30	3	1.5
J	计量仪表安装	H	2	4	—	—
K	检查验收	I、J	2	2	—	—

基于分析，项目部在关键工作上，以最小的赶工增加费用，在试验调整工作前赶出 5 天。进行调试工作时，发现 2 台变压器线圈因施工中保管不当受潮，干燥处理用去了 4 天，并增加费用 4 万元，项目部又赶工 4 天。变配电工程最终按照业主要求提前 5 天完工，验收合格后，资料整理齐全并归档。试问：（1）绘制施工计划的双代号网络图。（2）项目部应在哪几项工作上赶工？分别列出各自的赶工天数和费用。

7-3　某制氧站经过招投标，由具有安装资质的公司承担全部机电安装工程和主要机械设备的采购。安装公司进场后，按合同工期，工作内容，设备交货时间，逻辑关系及工作持续时间（如下表所示）编制了施工进度计划。

工作代号	工作内容	紧前工作	持续时间/天
A	施工准备	—	12
B	设备订货	—	65

工作代号	工作内容	紧前工作	持续时间/天
C	基础验收	A	22
D	电气安装	A	28
E	机械设备及管道安装	B、C	68
F	控制设备安装	B、C	20
G	调试	D、E、F	20
H	配套设施安装	F	12
I	试运行	G、H	12

在计划实施过程中，电气安装滞后 10 天，调试滞后 3 天。试问：（1）根据上表绘制进度计划的双代号网络图。（2）根据所绘制的双代号网络图计算总工期需多少天？（3）电气安装滞后及调试滞后是否影响总工期？并分别说明理由。

7-4 某安装公司承担某市博物馆机电安装工程总承包施工，该工程建筑面积 32000m²，施工内容包括：给排水、电气、通风空调、消防、建筑智能化工程，工程于 2010 年 8 月开工，2011 年 7 月竣工，计划总费用 2100 万元。施工过程中，项目部绘制了进度和费用的 S 形曲线（如下图所示），对工程进度和费用偏差进行分析。

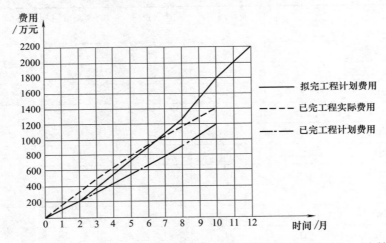

试问：（1）项目进展到第六个月时，项目进展提前还是滞后？（2）计算工程施工到第 10 个月时，项目部的进度偏差和费用偏差是多少？

7-5 某机电工程公司通过投标总承包了一个工业项目，主要内容包括：设备基础施工、厂房钢结构制作和吊装、设备安装调试、工业管道安装及试运行等。项目开工前，该机电工程公司按合同约定向建设单位提交了施工进度计划，编制了各项工作逻辑关系及工作时间表（如下表所示）。

代号	工作内容	工作时间/d	紧前工序	代号	工作内容	工作时间/d	紧前工序
A	工艺设备基础施工	72	—	G	电气设备安装	64	D
B	厂房钢结构基础施工	38	—	H	工艺设备调整	55	E
C	钢结构制作	46	—	I	工业管道试验	24	F
D	钢结构吊装、焊接	30	B、C	J	电气设备调整	28	G
E	工艺设备安装	48	A、D	K	单机试运行	12	H、I、J
F	工艺管道安装	52	A、D	L	联动及负荷试运行	10	K

　　该项目的厂房钢结构选用了低合金结构钢，在采购时，钢厂只提供了高强度、高韧性的综合力学性能。工程施工中，由于工艺设备是首次安装，经反复多次调整后才达到质量要求，致使项目部工程费用超支，工期拖后。在 150 天时，项目部用赢得值法分析，取得以下 3 个数据：已完工程预算费用 3500 万元，计划工程预算费用 4000 万元，已完工程实际费用 4500 万元。在设备和管道安装、试验和调试完成后，由相关单位组织了该项目的各项试运行工作。试问：（1）绘制施工进度的双代号网络图，找出该项目的关键工作，并计算出总工期。（2）计算第 150 天时的进度偏差和费用偏差。

第8章
机电工程施工预结算及成本管理

机电工程项目的实施是逐步将投资转化为物化的工程成果的过程,因此,对资金的使用和控制是机电工程项目实施中的重要控制内容之一。在预算的投入内有效率地使用资金,最终达到或超过预期的成本控制目标是机电工程项目实施管理的重点。在项目实施中,必须严格按照预结算制度进行项目的资金管理,建立全面成本管理制度,明确责任分工和业务关系,把管理目标分解到各项技术和管理过程。从事机电安装工程承包方的组织管理层应负责项目成本管理的决策,确定项目的成本控制重点、难点,确定项目成本目标,并对项目管理机构进行过程和结果的考核。项目管理机构应负责项目成本管理,遵守组织管理层的决策,实现项目管理的成本目标。

8.1 ☑ 机电工程施工预算

建设工程项目需要有明确的投资目标,在可行性研究阶段、基础设计阶段、详细设计阶段及招投标阶段对建设项目投资所做的测算统称为"工程估价",但在各个阶段,其详细程度和准确度是有差别的。

按照我国的基本建设程序,在项目建议书及可行性研究阶段,对建设项目投资所做的测算称之为"投资估算";在初步设计、技术设计阶段,对建设项目投资所做的测算称之为"设计概算";在施工图设计阶段,称之为"施工图预算";在投标阶段,称之为"投标报价";承包人与发包人签订合同时形成的价格称之为"合同价";在合同实施阶段,承包人与发包人结算工程价款时形成的价格称之为"结算价";工程竣工验收后,实际的工程造价称之为"竣工决算价"。这些称谓都是从建设方的角度对建设工程投资的不同称谓。

机电安装工程通常作为建设工程项目中的子项目由具备资质的安装公司作为施工方。在本章所着重讲述的施工预结算和成本控制是从承包机电安装工程的施工方的角度说明如何进行工程预结算管理和施工成本控制。

8.1.1 建设项目总投资

建设项目总投资是指为完成工程项目建设并达到使用要求或生产条件,在建设期内预计或实际投入的总费用。生产性建设项目总投资包括建设投资和铺底流动资金两部分;非生产性建设项目总投资则只包括建设投资。

建设投资由工程费用、工程建设其他费用、预备费(包括基本预备费和价差预备费)和资金筹措费组成,如图8.1所示,其中工程建设其他费用包括土地使用费和其他补偿费、建设管理费、可行性研究费、专项评价费、研究试验费、勘察设计费、场地准备费和临时设施费、引进技术和进口设备材料费、特殊设备安全监督检验费、市政公用配套设施费、工程保险费、专利及专有技术使用费、联合试运转费、生产准备费、办公和生活家具购置费，以及其他未计入上述项目中的合规费用。

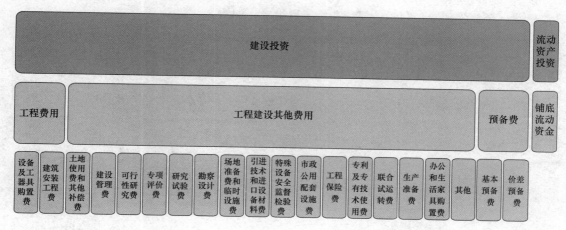

图 8.1 建设项目总投资

工程费用包括设备及工器具购置费和建筑安装工程费。其中，设备购置费是指购置或自制的达到固定资产标准的设备、工器具及生产家具等所需的费用。建筑安装工程费可再分为建筑工程费和安装工程费。建筑工程费是指建筑物、构筑物及与其配套的线路、管道等的建造、装饰费用。安装工程费是指设备、工艺设施及其附属物的组合、装配、调试等费用。

工程建设其他费用是指建设期发生的与土地使用权取得、整个工程项目建设以及未来生产经营有关的费用。工程建设其他费用可分为三类。第一类是土地使用费，包括土地征用及迁移补偿费和土地使用权出让金；第二类是与项目建设有关的费用，包括建设管理费、勘察设计费、研究试验费等；第三类是与未来企业生产经营有关的费用，包括联合试运转费、生产准备费、办公和生活家具购置费等。

资金筹措费是指在建设期内应计的利息和在建设期内为筹集项目资金发生的费用。包括各类借款利息、债券利息、贷款评估费、国外借款手续费及承诺费、汇兑损益、债券发行费用及其他债务利息支出或融资费用。

铺底流动资金是指生产性建设项目为保证生产和经营正常进行，按规定应列入建设项目总投资的铺底流动资金，一般按流动资金的30％计算。

建设投资可以分为静态投资部分和动态投资部分。静态投资部分由建筑安装工程费、设备及工器具购置费、工程建设其他费和基本预备费构成。动态投资部分，是指在建设期内因建设期利息和国家新批准的税费、汇率、利率变动以及建设期价格变动引起的建设投资增加额，包括价差预备费、建设期利息等。

工程造价是指工程项目在建设期预计或实际支出的建设费用，包括工程费用、工程建设其他费用和预备费。

8.1.2 建筑安装工程费

机电工程项目承包方的合同报价所涵盖的主要是建筑安装工程费，是机电安装公司完成安装施工项目的费用。

8.1.2.1 建筑安装工程费的构成

按照费用构成要素划分，建筑安装工程费由人工费、材料（包含工程设备）费、施工机具使用费、企业管理费、利润、规费和增值税组成，如图8.2所示。

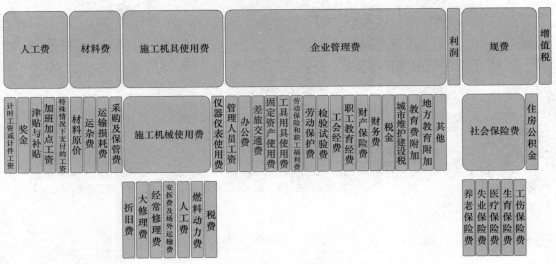

图8.2 按构成要素划分的建筑安装工程费

按照工程造价形成划分，建筑安装工程费由分部分项工程费、措施项目费、其他项目费、规费、增值税组成，如图8.3所示。

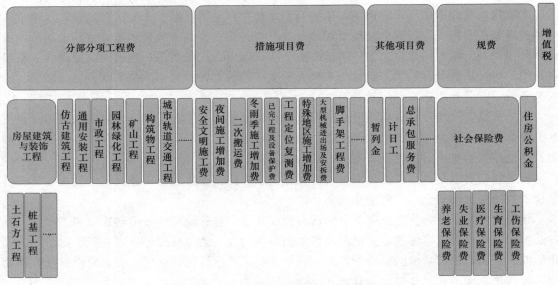

图8.3 按工程造价形成划分的建筑安装工程费

上述两种分类方法对建筑安装工程费进行了不同的分解，是从不同统计口径对建筑安装工程费进行解读。两种方法所分解出的费用彼此之间也会重叠融合，比如，按照构成要素分解的人工费、材料费、施工机具使用费、企业管理费和利润包含在按照造价形成划分的分部分项工程费、措施项目费、其他项目费之中；而分部分项工程费、措施项目费、其他项目费包含人工费、材料费、施工机具使用费、企业管理费和利润。

8.1.2.2 建筑安装工程费的费用构成要素计算

建筑安装工程费按照费用要素划分后，可对其中的各项费用要素分别计算，主要计算人工费、材料费、施工机具使用费、企业管理费、利润、规费和增值税。

（1）人工费

人工费可按照式（8-1）计算，其中，日工资单价按照式（8-2）计算。

$$人工费 = \sum(工日消耗量 \times 日工资单价) \tag{8-1}$$

$$日工资单价 = \frac{生产工人平均月（工资+奖金+津贴补贴+特殊情况下支付的工资）}{年平均每月法定工作日} \tag{8-2}$$

日工资单价是施工企业平均技术熟练程度的生产工人在每工作日（国家法定工作时间内）按规定从事施工作业应得的日工资总额。工程造价管理机构确定日工资单价应根据工程项目的技术要求，通过市场调查，参考实物工程量人工单价综合分析确定，最低日工资单价不得低于工程所在地人力资源和社会保障部门所发布的最低工资标准的规定倍率，其中，普工为 1.3 倍，一般技工为 2 倍，高级技工为 3 倍。

工程计价定额不可只列一个综合工日单价，应根据工程项目技术要求和工种差别适当划分多种日人工单价，确保各分部工程人工费的合理构成。

（2）材料费

材料费可按照式（8-3）计算，其中材料单价可按照式（8-4）计算。

$$材料费 = \sum(材料消耗量 \times 材料单价) \tag{8-3}$$

$$材料单价 = [(材料原价+运杂费) \times (1+运输损耗率)] \times (1+采购保管费率) \tag{8-4}$$

计入材料费中的工程设备费可按照式（8-5）计算，其中的工程设备单价可按照式（8-6）计算。

$$材料费 = \sum(材料消耗量 \times 材料单价) \tag{8-5}$$

$$材料单价 = [(材料原价+运杂费) \times (1+运输损耗率)] \times (1+采购保管费率) \tag{8-6}$$

（3）施工机具使用费

施工机具使用费包括施工机械使用费和仪器仪表使用费。施工机械使用费可按照式（8-7）计算，其中，机械台班单价可按式（8-8）计算，折旧费可按式（8-9）计算，大修费用可按式（8-10）计算。

$$施工机械使用费 = \sum(施工机械台班消耗量 \times 机械台班单价) \tag{8-7}$$

$$机械台班单价 = 折旧费+大修费+经常修理费+安拆费及场外运输费+$$
$$人工费+燃料动力费+车船税费 \tag{8-8}$$

$$台班折旧费 = \frac{机械预算价格 \times (1-残值率)}{耐用总台班数} \tag{8-9}$$

$$台班大修理费 = \frac{一次大修理费 \times 大修次数}{耐用总台班数} \tag{8-10}$$

仪器仪表使用费可按式（8-11）计算。

$$仪器仪表使用费 = 工程使用的仪器仪表摊销费+维修费 \tag{8-11}$$

（4）企业管理费

在计算企业管理费时，重点是确定企业的管理费率。不同企业由于经营理念和管理水平等各种差异使得企业的管理费率各不相同。企业管理费率的计算可以根据分部分项工程费为基础计算，也可以根据人工费和机械费合计为基础计算，还可以仅根据人工费为基础计算。企业根据自身需要确定管理费率后，在计算具体的管理费时，应以定额人工费或定额人工费与定额机械费的总费用作为计算基数，如式（8-12）所示。

$$管理费＝定额人工费×管理费率$$
$$或$$
$$管理费＝（定额人工费＋定额机械费）×管理费率 \quad (8\text{-}12)$$

企业管理费的费率应根据历年工程造价积累的资料，辅以调查数据计算确定。企业管理费应列入分部分项工程和措施项目中。

（5）利润

施工企业根据企业自身需求并结合建筑市场实际自主确定，列入报价中。工程造价管理机构在确定计价定额中利润时，应以定额人工费或定额人工费与定额机械费之和作为计算基数，其费率根据历年工程造价积累的资料，并结合建筑市场实际确定，以单位（单项）工程测算，利润在税前建筑安装工程费的比重可按不低于5％且不高于7％的费率计算。利润应列入分部分项工程和措施项目中。

（6）规费

规费包括社会保险费和住房公积金。社会保险费和住房公积金应以定额人工费为计算基础，根据工程所在地省、自治区、直辖市或行业建设主管部门规定费率计算。

（7）增值税

建筑安装工程费用的税金是指国家税法规定应计入建筑安装工程造价的增值税销项税额。建筑业适用的增值税率为10％，则增值税可按式（8-13）计算。

$$税金＝税前工程造价×10\% \quad (8\text{-}13)$$

8.1.2.3 建筑安装工程费的造价形成分类计算

建筑安装工程费按照造价形成分类后，可对其中的各项分类费用进行独立计算，主要计算分部分项工程费、措施项目费、其他项目费、规费和增值税。

（1）分部分项工程费

分部分项可按式（8-14）计算。

$$分部分项工程费＝\sum（分部分项工程量×综合单价） \quad (8\text{-}14)$$

综合单价包括了人工费、材料费、施工机具使用费、企业管理费、利润，以及一定范围的风险费。

（2）措施项目费

措施项目可分为能够按照国家计量规范规定进行计量的措施项目，以及不宜计量的措施项目。对可计量措施项目可按照式（8-15）计算措施项目费，不宜计量的措施项目可按式（8-16）计算措施项目费。

$$措施项目费＝\sum（措施项目工程量×综合单价） \quad (8\text{-}15)$$
$$措施项目费＝计费基数×措施项目费率 \quad (8\text{-}16)$$

在式（8-16）中，措施项目应以定额人工费或定额人工费与定额机械费的合计总费用为计费基数，费率由工程造价管理机构根据各专业工程特点和调查资料综合分析后确定。

（3）其他项目费

暂列金额由发包人根据工程特点，按有关计价规定估算，施工过程中由发包人掌握使用、扣除合同价款调整后如有余额，归发包人。

计日工由发包人和承包人按施工过程中的签证计价。

总承包服务费由发包人在招标控制价中根据总承包的服务范围和有关计价规定编制，承包人投标时自主报价，施工过程中按签约合同价执行。

（4）规费和税金

发包人和承包人均应按照省、自治区、直辖市或行业建设主管部门发布的标准计算规费和税金，不得作为竞争性费用。

8.1.2.4 建筑安装工程计价程序

建筑安装工程计价程序通常都是依据造价形成分类进行统计表格设计，可分为发包工程招标控制价计价程序、承包人工程投标报价计价程序、竣工结算计价程序等。图 8.4 所示为发包工程招标控制价计价程序，其他的计价程序与之类似，区别主要在于其中的具体价格有所差异。

工程名称：　　　　　　　　　　　　　　　　　　标段：

序号	汇总内容	计算方法	金额/元
1	分部分项工程费	按合同约定计算	
1.1			
1.2			
1.3			
……			
2	措施项目	按合同约定计算	
2.1	其中:安全文明施工费	按规定标准计算	
3	其他项目		
3.1	其中:专业工程结算价	按合同约定计算	
3.2	其中:计日工	按计日工签证计算	
3.3	其中:总承包服务费	按合同约定计算	
3.4	索赔与现场签证	按发承包双方确认数额计算	
4	规费	按规定标准计算	
5	税金	税前工程造价×税率(或征收率)	

竣工结算总价合计＝1＋2＋3＋4＋5

图 8.4　发包工程招标控制价计价程序示例

8.1.3　安装工程定额及施工图预算

8.1.3.1　安装工程定额

安装工程定额是建设系统作为计划管理、宏观调控、确定工程造价、对设计方案进行技术经济评价、贯彻按劳分配原则、实行经济核算的依据，也是衡量劳动生产率的尺度，是总结、分析和改进施工方法的重要手段。

安装工程定额包含人工定额、材料消耗定额和施工机械台班使用定额。人工定额也称劳动定额，是指在正常的施工技术和组织条件下，完成单位合格产品所必需的人工消耗量标准。材料消耗定额是指在合理和节约使用材料的条件下，生产单位合格产品所必须消耗的一定规格的材料、成品、半成品和水、电等资源的数量标准。施工机械台班使用定额是施工机械在正常施工条件下完成单位合格产品所必需的工作时间。它反映了合理地、均衡地组织劳动和使用机械时该机械在单位时间内的生产效率。

设备安装工程定额是设备安装工程的施工定额、预算定额、概算定额和概算指标的统称。设备安装工程一般是指对需要安装的设备进行定位、组合、校正、调试等工作的工程。在通用定额中有时把建筑工程定额和安装工程定额合二为一，称为建筑安装工程定额。建筑安装工程定额属于人、料、机定额，仅仅包括施工过程中人工、材料、机械台班消耗的数量标准。

施工定额是以同一性质的施工过程（工序）作为研究对象，表示生产产品数量与时间消耗综合关系的定额。施工定额属于企业定额的性质。施工定额是建设工程定额中分项最细、定额子目最多的一种定额，也是建设工程定额中的基础性定额。施工定额是施工企业进行施工组织、成本管理、经济核算和投标报价的重要依据。施工定额直接应用于施工项目的管理，用来编制施工作业计划、签发施工任务单、签发限额领料单以及结算计件工资或计量奖励工资等。施工定额也是编制预算定额的基础。

预算定额是以建筑物或构筑物各个分部分项工程为对象编制的定额。预算定额是以施工定额为基础综合扩大编制的，同时也是编制概算定额的基础。预算定额是编制施工图预算的主要依据，是编制单位估价表、确定工程造价、控制建设工程投资的基础和依据。与施工定额不同，预算定额是社会性的，而施工定额则是企业性的。

概算定额是以扩大的分部分项工程为对象编制的定额。概算定额是编制扩大初步设计概算、确定建设项目投资额的依据。概算定额一般是在预算定额的基础上综合扩大而成的，每一综合分项概算定额都包含了数项预算定额。

概算指标是概算定额的扩大与合并，它是以整个建筑物和构筑物为对象，以更为扩大的计量单位来编制的。概算指标的设定和初步设计的深度相适应，一般是在概算定额和预算定额的基础上编制的，是设计单位编制设计概算或建设单位编制年度投资计划的依据，也可作为编制估算指标的基础。

8.1.3.2 施工图预算

施工图预算是施工图设计完成后、工程开工前根据已批准的施工图纸、现行的预算定额、费用定额和地区人工、材料、设备与机械台班等资源价格，在施工方案或施工组织设计已大致确定的前提下，按照规定的计算程序计算直接工程费、措施费，并计取间接费、利润、税金等费用，确定单位工程造价的技术经济文件。施工图预算是签订工程承包合同的依据，也是实行工程招标时建设单位确定"招标控制价"、投标单位确定"投标报价"的主要参考依据，也是工程结算的依据。

施工图预算价格既可以是按照统一规定的预算单价、取费标准、计价程序计算而得到的属于计划或预期性质的施工图预算价格，也可以是通过招标投标法定程序后施工企业根据自身的实力即企业定额、资源市场单价以及市场供求及竞争状况计算得到的反映市场性质的施工图预算价格。

施工图预算由单位工程施工图预算、单项工程施工图预算和建设项目施工图预算三级编制综合汇总而成。由于施工图预算是以单位工程为单位编制，按单项工程汇总而成，所以施工图预算编制的关键在于编制好单位工程施工图预算。

施工图预算的编制可以采用定额单价法和工程量清单法两种计价方法，定额单价法是传统的定额计价模式下的施工图预算编制方法，而工程量清单法是适应市场经济条件的工程量清单计价模式下的施工图预算编制方法。

（1）定额单价法

定额单价法是指分部分项工程的单价为直接工程费单价，以分部分项工程量乘以地区统一单位估价表对应的分部分项工程预算单价（基价），求和后得到包括人工费、材料费和施工机械使用费在内的单位工程直接工程费，再加上根据统一规定的费率乘以相应的计费基数得到的措施费、间接费、利润和税金生成施工图预算造价。编制的基本步骤如图 8.5 所示。

编制过程中，在计算人、料、机费用时需注意以下几方面问题：

① 分项工程的名称、规格、计量单位与定额单价中所列内容完全一致时，可以直接套用定额单价；

② 分项工程的主要材料品种与定额单价中规定材料不一致时，不可以直接套用定额单价，需要按实际使用材料价格换算定额单价；

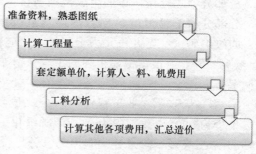

图 8.5　定额单价法的编制步骤

③ 分项工程施工工艺条件与定额单价不一致而造成人工、机械的数量增减时，一般调量不换价；

④ 分项工程不能直接套用定额、不能换算和调整时，应编制补充定额单价。

（2）工程量清单法

工程量清单单价法是根据国家统一的工程量计算规则计算工程量，采用综合单价的形式计算工程造价的方法。综合单价法是指分项工程单价综合了直接工程费及以外的多项费用，分为全费用综合单价和部分费用综合单价。

全费用综合单价的单价中综合了分项工程人工费、材料费、机械费、管理费、利润、规费、人材机价差、税金以及一定范围的风险等全部费用。以各分项工程量乘以全费用综合单价的合价汇总后，再加上措施项目的完全价格，就生成了单位工程施工图预算造价。公式如下：

$$建筑安装工程预算造价 = \sum(分项工程量 \times 分项工程全费用综合单价) + 措施项目完全价格 \tag{8-17}$$

部分费用综合单价的单价中综合了分项工程人工费、材料费、机械费、管理费、利润、人材机价差以及一定范围的风险费用，但并未包括措施费、规费和税金，因此它是一种不完全单价。我国目前实行的工程量清单计价采用的综合单价是部分费用综合单价。在计算单位工程施工图预算造价是，以各分部分项工程量乘以该综合单价的合价汇总后，再加上措施项目费、规费、税金，如式（8-18）所示。

$$建筑安装工程预算造价 = \sum(分项工程量 \times 分项工程综合单价) +$$
$$措施项目不完全价格 + 规费 + 税金 \tag{8-18}$$

8.1.4　工程量清单的组成与应用

工程量清单计价是一种主要由市场定价的计价模式。为加快我国建筑工程计价模式与国际接轨的步伐，自 2003 年起开始在全国范围内逐步推广工程量清单计价方法。使用国有资金投资的建设工程发承包，必须采用工程量清单计价。《建设工程工程量清单计价规范》

（GB 50500—2013）和《通用安装工程工程量计算规范》（GB 50856—2013）是工程计价的强制性规范，即便不采用工程量清单计价的建设工程，也必须执行该规范中除工程量清单等专门性规定外的其他条款。

工程量清单由分部分项工程量清单、措施项目清单、其他项目清单、规费和税金项目清单组成。

（1）分部分项工程量清单的组成

分部分项工程量清单的组成包括项目编码、项目名称、项目特征、计量单位和工程量。

分部分项工程量清单项目编码以五级编码设置，用十二位阿拉伯数字表示。一、二、三、四级编码（一至九位）为全国统一，应按工程量计算规范附录的规定设置；第五级编码（十至十二位）应根据拟建工程的工程量清单项目名称设置，不得有重号。各级编码代表含义如下：

① 第一级表示专业工程代码（分二位）。例如，建筑工程为 01，装饰装修工程为 02，安装工程为 03，市政工程为 04，园林绿化工程为 05。

② 第二级表示附录分类顺序码（分二位）。例如，机械设备安装工程为 01，热力设备安装工程为 02，静置设备与工艺金属结构制作安装工程为 03，电气设备安装工程为 04，建筑智能化工程为 05。

③ 第三级表示分部工程顺序码（分二位）。例如，变压器安装为 01，配电装置安装为 02，母线安装为 03，控制设备及低压电器安装为 04，蓄电池安装为 05。

④ 第四级表示分项工程项目名称顺序码（分三位）。例如，油浸电力变压器为 001，干式变压器为 002，整流变压器为 003，自耦变压器为 004，有载调压变压器为 005。

⑤ 第五级表示清单项目名称顺序码（分三位）。

项目名称应按《通用安装工程工程量计算规范》（GB 50856—2013）附录的项目名称结合拟建工程的实际确定。附录表中的"项目名称"为分项工程项目名称，是形成分部分项工程量清单项目名称的基础，在编制分部分项工程量清单时可以根据该项目的规格、型号、材质等特征要求予以调整或细化。清单项目名称表达应详细、准确。工程量计算规范中的分项工程项目名称如有缺陷，招标人可做补充，并报当地工程造价管理机构（省级）备案。

项目特征应按照《通用安装工程工程量计算规范》（GB 50856—2013）中规定的项目特征，结合技术规范、标准图集、施工图纸，按照工程结构、使用材质及规格或安装位置等，予以详细而准确的表述和说明。凡项目特征中未描述到的其他独有特征，由清单编制人视项目具体情况确定，以准确描述清单项目为准。

计量单位除各专业另有特殊规定外，计量单位应采用基本单位。例如，以重量计算的项目：吨（t）或千克（kg）；以体积计算的项目：立方米（m^3）；以面积计算的项目：平方米（m^2）；以长度计算的项目：米（m）；以自然计量单位计算的项目：个、套、块、组、台等。当计量单位有两个或两个以上时，应根据所编工程量清单项目的特征要求，选择最适宜表现该项目特征并方便计量的单位。

工程量按《通用安装工程工程量计算规范》（GB 50856—2013）附录中各分部工程量清单项目及计算规则计算，除另有说明外，清单项目的工程量应按图示数量计算，并包括预留长度和附加长度，但不包括各种损耗。损耗应在单价中考虑。

措施项目为非实体性项目，是为完成工程项目施工，发生于该工程施工前和施工过程中技术、生活、文明、安全等方面的非工程实体项目。措施项目一览表中分为组织措施项目和技术措施项目。

  除上述两项清单所包含的内容以外，因招标人的特殊要求而发生的与拟建工程有关的其他费用项目和相应数量的清单。工程建设标准的高低、工程的复杂程度、工程的工期长短、工程的组成内容、发包人对工程管理要求等都直接影响其他项目清单的具体内容。其他项目清单的具体内容一般有暂列金额、暂估价（包括材料暂估单价、工程设备暂估单价和专业工程暂估价）、计日工，以及总承包服务费等。若出现上述未包含的内容项目，可根据工程实际情况补充。

  规费、税金项目清单中，规费项目清单包括工程排污费，社会保险费，住房公积金。税金项目清单内容包括增值税，建安工程增值税为税前造价合计减去进项税额后按规定税率计取。

  例如，某多层砖混住宅工程的工程量清单及计价表如图 8.6 所示。

工程名称：多层砖混住宅工程   第　页 共　页

序号	项目编码	项目名称	项目特征描述	计量单位	工程量	金额/元		
						综合单价	合价	其中
								暂估价
1	010101003001	挖沟槽土方	土类别：三类土 挖土深度：3m 弃土运距：4km	m³	96.91	103.35	10015.65	
2	010103001001	回填方	密实度要求：机械夯实	m³	47.06	82.77	3895.16	
3	010103002001	余方弃置	运距：4km	m³	49.85	36.36	1812.55	
4	010401001001	砖基础	砖品种、强度等级：普通页岩标准砖、MU10 基础类型：带形基础 砂浆强度等级：M5 水泥砂浆	m³	37.60	459.16	17264.42	
5	010404001001	垫层	垫层材料种类、厚度：3∶7 灰土、500mm 厚	m³	16.15	191.42	3091.43	
			本页小计				36079.2	
			合计				36079.2	

图 8.6　工程量清单及计价表示例

（2）工程量清单计价的工程价款调整原则

因工程变更引起已标价工程量清单项目或其工程数量发生变化，应按下列规定调整：

① 已标价工程量清单中有适用于变更工程项目的，应采用该项目的单价。

② 已标价工程量清单中没有适用但有类似于变更工程项目的，可在合理范围内参照类似项目的单价。

③ 已标价工程量清单中没有适用也没有类似于变更工程项目的，应由承包人根据变更工程资料、计量规则和计价办法、工程造价管理机构发布的信息价格和承包人报价下浮率提出变更工程项目的单价，并应报发包人确认后调整，承包人报价下浮率可按式（8-19）计算：

$$承包人报价下浮率 = \left(1 - \frac{中标价}{招标控制价}\right) \times 100\% \tag{8-19}$$

已标价工程量清单中没有适用也没有类似于变更工程项目，且工程造价管理机构发布的信息价格缺价的，应由承包人根据变更工程资料、计量规则、计价办法和通过市场调查取得有合法依据的市场价格提出变更工程项目的单价，并应报发包人确认后调整。

非承包人原因工程量大幅度变化的工程价款调整应按下列原则调整。对招标工程量清单项目，当出现因施工条件变化、编制人计算疏忽或工程变更等非承包人原因导致工程量发生变化，且工程量偏差超过 ±15% 时，为避免较高的单价在工程量大幅度增加时对发包人不公平和较低的单价在工程量大幅度减少时对承包人不公平，该项目单价应按合同约定进行调整，合同没有约定的，则：

① 招标控制单价的 115% 为上限调整价，招标控制单价按投标总价对招标控制总价的下浮比例下浮后的 85% 为下限调整价，如式（8-20）和式（8-21）所示。

$$P_{上限} = P_{控制} \times (1 + 15\%) \tag{8-20}$$

$$P_{下限} = P_{控制} \times (1 - L) \times (1 - 15\%) \tag{8-21}$$

式中，$P_{控制}$ 为招标控制价中相应项目的综合单价；$P_{上限}$ 为相应项目上限调整价；$P_{下限}$ 为相应项目下限调整价；L 为承包人总报价下浮率。

② 当工程量增加 15% 以上，且标价清单单价高于上限调整价时，增加部分的工程量综合单价应按上限调整价执行，如式（8-22）所示。

$$S = Q_{招标} \times (1 + 15\%) \times P_{标价} + \left[Q_{最终} - Q_{招标} \times (1 + 15\%) \right] \times P_{上限} \tag{8-22}$$

式中，S 为调整后的相应项目分部分项工程费的综合总价；$P_{标价}$ 为相应项目投标综合单价；$Q_{招标}$ 为相应项目招标工程量；$Q_{最终}$ 为相应项目最终完成工程量。

当工程量减少 15% 以上，且标价清单单价低于下限调整价时，减少后剩余的工程量综合单价应按下限调整价执行，如式（8-23）所示。

$$S = Q_{最终} \times P_{下限} \tag{8-23}$$

当工程量增加 15% 以上，但标价清单单价低于上限调整价，或当工程量减少 15% 以上，但标价清单单价高于下限调整价，综合单价不予调整。

工程变更引起施工方案改变并使措施项目发生变化时，承包人应将拟实施的方案提交发包人确认，并详细说明措施项目的变化情况。措施项目费用按下列原则调整：

① 安全文明施工费应根据实际发生变化的措施项目按建设行政主管部门的规定计取。

② 单价措施项目费，应根据实际发生变化的措施项目按照本款第（一）条"因工程变更引起的工程价款调整原则"进行调整。

③ 按系数或单一总价方式计价的措施项目费，应随工程量增减相应调增调减。

如果承包人未事先将拟实施的方案提交发包人确认，则视为工程变更不引起措施项目费的调整或承包人放弃调整措施项目费的权利。

8.2 ➡ 工程款支付管理及结算

8.2.1 工程款的支付管理

工程款的支付管理包括预付款管理、安全文明施工费管理、进度款管理等。

8.2.1.1 预付款管理

预付工程款是发包人为解决承包人在施工准备阶段资金周转而提供的协助，又称材料备料款或材料预付款。工程是否实行预付款，取决于工程性质、承包工程量的大小等。合同双方约定的预付款应在合同中有明确的数额或额度约定，例如100万、合同金额的5％等。

预付款仅用于承包人为合同工程购置材料和工程设备，组织施工机械和人员进场，预付款应专用于合同工程。预付款的支付比例，要根据工程类型、材料费占比、合同工期、承包方式和材料供应方式等不同条件而定。对重大项目，应按年度工程计划逐年预付。预付款总金额、分期拨付次数、每次付款金额、付款时间等应根据工程规模、工期长短等具体情况，在合同中约定。

工程实施后，随着工程所需主要材料储备的逐步减少，预付款应从每一个支付期应支付给承包人的工程进度款中扣回，直到扣回的金额达到合同约定的预付款总额为止。预付款的起扣点和扣款方式必须在合同中约定。

8.2.1.2　安全文明施工费管理

安全文明施工费的内容和使用范围，应符合国家现行有关文件和计量规范的规定。

发包人应在工程开工的28天内预付不低于当年施工进度计划的安全文明施工费总额的60％，其余部分应按照提前安排的原则进行分解，并与进度款同期支付。安全文明施工费逾期未支付的责任发包人没有按时支付安全文明施工费的，承包人可以催告发包人支付，发包人在付款期满的7天内仍未支付的，若发生安全事故，发包人应承担相应责任。

在安全文明施工费的使用中，承包人对安全文明施工费应专款专用，在财务账目中应单独列项备查，不得挪作他用，否则发包人有权要求其限期改正，逾期未改正的，造成的损失和延误的工期应由承包人承担。

8.2.1.3　进度款管理

发包人和承包人应按照合同约定的时间、程序和方法，根据工程计量结果，办理期中价款结算，支付进度款。进度款计算按照以下原则进行：

① 已标价工程量清单中的单价项目，承包人应按工程计量确认的工程量与综合单价计算。综合单价发生调整的，以承发包双方确认调整的综合单价计算进度款。

② 已标价工程量清单中的总价项目应按合同约定的进度款支付分解方法分解。

③ 发包人提供的甲供材料金额，应按照发包人签约提供的单价和数量列入当期应扣减的金额中，从进度款支付中扣除。承包人现场签证和经发包人确认的索赔金额应列入当期应增加的金额中，增加到进度款支付中。

进度款支付的比例按照合同约定，按期中结算价款总额计算。施工方按期递交进度款支付申请，发包人根据支付申请按照合用规定完成支付。支付申请的内容应包括：①累计已完成的合同价款；②累计已实际支付的合同价款；③本周期合计完成的合同价款；④本周期合计应扣减的金额；⑤本周期实际应支付的合同价款。

进度款的审核要严格按照程序执行。发包人应在收到承包人进度款支付申请后的14天内，根据计量结果和合同约定对申请内容予以核实，确认后向承包人出具进度款支付证书。若发包人逾期未签发进度款支付证书，则视为承包人提交的进度款支付申请已被发包人认可，承包人可向发包人发出催告付款的通知，发包人应在收到通知的14天内，按照承包人支付申请的金额向承包人支付进度款。

完成进度款的支付时，发包人应在签发进度款支付证书后的14天内，向承包人支付进度款。发包人未按前款规定支付进度款的，承包人可催告发包人支付，并有权获得延迟支付的利息；发包人在付款期满后的7天内仍未支付的，承包人可在付款期满的第8天起暂停施工。发包人应承担由此增加的费用和延误的工期，向承包人支付合理利润，并承担违约责任。

8.2.1.4　质量保证金管理

经合同当事人协商一致扣留质量保证金的，应在专用合同条款中予以明确。在工程项目竣工前，承包人已经提供履约担保的，发包人不得同时预留工程质量保证金。

承包人提供质量保证金的方式包括质量保证金保函、相应比例的工程款，以及双方约定的其他方式。除专用合同条款另有约定外，质量保证金原则上采用质量保证金保函形式。

质量保证金的扣留可以在支付工程进度款时逐次扣留，也可以在工程竣工结算时一次性扣留质量保证金，还可以采用双方约定的其他扣留方式。除专用合同条款另有约定外，质量保证金的扣留原则上采用在支付工程进度款时逐次扣留的方式。

发包人累计扣留的质量保证金不得超过工程价款结算总额的3%。如承包人在发包人签发竣工付款证书后28天内提交质量保证金保函，发包人应同时退还扣留的作为质量保证金的工程价款。保函金额不得超过工程价款结算总额的3%。发包人在退还质量保证金的同时按照中国人民银行发布的同期同类贷款基准利率支付利息。

在缺陷责任期内，承包人认真履行合同约定的责任，到期后，承包人可向发包人申请返还保证金。发包人在接到承包人返还保证金申请后，应于14天内会同承包人按照合同约定的内容进行核实。如无异议，发包人应当按照约定将保证金返还给承包人。对返还期限没有约定或者约定不明确的，发包人应当在核实后14天内将保证金返还承包人，逾期未返还的，依法承担违约责任。发包人在接到承包人返还保证金申请后14天内不予答复，经催告后14天内仍不予答复，视同认可承包人的返还保证金申请。

8.2.2　竣工结算管理

竣工结算编制的依据包括：协议书（包括补充协议）；已确认的工程量、结算合同价款及追加或扣减的合同价款；投标书及其附件（包含已标价工程量清单）；专用、通用合同条款；招标工程量清单、相关规范标准、设计文件及有关资料。

8.2.2.1　竣工结算的编制原则

对于分部分项工程和措施项目中的单价项目编制，单价项目应依据发承包双方确认的工程量与已标价工程量清单的综合单价计算；发生调整的，应以发承包双方确认调整的综合单价计算。

对于措施项目中的总价项目编制，总价项目应依据已标价工程量清单的项目和金额计算，发生调整的，应以发承包双方确认调整的金额计算。

对于其他项目编制，计日工费用应按发包人实际签证确认的数量和相应项目综合单价计算。暂估价材料、工程设备和专业工程暂估价中依法必须招标的，以招标确定的中标价格取代暂估价；不属于依法必须招标的，应按合同约定的定价方式双方最终确认的价格取代暂估价。总承包服务费应依据已标价工程量清单金额计算，发生调整的，应以双方确认调整的金额计算。索赔费用应依据发承包双方确认的索赔事项和金额计算。现场签证费用应依据发承包双方签证资料确认的金额计算。暂列金额应减去合同价款调整金额、索赔和现场签证计算，如有余额归发包人，如有差额由发包人补足。

对于规费和税金编制，规费和税金按国家或省级、行业建设行政主管部门的规定计算。工程实施过程中已经确认的工程计量结果和合同价款，在竣工结算办理中应直接进入结算。

8.2.2.2 竣工结算的程序

合同工程完工后，承包人应在经发承包双方确认的合同工程期中价款结算的基础上汇总编制完成竣工结算文件，并应在提交竣工验收申请的同时向发包人提交。承包人应在合同约定的时间内提交竣工结算文件，经发包人催告后 14 天内仍未提交或没有明确答复的，发包人有权根据已有资料编制竣工结算文件，作为办理竣工结算和支付结算款的依据，承包人应予以认可。

发包人应在收到承包人提交的竣工结算文件后的 28 天内核对。发包人经核实，认为承包人还应进一步补充资料和修改结算文件的，应在上述时限内向承包人提出核实意见，承包人收到核实意见后的 28 天内应按照发包人提出的合理要求补充资料，修改竣工结算文件，并应再次提交发包人复核后批准。

发包人应在收到承包人再次提交的竣工结算文件后的 28 天内予以复核，将复核结果通知承包人，并应遵守如下规定：

① 发包人、承包人对复核结果无异议的，应在 7 天内在竣工结算文件上签字确认，竣工结算办理完毕。

② 发包人或承包人对复核结果无异议部分按照前款规定办理不完全竣工结算，有异议部分由发承包双方协商解决，协商不成的，应按照合同约定的争议解决方式处理。

发包人在收到承包人竣工结算文件后的 28 天内，不核对竣工结算或未提出核对意见的，应视为承包人提交的竣工结算文件已被发包人认可，竣工结算办理完毕。

承包人在收到发包人提出的核实意见后的 28 天内，不确认也未提出异议的，应视为发包人提出的核实意见已被承包人认可，竣工结算办理完毕。

合同工程竣工结算核对完成，发承包双方签字确认后，发包人不得要求承包人与另一个或多个工程造价咨询人重复核对竣工结算。

发包人对工程质量有异议，拒绝办理工程竣工结算的处理程序：

① 已竣工验收或已竣工未验收但实际投入使用的工程，其质量争议应按该工程保修合同执行，竣工结算应按合同约定办理；

② 已竣工未验收且未实际投入使用的工程以及停工、停建工程的质量争议，双方应就有争议的部分委托有资质的检测鉴定机构进行检测，并应根据检测结果确定解决方案，或按工程质量监督机构的处理决定执行后办理竣工结算，无争议部分的竣工结算应按合同办理。

承包人应根据办结的竣工结算文件向发包人提交竣工结算价款支付申请，申请应载明下列内容：

① 竣工结算合同价款总额；

② 累计已实际支付的合同价款；

③ 应预留的质量保证金；

④ 实际应支付的竣工结算价款金额。

发包人应在收到承包人提交的竣工结算价款支付申请后 7 天内予以核实，向承包人签发竣工结算支付证书。发包人在签发竣工结算支付证书后的 14 天内，应按照竣工结算支付证书列明的金额向承包人支付结算价款。发包人在收到承包人提交的竣工结算价款支付申请后 7 天内不予核实，不向承包人签发竣工结算支付证书的，视为承包人的竣工结算支付申请已被发包人认可；发包人应在收到承包人提交的竣工结算支付申请 7 天后的 14 天内，按承包人提交的竣工结算支付申请列明的金额向承包人支付结算价款。

发包人未按前述两款规定支付竣工结算价款的，承包人可催告发包人支付，并有权获得延期支付的利息。发包人在竣工结算支付证书签发后或收到承包人提交的竣工结算支付申请7天后的56天内仍未支付的，除法律另有规定外，承包人可与发包人协商将该工程折价，也可直接向人民法院申请将该工程依法拍卖。承包人应就该工程折价或拍卖的价款优先受偿。

8.3 ◉ 机电工程施工成本管理

机电工程项目的施工成本是指机电工程项目的施工过程中所发生的全部生产费用的总和，包括直接成本和间接成本。直接成本是施工过程中耗费的构成工程实体或有助于工程实体形成的各项费用支出，包括可以直接计入工程对象的人工费、材料费和施工机具使用费等费用。间接成本是指准备施工、组织和管理施工生产的全部费用支出，是非直接用于也无法计入工程对象，但为进行工程施工所必须发生的费用，包括管理人员工资、办公费、差旅交通费等费用。

成本管理就是在保证工期和质量要求的前提下，采取相应管理措施将施工成本控制在计划范围内，并进一步寻求最大程度成本节约。成本管理的主要任务包括成本计划编制、成本控制、成本核算、成本分析，以及成本考核。

8.3.1 成本计划编制

成本计划是以货币形式编制施工项目在计划期内的生产费用、成本水平、成本降低率以及为降低成本所采取的主要措施和规划的文档。项目成本计划是项目成本管理的一个重要环节，是实现降低项目成本的指导性文件，也是设立目标成本的依据。项目成本计划一般由施工单位编制。

对机电安装工程项目而言，成本计划的编制是一个不断深化的过程。在项目发展的不同阶段形成不同深度和不同作用的成本计划。按照作用来分，成本计划可分为竞争性成本计划、指导性成本计划和实施性成本计划。竞争性成本计划是项目投标及签订合同阶段的估算成本计划，以招标文件为依据结合企业自身的工料消耗水平等指标编制的投标估算。指导性成本计划是选派项目经理阶段的预算成本计划，是项目经理的责任成本目标，以合同为依据，按照企业的预算定额编制。实施性成本计划是项目施工准备阶段的施工预算成本计划，以项目实施方案为依据，以落实项目经理责任目标为出发点，采用企业的施工定额通过施工预算的编制而形成。

8.3.1.1 施工预算和施工图预算

施工预算是编制实施性成本计划的主要依据，是施工企业为了加强企业内部的经济核算，在施工图预算的控制下，根据企业内部的施工定额，以建筑安装单位工程为对象，根据施工图纸、施工定额、施工及验收规范、标准图集、施工组织设计编制的单位工程（或分部分项工程）施工所需的人工、材料和施工机械台班用量的技术经济文件。

在编制实施性成本计划时要进行施工预算和施工图预算的对比分析，通过对比分析节约和超支产生的原因，制定解决问题的措施，防止工程亏损，从而为降低工程成本提供依据。

施工预算和施工图预算虽有一定的联系，但区别较大，两者的编制依据不同、适用范围不同、发挥的作用也不尽相同。

施工预算的编制以施工定额为主要依据，施工图预算的编制以预算定额为主要依据。施工定额比预算定额划分得更为详细具体，并对其中所包含的内容，如质量要求、施工方法、所需劳动工日、材料品种、规格型号等均有详细的规定和要求。

施工预算是施工企业内部管理所用的文件，与发包人无直接关系。而施工图预算既可适用于发包人，也可适用于承包人，如，发包人根据施工图预算编制招标控制价，承包人根据施工图预算编制投标报价等。

施工预算是承包人组织生产、编制施工计划、准备现场材料、签发任务书、考核工效、进行经济核算的依据，也是承包人改善经营管理、降低成本的重要手段。施工图预算则是投标报价的主要依据。

通过施工预算和施工图预算的"两算"对比，分析人工量及人工费、材料消耗量及材料费、施工机具费、周转材料使用费等。计算上述费用节约或超支的数量、金额及百分比，并分析其原因。

8.3.1.2 成本计划编制方法

成本计划编制时，可以按照成本组成编制成本计划，也可以按照项目结构编制成本计划，还可以按照工程实施阶段编制成本计划。

按照成本构成要素划分，机电安装工程费由人工费、材料（包含工程设备）费、施工机具使用费、企业管理费、利润、规费和增值税组成。施工成本可以按成本构成要素分解为人工费、材料费、施工机具施工费和企业管理费等，在此基础上，编制按成本构成分解的成本计划，如图 8.7 所示。

图 8.7 按照成本构成要素划分的成本计划编制项目

按照项目结构划分规则，大中型项目通常是由若干单项工程构成，而每个单项工程包含了多个单位工程，每个单位工程又由若干个分部分项工程构成。因此，首先把项目总成本分解到单项工程和单位工程中，再进一步分解到分部工程和分项工程中。完成项目成本目标分解后，再具体地分配成本，编制分项工程的成本计划，如图 8.8 所示。

按照工程实施阶段编制成本计划，可以按照实施阶段，如基础、主体、安装、装修等，或者按照月、季、年等实施进度进行编制。按实施进度编制成本计划，通常可在控制项目进度的网络图基础上进一步扩充得到，在建立网络图时，一

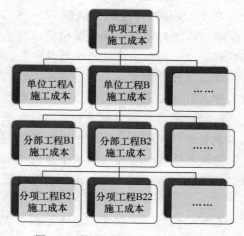

图 8.8 按照项目结构划分的成本
计划编制项目

方面确定完成各项工作所需花费的时间，另一方面确定完成这一工作的成本支出计划。通过对成本目标按时间进行分解，在此基础上编制成本计划。所编制的成本计划有两种表示方式，即在时标网络图上按月编制成本计划直方图，以及用时间-成本累积曲线（S形曲线）表示，如图8.9所示。

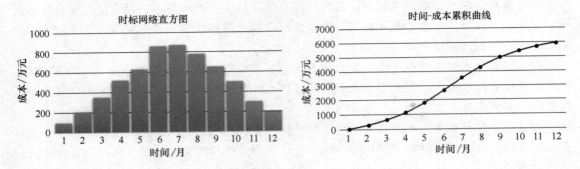

图8.9　按照工程实施阶段编制的成本计划

以上三种编制成本计划的方式并非完全独立，在工程实践中，往往将这些方式结合起来使用。例如，将项目结构分解总成本与按成本构成分解总成本这两种方式相结合，横向按成本构成分解，纵向按子项目分解。这种分解方式有助于检查各分部分项工程的成本构成是否完整，有无重复或漏算，同时也有助于检查各项具体的成本支出对象是否明确，并且可以从数字上校核分解的成本是否有误。

8.3.2　施工成本控制

成本控制是指在施工过程中，对影响项目成本的各种因素加强管理，并采取各种有效措施将施工中实际发生的各种消耗和支出严格控制在成本计划范围内，随时揭示并及时反馈，严格审查各项费用是否符合标准，计算实际成本和计划成本之间的差异并进行分析，消除施工中的损失和浪费现象，发现和总结先进经验。项目成本控制是在成本发生和形成的过程中，对成本进行的监督检查。成本的发生和形成是个动态的过程，成本的控制也应该是个动态的过程，因此也可称为成本的过程控制。

8.3.2.1　项目成本控制的依据

项目成本控制的依据主要包括项目承包合同、项目成本计划、进度信息、工程变更与索赔资料，以及各种资源的市场信息。

项目承包合同文件是进行成本控制的重要依据，要围绕降低工程成本这个目标，从预算收入和实际成本两方面，努力挖掘增收节支潜力，以求获得最大的经济效益。

项目成本计划是根据工程项目具体情况制定的施工成本控制方案，既包括预定的具体成本控制目标，又包括实现控制目标的措施和规划，是项目成本控制的指导性文件。

进度报告提供了对应时间节点的工程实际完成量、工程施工成本实际支付情况等重要信息。成本控制工作正是通过实际情况与施工成本计划相比较，找出二者之间的差异，分析偏差产生的原因，采取措施改进以后的工作。此外，进度报告还有助于管理者及时发现工程施工中存在的隐患，并在事态还未造成重大损失之前采取措施，尽量避免或减少损失。

项目的实施过程中，由于各方面的原因，工程变更是很难避免的。工程变更一般包括设计变更、进度计划变更、施工条件变更、技术规范与标准变更、施工工序变更、工程数量变更等。一旦出现变更，工程量、工期、成本都必将发生变化，使得施工成本控制变得更加复杂和困难。因此，施工成本管理人员应当通过对工程变更中各类数据的计算、分析，随时掌握变更情况，包括已发生工程量、将要发生工程量、工期是否发生拖延、支付情况等重要信息，判断变更与索赔可能带来的成本增减。

根据各种资源的市场价格信息和项目的实施情况，计算项目的成本偏差、估计成本的发展趋势。

8.3.2.2 成本控制程序

成本控制程序有两类，一类是管理行为控制程序，另一类是指标控制程序。

管理行为控制程序的目的是确保每个岗位人员在成本管理过程中的管理行为符合事先确定的程序和方法的要求，是为规范项目成本管理行为而制定的约束和激励体系。例如，表8.1 所示的为规范管理行为而设计的项目成本岗位责任考核表。

指标控制程序则是成本进行过程控制的重点，是实现项目成本目标的关键。项目成本指标控制程序如图 8.10 所示。根据该程序，在工程开工之初，项目管理机构应根据合同确定项目的成本管理目标，并根据工程进度计划确定月度成本计划目标。在施工过程中要定期收集成本支出数据，并将成本实际发生情况与目标计划进行对比，寻找偏差并分析原因。针对产生偏差的原因及时制定对策并予以纠正。

表 8.1 项目成本岗位责任考核表

序号	岗位名称	职责	检查方法	检查人	检查时间
1	项目经理	建立项目成本管理组织	查看有无组织结构图	上级或自查	开工初期查一次，以后每月查一次
2	项目工程师	指定采用新技术降低成本的措施	查看资料	项目经理	开工初期查一次，以后每月 1～2 次
3	主管材料员	编制材料采购计划	查看资料	项目经理	每月或不定期抽查
4	成本会计	编制月度成本计划	查看资料	项目经理	每月检查一次
5	成本员	编制月度用工、材料需求等计划	查看资料	项目经理	每月或不定期抽查

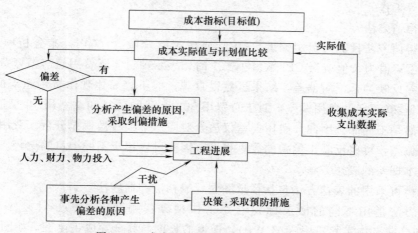

图 8.10 成本指标控制程序的实施流程图

用成本指标考核管理行为，通过管理行为保证成本指标。管理行为控制程序和成本指标控制程序是对项目成本控制的主要内容，这两个程序在实施过程中，相互交叉、相互制约又相互联系。将两个管理程序紧密结合，才能有效地保证成本管理工作有序开展。

8.3.2.3 成本控制方法

施工成本控制的方法包括成本的过程控制方法、赢得值方法、成本偏差的表达方法等。

（1）成本的过程控制方法

施工阶段是成本发生的主要阶段，这个阶段的成本控制主要是通过确定成本目标并按计划成本组织施工，合理配置资源，对施工现场发生的各项成本费用进行有效控制。过程成本控制的主要内容包括人工费控制、材料费控制、施工机械使用费控制和施工分包费控制等。

人工费的控制实行"量价分离"的方法，将作业用工及零星用工按定额工日的一定比例综合确定用工数量与单价，通过劳务合同进行控制。人工费控制的主要措施包括：严格劳动组织，合理安排生产工人进出厂时间；严密劳动定额管理，实行计件工资制；加强技术培训，强化生产工人技术素质，提高劳动生产率；实行弹性需求的劳务管理制度等。

材料费控制同样按照"量价分离"原则，控制材料的用量和材料价格。对于材料用量的控制，需要在保证符合设计要求和质量标准的前提下，合理使用材料，通过定额控制、指标控制、计量控制、包干控制等手段综合控制材料的消耗。材料价格则主要由材料采购部门控制。由于材料价格由买价、运杂费、运输中的合理损耗等组成，控制材料价格应主要通过掌握市场信息、应用招标和询价等方式控制材料和设备的采购价格。

施工机械使用费的控制应从台班数量和台班单价两个方进行控制。控制台班数量，首先要根据施工方案和现场实际情况，选择适合项目施工特点的施工机械，制定设备需求计划，合理安排施工生产，充分利用现有机械，加强内部调配，提高施工机械的利用率；其次要保证施工机械的作业时间，避免停工和窝工，尽量减少施工中消耗的台班数量；还要加强施工机械租赁计划管理，减少不必要的施工机械限制和浪费。控制台班单价，要加强现场施工机械的维修和保养，做好对机械操作人员的培训，并强化机械配件管理等。

施工分包费的控制也是施工项目成本控制的重要工作之一。分包工程的价格高低直接影响施工项目成本的产生。项目管理机构应在确定施工方案的初期就确定分包工程范围，提前做好分包工程的询价、订立平等互利的分包合同、建立稳定的分包关系网络并加强施工验收和分包结算等工作。

（2）赢得值方法

通过赢得值方法计算的费用偏差（CV）或费用绩效指数（CPI）来分析项目费用的发生情况。当 CV 值为负值或当 CPI 数值小于 1 时，表示项目实际费用超出预算费用。

费用偏差反映的是绝对偏差，结果虽然很直观，但不容易体现出费用超支的严重程度。例如，同样是 20 万元的费用偏差，对于总费用 500 万元的项目和总费用 10 亿的项目而言，其严重性显然是不同的。因此，费用偏差仅适合对同一个项目做偏差分析。费用绩效指标反映的是相对偏差，可以反映出偏差的严重程度，因此可以用于不同项目的比较。

（3）成本偏差的表达方法

偏差分析可采用的表达方法包括横道图法、表格法和曲线法。

横道图方法是用不同的横道标识已完工作预算费用（BCWP）、计划工作预算费用（BCWS）和已完工作实际费用（ACWP），横道的长度与其金额成正比例，如图 8.11 所示。

表格法是进行偏差分析最常用的一种方法。在表格中列入项目编号、名称、各种费用参

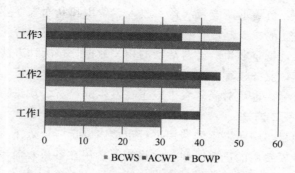

图 8.11　偏差的横道图法表达示例

数以及费用偏差等。使用表格进行偏差分析方便灵活、适应性强，可根据实际需要设计表格，进行项目增减，并且表格信息量大，也便于计算机编程处理。表格法表示偏差的示例如表 8.2 所示。

表 8.2　费用偏差分析表

项目编码	061	062	063
项目名称	工作 1	工作 2	工作 3
BCWP	30	40	50
BCWS	35	35	45
ACWP	40	45	35
CV＝BCWP－ACWP	－10	－5	15
CPI＝BCWP/ACWP	0.75	0.89	1.43

曲线法是在项目实施过程中，在同一个坐标图中绘制 BCWP、ACWP 和 BCWS 三条曲线，通过曲线图形分析费用偏差，如图 8.12 所示。

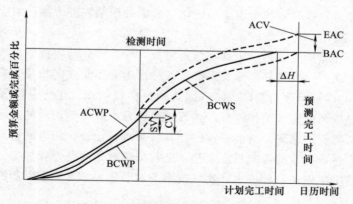

图 8.12　偏差的曲线法表达方式示例

8.3.3　施工成本分析

施工成本分析是建立在施工成本核算的基础之上。施工成本核算可分为会计核算、业务核算和统计核算等。会计核算主要是价值核算，通过设置账户、复式记账、编制会计表等一系列有组织的系统方法，记录企业的生产经营活动，并据此提出一些用货币来反映的各种综合性经济指标，如资产、负债、所有者权益、收入、费用和利润等。业务核算是各业务部门根据业务关系的需要建立的核算制度，包括原始记录和计算登记表等。统计核算是利用会计核算和业务核算的资料，把企业生产经营活动的相关数据，按统计方法进行系统整理，以便发现其规律。一般而言，业务核算的范围比会计核算、统计核算要广，其不仅可核算已完成的项目是否达到原定目标，也可对尚未发生或正在发生的经济活动进行核算。

8.3.3.1 成本分析的基本方法

通过成本核算对项目实施所发生的费用进行审核，确定应计入工程成本的费用和计入各项期间费用的数额和各项费用的记账时间，并将相关费用在各成本对象之间进行分配计算各工程成本。在完成成本核算的基础上，进一步进行项目成本分析，分析成本形成原因，并确定成本结果。施工成本分析的基本方法包括比较法、因素分析法、差额计算法、比率法等。

（1）比较法

比较法又称为指标对比分析法，是通过技术经济指标的对比，检查目标的完成情况，分析产生差异的原因，进而挖掘内部潜力的方法。比较法的应用，通常包括将本期实际指标与目标指标对比；将本期实际指标与上期实际指标对比；以及本期实际指标与本行业平均水平、先进水平对比。例如，表8.3所示为某项目本年度钢筋主材节约情况分析表。

表8.3　某项目本年度钢筋主材节约情况分析表　　　单位：万元

指标	本年计划数	上年实际数	企业先进水平	本年实际数	差异数		
					与计划比	与上年比	与先进比
钢筋主材节约额	20	18	22	21	1	3	－1

（2）因素分析法

因素分析法又称连环置换法。这种方法可用来分析各种因素对成本的影响程度。在进行分析时，首先要假定众多因素中的一个因素发生了变化，其他因素则不变，然后逐个替换，分别比较其计算结果，以确定各个因素的变化对成本的影响程度。据此对企业的成本计划执行情况进行评价，提出改进措施。

因素分析法的计算步骤包括：①确定分析对象，计算实际与目标数的差异；②确定该指标是由哪些因素组成的，并按其相互关系排序（排序的规则是先实物量，后价值量；先绝对值，后相对值）；③以目标数为基础，将各因素的目标数相乘，作为分析替代的基数；④将各因素的实际数值按照已确定的排列顺序进行替换计算，并将替换后的实际数保留下来；⑤将每次替换计算所得到的结果，与前一次的计算结果进行比较，两者的差异即为该因素对成本的影响程度；⑥各个因素的影响程度之和，应与分析对象的总差异相等。

例如，某型号工字钢的目标成本和实际成本的对照如表8.4所示，用因素分析法分析成本增加的原因。

表8.4　某型号工字钢的目标成本与实际成本

项目	单位	目标	实际	差额
产量	吨	300	320	20
单价	元	3500	3600	100
损耗率	%	3	2	－1
成本	元	1081500	1175040	93540

对上述例子，分析对象是某型号工字钢的成本，实际成本与目标成本的差额是 93540 元，该指标是由产量、单价和损耗率三个因素组成。这三个因素已经按照"按照先实物量，后价值量，先绝对值，后相对值"的顺序排列与表 8.4 中。按照因素分析法的步骤进行分析，分析结果列于表 8.5 中。

表 8.5　某型号工字钢成本变动因素分析表

顺序	连环替代计算	差异/元	因素分析
目标数	300×3500×1.03		
第一次替代	320×3500×1.03	72100	由于用量增加 20t,成本增加 72100 元
第二次替代	320×3600×1.03	32960	由于单价提高 100 元,成本增加 32960 元
第三次替代	320×3600×1.02	−11520	由于损耗率下降 1%,成本减少 11520 元
合计		93540	

由上述分析可知，用量的增加对成本增加影响最为显著。

（3）差额计算法

差额计算法是因素分析法的一种简化形式，它利用各个因素的目标值与实际值的差额来计算其对成本的影响程度。在对各因素按照因素分析法相同的顺序排列后，计算各影响因素对目标量的影响时，要分析的影响因素使用差额值计算，排在该因素之前的影响因素采用实际值，排在该因素之后的影响因素使用目标值。例如，对表 8.5 中的成本影响因素用差额计算法分析如表 8.6 所示。

表 8.6　某型号工字钢成本变动因素的差额计算法分析

顺序	差额计算	差异/元	因素分析
第一次差额计算	(320−300)×3500×1.03	72100	由于用量增加 20t,成本增加 72100 元
第二次差额计算	320×(3600−3500)×1.03	32960	由于单价提高 100 元,成本增加 32960 元
第三次差额计算	320×3600×(1.02−1.03)	−11520	由于损耗率下降 1%,成本减少 11520 元
合计		93540	

（4）比率法

比率法是指用两个以上的指标的比例进行分析的方法。其基本特点是先把对比分析的数值变成相对数，再观察其相互之间的关系。常用的比率法有相关比率法、构成比率法、动态比率法等。

相关比率是由于项目经济活动的各个方面是相互联系的，因而可以将两个性质相同的指标加以对比，求出比率，考察经营效果的好坏。例如，产值和工资是两个不同的概念，但它们是投入与产出之间的关系，因此可以通过两者的比值来考核评价人工费的支出水平，衡量工资支出能够完成的产值情况，分析人工成本。

构成比率可以考察成本总量的构成情况及各成本项目占总成本的比重，也可以从中看出预算成本、实际成本和减低成本之间的比例关系，从而寻求降低成本的途径，如表 8.7 所示。

动态比率是将同类指标不同时期的数值进行对比，求出比率，以分析该项指标的发展方向和发展速度。动态比率可分为基期指数和环比指数两类，如表 8.8 所示。

表 8.7　成本构成比率示例

成本项目	预算成本		实际成本		降低成本		
	金额	/%比重	金额	/%比重	金额	占本项/%	占总量/%
一、直接成本	1263.79	93.2	1200.31	92.38	63.48	5.02	4.68
1. 人工费	113.36	8.36	119.28	9.18	−5.92	−1.09	−0.44
2. 材料费	1006.56	74.23	939.67	72.32	66.89	6.65	4.93
3. 机具使用费	87.6	6.46	89.65	6.9	−2.05	−2.34	−0.15
4. 措施费	56.27	4.15	51.71	3.98	4.56	8.1	0.34
二、间接成本	92.21	6.8	99.01	7.62	−6.8	−7.37	0.5
总成本	1356	100	1299.32	100	56.68	4.18	4.18
比例/%	100	—	95.82	—	4.18	—	—

表 8.8　成本动态比率示例

指　标	第一季度	第二季度	第三季度	第四季度
降低成本/万元	45.60	47.80	52.50	64.30
基期指数/%(第一季度=100)		104.82	115.13	141.01
环比指数/%(上一季度=100)		104.82	109.83	122.48

8.3.3.2　综合成本的分析方法

综合成本是涉及多种生产要素，并受多种因素影响的成本费用，如分部的分项工程成本、月（季）度成本、年度成本等。由于这些成本是随着项目施工的进展而逐步形成，与生产经营有着密切的关系。

（1）分部分项工程成本分析

分部分项工程成本分析是施工项目成本分析的基础，分析的主要对象是已完分部分项工程。分析的方法是进行预算成本、目标成本和实际成本的"三算"对比，分别计算实际成本与预算成本、实际成本与目标成本的偏差，分析偏差产生的原因，为今后的分部分项工程寻求节约途径。分部分项工程成本分析的资料来源中预算成本来自投标报价，目标成本来自施工预算，实际成本来自施工任务单的实际工程量、实耗人工和限额领料单的实耗材料等。

（2）定期成本分析

月（季）度的成本分析项目是定期的、经常性的中间成本分析。通过月（季）度的成本分析，可以及时发现问题，以便按照成本目标指定的方向进行监督和控制，保证项目成本目标的实现。工程项目的施工周期一般较长，除进行月（季）度成本核算和分析外，还要进行年度成本的核算和分析，这不仅是企业汇编年度成本报表的需要，同时也是项目成本管理的需要。年度成本分析的依据是年度成本报表。年度成本分析的内容，除月（季）成本分析的内容外，重点是针对下一年度的施工进展情况制定切实可行的成本管理措施，以保证施工项目成本目标的实现。

（3）竣工成本的综合分析

凡是有几个单位工程而且是单独进行成本核算（即成本核算对象）的项目，其竣工成本分析应以各单位工程竣工成本分析资料为基础，再加上项目部的经营效益（如资金调度、对外分包等所产生的效益）进行综合分析。如果施工项目只有一个成本核算对象（单位工程），就以该成本核算对象的竣工成本资料作为成本分析的依据。单位工程竣工成本分析应包括竣工成本分析、主要资源节超对比分析、主要技术节约措施及经济效果分析。

8.3.3.3 专项成本的分析方法

项目专项成本分析包括成本盈亏异常分析、工期成本分析、资金成本分析、技术组织措施执行效果分析等。

（1）成本盈亏异常分析

成本盈亏异常分析是检查成本盈亏异常的原因，应从经济核算的"三同步"入手。因为项目经济核算的基本规律是在完成多少产值、消耗多少资源、发生多少成本之间，有着必然的同步关系。如果违背这个规律，就会发生成本的盈亏异常。

"三同步"检查是提高项目经济核算水平的有效手段，不仅适用于成本盈亏异常的检查，也可用于月度成本的检查。在执行"三同步"检查时，主要对比分析下述五个方面的内容：

① 产值与施工任务单的实际工程量和形象进度是否同步；

② 资源消耗与施工任务单的实际人工、限额领料单的实耗材料、当期租用的周转材料和施工机械是否同步；

③ 其他如材料价、超高费、台班费等费用的产值统计与实际支出是否同步；

④ 预算成本与产值统计是否同步；

⑤ 实际成本与资源消耗是否同步。

（2）工期成本分析

工期成本分析就是计划工期成本与实际工期成本的比较分析。计划工期成本是指在假定完成预期利润的前提下计划工期内所耗用的计划成本；而实际工期成本是在实际工期中耗用的实际成本。工期成本分析一般采用比较法，将计划工期成本与实际工期成本进行比较，然后用因素分析法或差额计算法分析各种因素的变动对工期成本差异的影响程度。

（3）资金成本分析

资金成本分析涉及资金与成本的关系，资金与成本的关系是指工程收入与工程成本支出的关系。根据工程成本核算的特点，工程收入与成本支出有很强的相关性。进行资金成本分析通常应用"成本支出率"指标，即成本支出占工程款收入的比例，通过对"成本支出率"的分析，可以看出资金收入中用于成本支出的比重。

8.3.4 成本考核

工程结束，公司应通过考核衡量项目施工过程中成本降低的实际效果，对项目成本进行考核。公司应以项目成本降低额、项目成本减低率作为考核的主要指标。

8.4 ➡ 延伸阅读与思考

2020 年 1 月 18 日 8 时 57 分，示范快堆工程 1 号机组第一跨钢拱顶徐徐离开地面，较计划提前 13 天完成节点目标，标志着 1 号机组从土建阶段进入安装阶段。

中国是世界上第 8 个拥有快堆技术的国家。早在 2011 年，中国实验快堆已成功并网发电。

2014年10月，中核集团福建霞浦的600MW钠冷示范快堆工程（图8.13）项目总体规划方案获得国家批准。2015年7月，示范快堆工程正挖施工启动。2017年12月，土建施工阶段开始。

图8.13　快堆示范工程

快堆作为第四代先进核能技术，它可将天然铀资源利用率从目前的约1％提高至60％以上，可以使用压水堆核电站使用过的乏燃料作为核燃料，有效解决当前核废料难以处理的问题。我国核能发展的"三步走"战略为热中子反应堆、快中子增殖堆、受控核聚变堆。示范快堆工程建设，是我国核能战略"三步走"的关键环节，作为国家重大核能科技专项，对于实现核燃料闭式循环、促进我国核能可持续发展具有重要意义。目前，我国已形成世界上少数国家才有的完整的核燃料循环体系。建立压水堆、快堆匹配发展，与先进后处理技术形成闭式燃料循环体系，是我国核能可持续发展的保障。

钠冷快堆示范工程的建设，其建设目标不仅是实现该堆型的工程实践，而且要能够以合理的投入完成建设任务，确保其经济性，为该堆型核电厂的批量建造打下基础。在示范堆的建设中，需要克服的工程难题众多，比如关键材料的国产化、核心设备的国产化制造等。

钠冷快堆的服役工况极其苛刻，长期处于高温、腐蚀、辐照等苛刻环境，要求高的持久及蠕变性能、疲劳性能、组织均匀性，特别是在中碳含量的情况下要具有抗晶间腐蚀性能，国内尚无此工况使用的材料标准，前期实验堆中的结构材料依赖国外进口。快堆材料所用的高性能板材和棒材的国产化是控制建设成本的重要内容之一。

对厚度在40～90mm，且质量大于12t的厚板，中科院金属研究所科研人员经过三年多的攻关，将国外快堆选用的四种材料统型为一种316KD不锈钢，通过合金元素和微观组织的控制，优化工艺，保证材料兼顾强韧性、腐蚀性能、疲劳性能和持久性能等，以满足工程设计对材料的性能指标要求，制定出钠冷快堆用316KD板材的技术标准（初版）。基于实验室研究提出的制备工艺参数，联合中国原子能院、太钢不锈钢股份有限公司进行了316KD的工业化试制。揭示了厚大铸坯中铁素体的形成机制并提出消除对策，实现铁素体含量小于1％的316KD铸坯制备；提出了中碳含量316KD不锈钢具有抗晶间腐蚀能力的处理工艺；解决了晶粒度均匀的厚钢板加工的工艺问题，实现钢板全厚度方向晶粒度级差不超过2级的控制。目前，已在太钢不锈钢股份有限公司实现了四代核电钠冷示范快堆用316KD不锈钢钢板的生产，国产化钢板的组织均匀性和性能均优于国外同类钢板，太钢不锈钢股份有限公司是40mm以上厚度316KD钢板的唯一合格供货商，生产的钢板已提供给中国一重（大连）用于示范快堆的自主化建造。

另外，对于反应堆堆芯支承用钢所需要的 316H 不锈钢棒材，因工作环境的特殊性，用户对 316H 的化学成分、残余元素、纯净度、耐腐蚀性能、组织及力学性能等技术指标的要求非常苛刻。此类材料为全国首次研制，产品在冶炼、加工、热处理生产环节存在巨大困难。沙钢集团东北特钢抚顺公司承接研制任务后，在产品化学成分设计、炉料结构调整、冶炼工艺优化、锻造工艺攻关等方面进行了科学性、创新性的试验。至目前，Φ365mm 大规格 316H 棒材已研发成功并实现稳定供货。至此，抚顺特钢成为国内首家供货 600MW 示范快堆工程反应堆堆芯支承用奥氏体不锈钢 316H 棒材的特钢企业。

请查阅公开资料，了解我国第三代和第四代核电发展情况，并调研分析第三代核电厂或第四代核电厂的建设投资构成，并提出成本管理策略。

本章练习题 ▶▶

8-1 某安装工程公司承接一座锅炉安装及架空的蒸汽管道工程，管道工程由型钢支架工程和管道安装组成。项目部根据现场实测数据，结合工程所在地的人工、材料、机械台班价格编制每 10t 型钢支架工程的直接工程费单价，经工程所在地综合人工日工资标准测算，型钢支架人工费为 1380 元/t，1t 型钢支架工程用各种型钢 1.1t，型钢材料平均单价 5600 元/t，其他材料费 380 元，各种机械台班费 400 元。由于管线需用钢管量大，项目部编制了两套管线施工方案。两套方案的计划人工费 15 万元，计划用钢材 500t，计划价格为 7000 元/t，甲方案为买现货，价格为 6900 元/t，乙方案为 15 天后供货，价格为 6700 元/t。如按乙方案实行，人工费需增加 6000 元，机械台班费需增加 1.5 万元，现场管理费需增加 1 万元。通过进度分析，甲、乙两方案均不影响工期。试问：（1）计算每 10t 型钢支架工程的直接工程费单价。（2）分别计算两套方案所需费用，分析比较项目部决定采用哪个方案。

8-2 某项目施工成本数据如下表，根据因素分析法，分析成本降低率提高对成本降低额的影响程度为多少万元？

项目	单位	计划	实际	差额
成本	万元	220	240	20
成本降低率	%	3	3.5	0.5
成本降低额	万元	6.6	8.4	1.8

8-3 某按变动单价计价的建筑施工合同中，投标时约定的工程量为 10000m³，其中人工费占比 30%，工程量变化不调整单价，中标合同价为 30 万元；施工期间人工费平均上涨 15%，竣工结算工程量为 20000m³，其他条件均无变化，则竣工结算价为多少万元？

8-4 工程定额包括哪些定额指标？简要说明这些指标的区别和用途。

8-5 机电工程项目中，预付款的作用是什么？怎样做好预付款的管理？

8-6 进度款支付申请包括的主要内容是什么？进度款支付流程是什么？

8-7 简述竣工结算的流程。

8-8 施工过程成本控制的主要内容包括什么？如何做好施工过程的人工费控制？

8-9 综合成本分析包括哪些内容？专项成本分析包括哪些内容？

第9章 ▶▶ 机电工程施工安全及环境管理

机电工程由于工程规模大、周期较长、参与人数较多、环境状况复杂，特别是涉及很多特种作业和特种设备，导致安全生产的难度很大。因此，在项目实施过程中，必须要建立完善的安全管理体系，依靠各项安全生产管理制度规范工程参与各方的安全生产行为，同时，还要做好对项目的风险评估，并制定安全应急预案。通过上述措施，一方面可尽力防止和避免安全事故发生，另一方面一旦发生事故能够及时响应并救援，将事故伤害降到最低程度。在施工过程中，也要加强对施工环境的管理，同样有助于提高建设的安全性。

9.1 ➲ 安全管理体系

《中华人民共和国安全生产法》（以下简称《安全生产法》）规定，要坚持安全第一、预防为主、综合治理的方针，强化和落实机电安装施工单位的主体责任，建立健全安全管理体系。

安全管理体系是 HSE（健康、安全、环保）管理体系的简称，是工程施工安全的保障。安全管理体系是一个综合的运营体系，它一方面确保组织持续地进行危险辨识、风险评估和风险控制；另一方面确保风险控制措施持续的有效性。这个运营体系同时又与组织的生产运营体系等其他体系相融合，合理地调配企业资源，在确保安全的基础上创造价值最大化。因此，必须在企业层面建立起完善的安全管理体系。

安全管理体系的内容主要包括设置安全管理机构、制定安全管理制度、安全管理实施、安全管理改进等。

9.1.1 安全管理机构

《安全生产法》规定，矿山、金属冶炼、建筑施工、道路运输单位和危险物品的生产、经营、储存单位，应当设置安全生产管理机构或者配备专职安全生产管理人员。

安全生产管理机构是指建筑施工企业设置的负责安全生产管理工作的独立职能部门。专职安全生产管理人员是指经建设主管部门或者其他有关部门安全生产考核合格后取得安全生产考核合格证书，并在建筑施工企业及其项目从事安全生产管理工作的专职人员。

机电工程施工企业应当依法设置安全生产管理机构，在企业主要负责人的领导下开展本企业的安全生产管理工作。机电工程施工企业安全生产管理机构必须宣传和贯彻国家有关安全生产法律法规和标准；编制并适时更新安全生产管理制度并监督实施；组织或参与企业生产安全事故应急救援预案的编制及演练；组织开展安全教育培训与交流；协调配备项目专职安全生产管理人员；制订企业安全生产检查计划并组织实施；监督在建项目安全生产费用的使用；参与危险性较大工程安全专项施工方案专家论证会；通报在建项目违规违章查处情况；组织开展安全生产评优评先表彰工作；建立企业在建项目安全生产管理档案考核评价分包企业安全生产业绩及项目安全生产管理情况；参加生产安全事故的调查和处理工作等。

机电工程施工企业应当实行建设工程项目专职安全生产管理人员委派制度，在建设工程项目组建安全生产领导小组。建设工程实行施工总承包的，安全生产领导小组由总承包企业、专业承包企业和劳务分包企业项目经理、技术负责人和专职安全生产管理人员组成。

项目部应成立由项目经理担任组长的安全生产领导小组，根据生产实际情况设立负责安全生产监督管理的部门，并足额配备专职安全生产管理人员。

项目经理是项目安全生产的第一责任人，要全面负责项目的安全生产工作。项目安全生产领导小组要编制项目生产安全事故应急救援预案并组织演练；保证项目安全生产费用的有效使用；组织编制危险性较大工程安全专项施工方案；开展项目安全教育培训；组织实施项目安全检查和隐患排查；建立项目安全生产管理档案；及时并如实报告安全生产事故。

项目安全生产领导小组中要配备专职安全管理人员。专职安全生产管理人员是检查落实和督促安全制度实施的核心力量。专职安全生产管理人员分为机械、土建、综合三类。机械类专职安全生产管理人员可以从事起重机械、土石方机械、桩工机械等安全生产管理工作。土建类专职安全生产管理人员可以从事除起重机械、土石方机械、桩工机械等安全生产管理工作以外的安全生产管理工作。综合类专职安全生产管理人员可以从事全部安全生产管理工作。在项目施工过程中，项目专职安全生产管理人员负责施工现场安全生产日常检查并做好检查记录，现场监督危险性较大工程安全专项施工方案实施情况；对作业人员违规违章有权予以纠正或查处；对施工现场存在的违章指挥、违章操作等安全隐患有权责令其立即整改；对于发现的重大安全隐患，有权向企业安全生产管理机构报告；依法报告生产安全事故情况。

专职安全生产管理人员的配置满足法规要求，无论是总承包单位还是分包单位所配置的专职安全生产管理人员数量不能低于法规所规定的人数。同时，对施工作业班组还应设置兼职安全巡查员。

对于机电工程总承包的单位，专职安全生产管理人员应按照工程合同价配备：5000 万元以下的工程应不少于 1 人，5000 万～1 亿元的工程应不少于 2 人，1 亿元及以上的工程不少于 3 人，且按专业配备专职安全生产管理人员。

对于分包单位，专职安全生产管理人员应满足以下要求：专业承包单位应当配置至少 1 人，并根据所承担的分部分项工程的工程量和施工危险程度增加；项目施工人员 50 人以下的，应当配备 1 名专职安全生产管理人员；项目施工人员 50～200 人的，应当配备 2 名专职安全生产管理人员；项目施工人员 200 人及以上的，应当配备 3 名及以上专职安全生产管理人员，并根据所承担的分部分项工程施工危险情况增加，不得少于工程施工人员总人数的 5‰。

施工作业班组应设置兼职安全巡查员，对本班组的作业场所进行安全监督检查。建筑施工企业应当定期对兼职安全巡查员进行安全教育培训。

9.1.2 安全管理制度

项目实施中的安全生产管理制度主要包括施工安全许可证制度、安全生产责任制度、安全生产教育培训制度、施工安全保障文件编制和交底制度、施工现场安全管理制度、安全检查制度、风险管理与应急制度、安全事故报告和处理制度、安全考核和奖惩制度等。

9.1.2.1 施工安全生产许可证制度

2014 年 7 月经修改后发布的《安全生产许可证条例》中规定，国家对建筑施工企业等实行安全生产许可制度。企业未取得安全生产许可证的，不得从事生产活动。按照 2015 年 1 月住房和城乡建设部经修改后重新发布的《建筑施工企业安全生产许可证管理规定》的规定，从事线路管道和设备安装工程的新建、扩建、改建和拆除等有关活动的企业均属于建筑施工企业，也必须按照规定取得安全生产许可证。

在机电工程施工企业从事安装施工活动前，应当按照《建筑施工企业安全生产许可证管理规定》中所列的条件，向企业注册所在地省、自治区、直辖市人民政府住房城乡建设主管部门申请领取安全生产许可证。施工企业若要成功申请安全生产许可证，则其必须向建设主管部门证明企业具备保证安全生产的规章制度、资金、管理人员、保险、安全防护硬件条件和方案措施，经过审核批准后才能取得安全生产许可证。

安全生产许可证的有效期为 3 年。安全生产许可证有效期满需要延期的企业应当于期满前 3 个月向原安全生产许可证颁发管理机关办理延期手续。企业在安全生产许可证有效期内，严格遵守有关安全生产的法律法规，未发生死亡事故的，安全生产许可证有效期届满时，经原安全生产许可证颁发管理机关同意，不再审查，安全生产许可证有效期延期 3 年。

9.1.2.2 安全生产责任制

机电安装施工企业实行全员安全生产责任制，法定代表人和实际控制人同为安全生产第一责任人，主要技术负责人负有安全生产技术决策和指挥权，强化部门安全生产职责。建立企业全过程安全生产和职业健康管理制度，做到安全责任、管理、投入、培训和应急救援"五到位"。

在项目中要落实安全生产责任制，项目部应根据安全生产责任制的要求，把安全责任目标层层分解到岗，落实到人。安全生产责任制必须经项目经理批准后实施。项目经理是项目安全生产第一责任人，对项目的安全生产工作负全面责任，同时也必须明确项目生产经理、安全经理、项目总工程师、责任工程师（工长）、安全员、操作工人等的安全职责。

落实安全生产责任，必须要实行施工单位负责人施工现场带班制度和项目经理现场带班制度。

施工企业负责人带队实施对工程项目质量安全生产状况及项目负责人带班生产情况的检查。施工企业负责人是指企业的法定代表人、总经理、主管质量安全和生产工作的副总经理、总工程师和副总工程师。建筑施工企业负责人要定期带班检查，每月检查时间不少于其工作日的 25%。工程项目进行超过一定规模的危险性较大的分部分项工程施工时，建筑施工企业负责人应到施工现场进行带班检查。工程项目出现险情或发现重大隐患时，建筑施工企业负责人应到施工现场带班检查，督促工程项目进行整改，及时消除险情和隐患。

项目经理是工程项目质量安全管理的第一责任人，应对工程项目落实带班制度负责。项目经理带班生产是指项目经理在施工现场组织协调工程项目的质量安全生产活动。项目经理在同一时期只能承担一个工程项目的管理工作。项目经理带班生产时，要全面掌握工程项目质量安全生产状况，加强对重点部位、关键环节的控制，及时消除隐患。项目经理每月带班生产时间不得少于本月施工时间的 80%。

9.1.2.3 安全生产教育培训制度

机电工程施工企业应当建立健全劳动安全生产教育培训制度，加强对职工安全生产的教育培训。未经安全生产教育培训的人员，不得上岗作业。作业前，施工企业应向从业人员如实告知作业场所和工作岗位存在的危险因素、防范措施以及事故应急措施。安全生产培训主要包括安全管理人员培训考核、特种作业人员培训考核、施工单位全员的安全产生教育培训、进入新岗位或新施工现场前的安全生产教育培训，以及采用新技术、新工艺、新设备、新材料前的安全生产教育培训。

企业主要负责人、项目负责人和专职安全生产管理人员合称为安全管理人员，他们应当通过其受聘企业，向企业工商注册地的省、自治区、直辖市人民政府住房城乡建设主管部门申请安全生产考核，并取得安全生产考核合格证书。安全生产考核合格证书有效期为3年，证书在全国范围内有效。

特种作业人员包括垂直运输机械作业人员、安装拆卸工、爆破作业人员、起重信号工、登高架设作业人员等，他们必须按照国家有关规定经过专门的安全作业培训，并取得特种作业操作资格证书后，方可上岗作业。

生产经营单位应当对从业人员进行安全生产教育和培训，保证从业人员具备必要的安全生产知识，熟悉有关的安全生产规章制度和安全操作规程，掌握本岗位的安全操作技能，了解事故应急处理措施，知悉自身在安全生产方面的权利和义务。未经安全生产教育和培训合格的从业人员，不得上岗作业。

作业人员进入新的岗位或者新的施工现场前，应当接受安全生产教育培训，未经教育培训或者教育培训考核不合格的人员，不得上岗作业。建筑企业要对新职工进行至少32学时的安全培训，每年进行至少20学时的再培训。

生产经营单位采用新工艺、新技术、新材料或者使用新设备时，必须了解、掌握其安全技术特性，采取有效的安全防护措施，并对从业人员进行专门的安全生产教育和培训。如果施工单位对所采用的新技术、新工艺、新设备、新材料的了解与认识不足，对其安全技术性能掌握不充分，或是没有采取有效的安全防护措施，没有对施工作业人员进行专门的安全生产教育培训，就很可能会导致事故的发生。

9.1.2.4 施工安全保障文件编制和交底制度

机电工程施工企业在编制施工组织设计时，应当根据工程的特点制定相应的安全技术措施，对专业性较强的工程项目，应当编制专项安全施工组织设计，并采取安全技术措施。

《建设工程安全生产管理条例》规定，施工单位应当在施工组织设计中编制安全技术措施和施工现场临时用电方案。对达到一定规模的危险性较大的分部分项工程编制专项施工方案并附具安全验算结果，经施工单位技术负责人、总监理工程师签字后实施，由专职安全生产管理人员进行现场监督，这些工程包括基坑支护与降水工程、土方开挖工程、模板工程、起重吊装工程、脚手架工程、拆除与爆破工程等。对这些工程中涉及深基坑、地下暗挖工程、高大模板工程的专项施工方案，施工单位还应当组织专家进行论证、审查。

机电工程施工前，施工单位负责项目管理的技术人员应当对有关安全施工的技术要求向施工作业班组、作业人员进行详细说明，并由双方签字确认。

在《危险性较大的分部分项工程安全管理规定》中规定，专项施工方案实施前，编制人员或者项目技术负责人应当向施工现场管理人员进行方案交底。施工现场管理人员应当向作业人员进行安全技术交底，并由双方和项目专职安全生产管理人员共同签字确认。安全技术交底，通常有施工工种安全技术交底、分部分项工程施工安全技术交底、大型特殊工程单项安全技术交底、设备安装工程技术交底以及采用新工艺、新技术、新材料施工的安全技术交底等。

9.1.2.5 施工现场安全管理制度

机电工程施工企业应当在施工现场采取维护安全、防范危险、预防火灾等措施，有条件的，应当对施工现场实行封闭管理。施工现场对毗邻的建筑物、构筑物和特殊作业环境可能造成损害的，建筑施工企业应当采取安全防护措施。施工现场安全防范措施主要包括在危险部位设置警示标志，不同施工阶段和暂停施工时的安全施工措施，施工现场临时设施的安全措施，施工现场周边的安全防护措施，以及危险作业的施工现场安全管理等。

在有较大危险因素的生产经营场所和有关设施、设备上，应设置明显的安全警示标志。《建设工程安全生产管理条例》进一步规定，施工单位应当在施工现场入口处、施工起重机械、临时用电设施、脚手架、出入通道口、楼梯口、电梯井口、孔洞口、桥梁口、隧道口、基坑边沿、爆破物及有害危险气体和液体存放处等危险部位，设置明显的安全警示标志。安全警示是提醒人们注意的各种标牌、文字、符号以及灯光等，一般由安全色、几何图形和图形符号构成。

由于施工作业的风险性较大，在地下施工、高处施工等不同的施工阶段要采取相应安全措施，并应根据周围环境和季节、气候变化，加强季节性安全防护措施。例如，夏季要防暑降温，冬季要防寒防冻、防止煤气中毒，夜间施工应有足够的照明，雨期和冬季施工应对道路采取防滑措施，傍山沿河地区应制定防滑坡、防泥石流、防汛措施，大风、大雨期间应暂停施工等。

施工单位对因建设工程施工可能造成损害的毗邻建筑物、构筑物和地下管线等，应当采取专项防护措施。在城市市区内的建设工程，施工单位应当对施工现场实行封闭围挡。

9.1.3 安全管理实施与改进

安全管理实施是依靠安全管理体系，按照安全管理规章制度，由安全管理机构和专职安全管理人员对项目施工过程中的安全相关问题进行全面管理。安全管理体系的有效性需要经过实践检验，只有被证明能够很好地解决工程实际问题的安全管理体系才是有效的。

安全管理的核心问题是如何有效控制危险，其基本原理就是辨识危险、评估和控制风险。在项目实施中都要通过体系化运作不断进行危险辨识、风险评估和风险控制。同时，还要对安全管理的实施效果进行分析，在效果分析的基础上提出改进。改进需要有完善的变更管理制度和操作流程，需要建立风险管理持续改进的管理模型。安全管理体系的各个要素就是在持续推动安全管理工作有序推进的同时，还能不断进行安全管理的进化。

安全管理的实施过程是将安全和生产统一起来的最佳途径，它是以安全为出发点，以卓越运营为目标的综合运营体系。例如，施工机械完整性要素指导如何有效完成检维修工作，确保施工作业连续性的同时又提升了设备的可靠性，它和风险评估、工艺操作、新项目的设计建设、工艺安全事故根本原因分析、备品备件的采购质量等都有着直接的内部联系，通过实施施工机械完整性，这个管理要素就将安全与生产有机地融合在一起。

安全管理的实施也是一个由多要素组成的综合运营体系，有效运营这个体系需要几个必要的前提条件，否则就不能实现体系的正常运行，取得预期的效果。在很多失败的项目案例中，安全管理体系是完善的，但是在实施中忽略了体系化管理的环境，项目管理团队在复杂的管理体系和工程环境下，如果团队素质与要求不匹配，可能会产生严重的后果。因此，在安全管理的实施中，一定要按照安全管理责任制，所有管理人员一定要通过考核，具备安全管理素质，明确安全管理职责，各司其职，做好安全管理的各项工作。

实施安全管理体系需要不断完善、逐步走向成熟，这是一个不断迭代优化的过程。只有不断地改进，才能形成针对不同类型工程项目的有针对性的安全管理体系。

9.2 ➲ 风险管理与应急预案

在机电工程项目的安全管理中，核心的管理工作是对安装作业过程中风险进行有效管理，并有完善的应对各种风险的应急预案。遵循《职业健康安全管理体系 要求及使用指南》（GB/T 45001—2020）的要求，建立企业安全管理体系，对施工过程中所面对的风险进行识别和控制，准备相应的应急预案，并对其进行持续改进，保证对施工安全的可控性。

9.2.1 风险管理的策划与实施

按照《职业健康与安全管理体系 要求及使用指南》（GB/T 45001—2020）的规定，风险是指发生危险事件或有害暴露的可能性，与随之引发人身伤害或健康损害的严重组合。机电工程施工过程中存在多种危险源，危险源具有一定的触发可能性，也即具有一定的触发风险，如果危险源一旦触发并引发事故，则该风险就构成实质性危害。例如，吊装作业属于一种危险源，有出现吊装物脱落的可能，虽然可能性不高，但一旦发生将会引发事故，所以应规范吊装作业程序并增加保护设施。

风险管理就是在风险方面所做的协调性活动。通过风险管理策划来制定详细的风险控制程序，对安全风险进行识别、评估、响应和控制，从而减少安全相关风险源的存在，降低风险事故发生概率，将风险所造成的危害控制在一定范围之内。风险管理的首要任务是尽可能详尽地收集风险管理初始信息，对可能存在的风险进行识别和风险评估。然后，根据评估结果制定风险管理策略，并提出和实施风险解决方案，还要跟踪风险的解决效果，对风险解决方案进行改进。

风险识别就是辨识项目施工过程中存在哪些方面的安全风险因素，可能会产生哪些安全损害。在机电工程项目中，施工所面临的主要风险是技术风险和质量安全风险。技术风险是指在工程建设过程中由技术因素引起的会导致工程质量或安全偏离预期结果的情形。质量安全风险是指在工程建设过程中质量安全管理的结果与预先设定的质量安全管理目标相偏离的情形。

风险评估包括对风险发生的概率和风险发生后可能造成的损失量进行定性和定量分析。安全风险响应就是根据风险评估的结果，针对各种安全风险制定相应的对策并编制风险管理计划。风险评估应由企业组织有关职能部门和业务单位实施，也可聘请有资质、信誉好、风险管理专业能力强的中介机构协助实施。

风险响应和控制是通过采取恰当的风险对策来降低或规避风险。一般情况下，风险对策包括风险规避、减轻、转移、自留及其组合等策略。所谓风险规避，就是采取恰当的措施避免风险的发生。所谓风险减轻，就是针对无法避免的风险，研究制定有效的应对方案，尽量把风险发生的概率和损失量降到最低程度，从而降低风险量和风险等级。所谓风险转移，就是采用分包、保险等方法将风险转移给其他单位承担。风险自留，则是在当风险无法避免，或者估计可能造成的损害不会很严重而预防的成本的确很高时，自己承担风险的做法。风险对策的选用要针对具体的风险，经过审慎地研究和分析后选择。

机电工程实施中，风险控制要结合具体的工程项目，找出其中的技术风险和质量安全风险，然后寻求相应的对策。例如，大型游乐设施在施工阶段发生钢结构支撑架垮塌所存在的风险因素包括支撑架设计有缺陷、平台支撑架搭设质量不合格、结构安装控制不到位致使累积误差超出规范值、拆除支架方案不当等。上述这些风险控制的要点包括：选择合理的安装工序，并验算支撑架在该工况下的安全性；应对施工人员进行交底，按照规定的工序进行支撑架安装；支撑架搭设后，项目应组织进行检查，合格后方可使用；应编制拆除方案，明确拆除顺序，并验算支撑架在该工况下的安全性；应向施工人员进行拆除方案及安全措施交底；应督查施工人员按照拆除方案拆除支架。

9.2.2 应急预案的分类与实施

应急预案是对特定的潜在事件和紧急情况发生时所采取措施的计划安排，是应急响应的行动指南。编制应急预案的目的是防止紧急情况发生时出现混乱，能够按照合理的响应流程采取适当的救援措施，预防和减少可能随之引发的安全影响。

国家应急管理部（2018年设立）负责全国应急预案的综合协调管理工作。县级以上地方各级安全生产监督管理部门负责本行政区域内应急预案的综合协调管理工作。县级以上地方各级其他负有安全生产监督管理职责的部门按照各自的职责负责有关行业、领域应急预案的管理工作。生产经营单位主要负责人负责组织编制和实施本单位的应急预案，并对应急预案的真实性和实用性负责；各分管负责人应当按照职责分工落实应急预案规定的职责。

生产经营单位应急预案分为综合应急预案、专项应急预案和现场处置方案。综合应急预案，是指生产经营单位为应对各种生产安全事故而制定的综合性工作方案，是本单位应对生产安全事故的总体工作程序、措施和应急预案体系的总纲。专项应急预案，是指生产经营单位为应对某一种或者多种类型生产安全事故，或者针对重要生产设施、重大危险源、重大活动防止生产安全事故而制定的专项性工作方案。现场处置方案，是指生产经营单位根据不同生产安全事故类型，针对具体场所、装置或者设施所制定的应急处置措施。

应急预案的实施包括应急预案培训、应急演练和应急处置三个主要方面。

应急预案培训应采取多种形式对编制的应急预案进行宣传教育，普及生产安全事故避免、自救和互救知识。应急预案培训的目标包括：

① 使应急救援人员熟悉应急救援预案的实际内容和应急方式；

② 使应急救援人员明确各自在应急行动中的任务和行动措施；

③ 使有关人员及时知道应急救援预案和实施程序修正和变动的情况；

④ 使应急救援人员熟悉安全防护用品的正确使用和维护；

⑤ 使员工熟知紧急事故的报警方法和报警程序，一旦发现紧急情况能及时报警；

⑥ 使员工懂得在紧急情况发生后有效地逃生。

应急预案的演练分为项目部级演练、企业级演练以及配合政府联合演练三个级别。生产经营单位应当制定本单位的应急预案演练计划，根据本单位的事故风险特点，每年至少组织一次综合应急预案演练或专项应急预案演练，每半年至少组织一次现场处置方案演练。施工单位、人员密集场所经营单位应当至少每半年组织一次生产安全事故应急预案演练。对应急预案演练的效果应及时评估，建设施工企业应当每三年进行一次应急预案评估。

应急处置包括应急报警和应急响应两个步骤。应急报警是一旦发生事故，事故所在项目部在启动本项目部应急预案的同时，应立即按应急报告程序的要求向企业应急指挥中心办公室上报，报告以书面及事故快报方式，报告时间最多不超过 1 小时（境外事件最多不超过 8 小时）。企业应急指挥中心办公室接到报告后，应立即报本单位应急指挥中心，通知相关部门，并报当地地方政府安监、消防、卫生、环保及上级公司等相关部门。同时，根据事故的紧急程度，通知相关外援单位。在应急处置过程中，发生新的情况应及时补报。应急响应级别是按照事故灾难的可控性、严重程度和影响范围分为Ⅰ、Ⅱ、Ⅲ、Ⅳ级响应。应急响应启动后，按照既定的应急响应方案实施应急处置。

9.3 安全隐患及事故管理

机电工程安全管理实施中，关键性工作是要做好对安全隐患的处置，防止安全隐患发展成为安全事故。安全管理中的海恩法则指出，任何不安全事故都是可以预防的，在每一起严重事故的背后，必然有 29 次轻微事故和 300 起未遂先兆以及 1000 起事故隐患。安全隐患是安全事故的前奏，安全事故均是从未能及时排除的隐患发展而成。因此，按照海恩法则分析，当一件重大事故发生后，在处理事故本身的同时，还要及时对同类问题的"事故征兆"和"事故苗头"进行排查处理，以此防止类似问题的重复发生，及时消除再次发生重大事故的隐患，把问题解决在萌芽状态。

安全生产事故隐患（以下简称事故隐患），是指生产经营单位违反安全生产法律、法规、规章、标准、规程和安全生产管理制度的规定，或者因其他因素在生产经营活动中存在可能导致事故发生的物的危险状态、人的不安全行为和管理上的缺陷。

在《施工企业安全生产管理规范》（GB 50656—2011）中规定，隐患指未被事先识别或未采取必要的风险控制措施，可能直接或间接导致事故的危险源。事故隐患分为一般事故隐患和重大事故隐患。一般事故隐患，是指危害和整改难度较小，发现后能够立即整改排除的隐患。重大事故隐患，是指危害和整改难度较大，应当全部或者局部停产停业，并经过一定时间整改治理方能排除的隐患，或者因外部因素影响致使生产经营单位自身难以排除的隐患。

在施工过程中存在的、可能导致作业人员群死群伤、重大财产损失或造成重大不良社会影响的分部分项工程，将其称之为危险性较大的分部分项工程。这类工程所含的危险源较多，在机电工程施工中必须严格管理。同时，为了减少施工中的危险源，降低风险，施工企业严禁使用国家明令淘汰的技术、工艺、设备、设施和材料。施工企业应建立和健全与企业安全生产组织相对应的安全生产责任体系，并应明确各管理层、职能部门、岗位的安全生产责任；应根据施工组织设计、专项安全施工方案（措施）编制和审批权限的设置，分级进行安全技术交底，编制人员应参与安全技术交底、验收和检查；确定消防安全责任人，制订用火、用电、使用易燃易爆材料等各项消防安全管理制度和操作规程，设置消防通道、消防水源，配备消防设施和灭火器材，并在施工现场入口处设置明显标志；施工企业安全检查应配备必要的检查、测试器具，对存在的问题和隐患，应定人、定时间、定措施组织整改，并应跟踪复查直至整改完毕。

生产经营单位应当每季、每年对本单位事故隐患排查治理情况进行统计分析，并分别于下一季度 15 日前和下一年 1 月 31 日前向安全监管监察部门和有关部门报送书面统计分析表。统计分析表应当由生产经营单位主要负责人签字。

隐患若未能及时排除，在一定条件下可能会发展成为安全事故。为了对安全事故的严重性进行识别，生产安全事故（以下简称事故）的事故等级按照《生产安全事故报告和调查处理条例》，根据事故造成的人员伤亡或者直接经济损失，将安全事故分为以下等级：

① 特别重大事故，是造成 30 人以上死亡，或者 100 人以上重伤（包括急性工业中毒，下同），或者 1 亿元以上直接经济损失的事故；

② 重大事故，是造成 10 人以上 30 人以下死亡，或者 50 人以上 100 人以下重伤，或者 5000 万元以上 1 亿元以下直接经济损失的事故；

③ 较大事故，是造成 3 人以上 10 人以下死亡，或者 10 人以上 50 人以下重伤，或者 1000 万元以上 5000 万元以下直接经济损失的事故；

④ 一般事故，是造成 3 人以下死亡，或者 10 人以下重伤，或者 1000 万元以下直接经济损失的事故。

国务院安全生产监督管理部门可以会同国务院有关部门，制定事故等级划分的补充性规定。

事故报告应遵循以下流程：

① 事故发生后，事故现场有关人员应当立即向本单位负责人报告；单位负责人接到报告后，应当于 1 小时内向事故发生地县级以上人民政府安全生产监督管理部门和负有安全生产监督管理职责的有关部门报告。

② 情况紧急时，事故现场有关人员可以直接向事故发生地县级以上人民政府安全生产监督管理部门和负有安全生产监督管理职责的有关部门报告。

③ 单位负责人是指建筑施工企业主要负责人，是指对本企业日常生产经营活动和安全生产工作全面负责、有生产经营决策权的人员，包括企业法定代表人、经理、企业分管安全生产工作的副经理等。

9.4 职业健康安全管理

9.4.1 施工现场职业健康管理

9.4.1.1 相关规定

施工现场职业健康管理的相关法规包括职业病防治法、用人单位职业健康监护监督管理办法、职业健康监护技术规范。

职业病防治法中所定义的职业病是指企业、事业单位和个体经济组织等用人单位的劳动者在职业活动中，因接触粉尘、放射性物质和其他有毒、有害因素而引起的疾病。用人单位应当建立、健全职业病防治责任制，加强对职业病防治的管理，提高职业病防治水平，对本单位产生的职业病危害承担责任。产生职业病危害的用人单位，应当在醒目位置设置公告栏，公布有关职业病防治的规章制度、操作规程、职业病危害事故应急救援措施和工作场所职业病危害因素检测结果。

任何单位和个人不得将产生职业病危害的作业转移给不具备职业病防护条件的单位和个人。不具备职业病防护条件的单位和个人不得接受产生职业病危害的作业。用人单位与劳动者订立劳动合同（含聘用合同，下同）时，应当将工作过程中可能产生的职业病危害及其后果、职业病防护措施和待遇等如实告知劳动者，并在劳动合同中写明，不得隐瞒或者欺骗。

职业病危害是指对从事职业活动的劳动者可能导致职业病的各种危害。职业病危害因素包括职业活动中存在的各种有害的化学、物理、生物因素以及在作业过程中产生的其他职业有害因素。职业禁忌是指劳动者从事特定职业或者接触特定职业病危害因素时，比一般职业人群更易于遭受职业病危害和易患职业病或者可能导致原有自身疾病病情加重，或者在从事作业过程中诱发可能导致对他人生命健康构成危险的疾病的个人特殊生理或者病理状态。

工会组织应当督促并协助用人单位开展职业卫生宣传教育和培训，有权对用人单位的职业病防治工作提出意见和建议，依法代表劳动者与用人单位签订劳动安全卫生专项集体合同，与用人单位就劳动者反映的有关职业病防治的问题进行协调并督促解决。

9.4.1.2　职业病和职业病危害因素分类

根据国卫疾控发〔2013〕48号关于印发《职业病分类和目录》的通知，职业病包括职业性尘肺病及其他呼吸系统疾病、职业性皮肤病、职业性眼病、职业性耳鼻喉口疾病、职业性化学中毒、物理因素所致职业病、职业性放射性疾病、职业性传染病、职业性肿瘤和其他职业病，共10类122种疾病。

机电工程安装作业人员可能发生的职业病包括：尘肺病及其他呼吸系统疾病，如电焊工尘肺、金属及其化合物粉尘肺沉着病、刺激性化学物所致慢性阻塞性肺疾病；职业性皮肤病，如接触性皮炎、光接触性皮炎、电光性皮炎、化学性皮肤灼伤；职业性眼病，如电光性眼炎；职业性耳鼻喉口疾病，如噪声聋；职业性化学中毒，如汽油中毒、苯中毒、甲苯中毒；物理因素所致职业病，如中暑、冻伤；职业性放射性疾病，如外照射慢性放射病；其他职业病，如金属烟热。

职业病危害因素主要来源包括与生产过程有关的职业性危害因素、与劳动过程有关的职业性危害因素、与作业环境有关的职业性危害因素等。

与生产过程有关的职业性危害因素主要来源于原料、中间产物、产品、机器设备的工业毒物、粉尘。噪声、振动、高温、电离辐射及非电离辐射、污染性因素等职业性危害因素，均与生产过程有关。

与劳动过程有关的职业性危害因素是由于作业时间过长、作业强度过大、劳动制度与劳动组织不合理、长时间不良工作体位、个别器官和系统的过度紧张，造成对劳动者健康的损害。

与作业环境有关职业性危害因素是施工场地布局不合理，作业区域狭小、施工机械位置不合理、照明不良等；生产过程中缺少必要的防护设施等；露天作业的不良气象条件。

根据国卫疾控发〔2015〕92号关于印发《职业病危害因素分类目录》的通知，职业病危害因素分粉尘、化学因素、物理因素、放射性因素、生物因素和其他因素，共6类459种因素。

机电工程安装常见的职业病危险因素包括：粉尘，如电焊、烟尘、矿渣棉粉尘、砂轮磨尘、岩棉粉尘、珍珠岩粉尘；化学因素，如氨、苯、甲苯、汽油、乙炔、氢氧化钠、碳酸钠（纯碱）、酚醛树脂、环氧树脂、脲醛树脂、三聚氰胺甲醛树脂、丙酮；物理因素，如噪声、高温、低温、紫外线、红外线；放射性因素，如密封放射源产生的电离辐射（γ射线）、X射线装置产生的电离辐射（X射线）等。

9.4.2　施工现场职业健康安全

1950年由国际劳工组织和世界卫生组织的联合职业委员会对职业健康给出权威的定义：职业健康应以促进并维持各行业职工的生理、心理及社交处在最好状态为目的；并防止职工的健康受工作环境影响；保护职工不受健康危害因素伤害；并将职工安排在适合他们的生理和心理的工作环境中。

职业健康安全管理是对工作场所内产生或存在的职业性有害因素及其健康损害进行识别、评估、预测和控制的一门科学，其目的是预防和保护劳动者免受职业性有害因素所致的健康影响和危险，使工作适应劳动者，促进和保障劳动者在职业活动中的身心健康和社会福利。

9.4.2.1 危险源识别与控制

公司依据《职业健康安全管理体系 要求及使用指南》（GB/T 45001—2020）建立职业健康安全管理体系，以消除或尽可能降低危险源相对应的风险（可能暴露于与公司活动相关的职业健康安全危险源中的员工和其他相关方所面临的风险）。项目部根据合同要求，实施、保持和持续改进职业健康安全管理体系。现场施工职业健康安全危险源消除或降至可接受风险，不会存在危险源引发事件导致事故产生。

上述论述中的危险源、事件和事故三者之间虽然有着显著的区别，但也存在一定的关联性。

危险源是可能导致人身伤害或健康损害的根源、状态或行为，或其组合。危险源辨识旨在事先确定所有由组织活动产生的危险源。根源类如，运转着的机械、辐射或能量源等；状态类如，在高处进行作业、进入受限空间作业、项目未配置专职安全员等；行为类如，作业前未进行安全交底、手工提/举重物、违章指挥等。

事件是指发生或可能发生与工作相关的健康损害或人身伤害（无论严重程度），或者死亡的情况；事故是一种发生人身伤害、健康损害或死亡的事件；未发生人身伤害、健康损害或死亡的事件通常称为"未遂事件"。

风险是发生危险事件或有害暴露的可能性，与随之引发的人身伤害或健康损害的严重性的组合。风险评价是对危险源所导致的风险进行评估、对现有控制措施的充分性加以考虑以及对风险是否可接受予以确定的过程。

危险源辨识、风险评价和控制措施的确定参见《职业健康安全管理体系 要求及使用指南》GB/T 45001—2020。危险源辨识类型主要有：

① 物理危险源。例如，高空作业、高空物体坠落、受限空间作业、手工搬运、重复性工作、火灾、爆炸、机械伤害、可造成伤害的能量（X射线、热处理中工件、噪声、振动等）、寒冷环境等。

② 化学危险源。例如，吸入烟雾（有害气体或尘埃）、身体接触或被身体完全吸收、摄食、物料的储存（不相容或降解）等。

③ 生物危险源。例如，生物制剂、过敏源或病菌（细菌或病毒），可能被吸入；经接触传染，包括经由体液（如针头扎伤）和昆虫叮咬等传染；被摄食（如受污染的食品）。

④ 社会心理危险源。例如，能导致负面社会心理状态（包括精神状态等）的情况，如某些情况而产生的应激（包括创伤后应激等）、焦虑、疲劳或沮丧，工作量过度；缺乏沟通或管理控制；工作场所物理环境；身体暴力；胁迫或恐吓。

对于危险源的控制，应采取适当的措施。对于变更管理，组织应在变更前，识别在组织内、职业健康安全管理体系中或组织活动中与该变更相关的职业健康安全危险源和职业健康安全风险。组织应确保在确定控制措施时考虑这些评价的结果。在确定控制措施或考虑变更现有控制措施时，应按如下顺序考虑降低风险：消除，替代，工程控制措施，标志、警告和

（或）管理控制措施，个体防护装备。组织应将危险源辨识、风险评价和控制措施的确定的结果形成文件并及时更新。

机电工程施工现场常常涉及的职业健康危险源（因素）和风险如下：

① 焊接作业产生的金属烟雾。在焊接作业时可产生多种有害烟雾物质，如电焊时使用锰焊条，除可以产生锰粉尘外，还可以产生锰烟、氟化物、臭氧及一氧化碳，长期吸入可导致电气工人尘肺及慢性中毒。

② 受限空间焊接作业。由于作业空间相对密闭、狭窄、通风不畅，在这种作业环境内进行焊接或切割作业，耗氧量极大，又因缺氧导致燃烧不充分，产生大量一氧化碳，从而造成施工人员缺氧窒息和一氧化碳中毒。

③ 长期的高温环境作业。可引起人体水电解质紊乱，损害中枢神经系统，可造成人体虚脱、昏迷甚至休克，易造成意外事故。

9.4.2.2 职业健康安全管理的实施

在机电工程项目施工中，施工企业必须取得安全生产许可证，特种作业人员必须取得相应的上岗作业资格证，所有进入施工现场的人员必须按劳动保护要求着装。对从事辐射工作的人员必须通过辐射安全和防护专业知识及相关法律法规的培训考核和身体检查，并进行剂量监测。

施工现场保护措施必须符合规定。在进入带有转动部件的设备作业，必须切断电源并有专人监护；在高处铺设钢隔板时，必须边铺边固定；在容器内进行气刨等作业时，必须对作业人员采取听力保护措施；施工中所使用的酸碱及其溶液应该在专库存放，严禁与有机物、氧化剂和脱脂剂等接触。

施工中应特别注意用电安全。施工现场所有配电箱和开关箱中应装设漏电保护器，用电设备必须做到二级漏电保护。严禁将保护线路或设备的漏电开关退出运行；用电设备应执行"一机一闸一保护"控制保护的规定。严禁一个开关控制两台（条）及以上用电设备（线路）；手持式电动工具和移动式设备相关开关箱中漏电保护电器，其额定漏电动作电流不得大于 15mA，额定漏电动作时间不得大于 0.1s。在 TN-S 接零保护系统中，电气设备的金属外壳必须与保护零线连接，保护零线应由工作接地线或配电室配电柜电源侧零线处引出；保护零线必须在配电系统的始端、中间和末端处做重复接地，每处重复接地电阻不得大于 10Ω。行灯照明应使用安全特低电压，行灯电压不应大于 36V，在高温、潮湿场所行灯电压不应大于 24V；在特别潮湿场所、受限空间内，行灯电压不应大于 12V。

施工中的起重吊装和脚手架搭设等危险性较大的专项施工必须严格管理。制作吊耳与吊耳的加强板的材料必须有质量证明文件，且不得有裂纹、重皮、夹层等缺陷；吊车严禁超载或起吊不明重量的工件；卷扬机作业中，严禁用手拉、脚踩运转的钢丝绳，且不得跨越钢丝绳。脚手架扣件应有质量证明文件，并应符合现行国家标准《钢管脚手架扣件》（GB 15831—2006）的规定，扣件使用前应进行质量检查，必须更换出现滑丝的螺栓，严禁使用有裂缝、变形的扣件；在脚手架每个主节点处必须设置一根横向水平杆，用直角扣件与立杆相连且严禁拆除；作业层端部脚手板探出长度应为 100～150mm，两端必须用铁丝固定，绑扎产生的铁丝扣必须砸平；拆除脚手架前应对脚手架的状况进行检查确认，拆除脚手架必须由上而下逐层进行，严禁上下同时进行，连接杆必须随脚手架逐层拆除，一步一清，严禁先将连接杆整层拆除或数层拆除后再拆除脚手架。受限空间内涂装作业时，受限空间内不得作为外来制件的涂漆作业场所；进入受限空间进行涂装作业前必须办理作业票。涂装作业人员进入前，应进行空气含氧量和有毒气体检测；作业人员进入深度超过 1.2m 的受限空间作业时，应在腰部系上保险绳，绳的另一头交给监护人员，作为预防性防护；严禁向密闭空间内通氧气和采用明火照明。

对于机电工程施工中危险性较大的分部分项工程，安全管理要符合下列要求：

① 施工单位应当在危险性较大工程施工前组织工程技术人员编制专项施工方案。

② 实行施工总承包的，专项施工方案应当由施工总承包单位组织编制，危险性较大工程实行分包的，专项施工方案可以由相关专业分包单位组织编制。

③ 专项施工方案应当由施工单位技术负责人审核签字、加盖单位公章，并由总监理工程师审查签字、加盖执业印章后方可实施。

④ 危险性较大的工程实行分包并由分包单位编制专项施工方案的，专项施工方案应当由总承包单位技术负责人及分包单位技术负责人共同审核签字并加盖单位公章。

⑤ 对于超过一定规模的危险性较大工程，施工单位应当组织召开专家论证会对专项施工方案进行论证，实行施工总承包的，由施工总承包单位组织召开专家论证会，专家论证前，专项施工方案应当通过施工单位审核和总监理工程师审查。

9.4.2.3 职业健康安全检查

职业健康安全检查分为安全管理检查和现场安全检查两部分。检查的主要内容包括安全目标的实现程度及安全生产职责的履行情况，各项安全生产管理制度的执行情况，施工现场安全防护和隐患排查情况，以及生产安全事故、未遂事故的调查及处理情况等。

安全检查方式包括日常巡查、专项检查、季节性检查、定期检查、不定期抽查、飞行检查等。安全检查工作应制度化、标准化、经常化。安全检查应依据充分、内容具体，并编制安全检查表。安全检查的重点是违章指挥和违章作业、直接作业环节的安全保证措施等。对检查中发现的问题和隐患，应定责任、定人、定时、定措施整改，并跟踪复查，实现闭环管理。

9.4.2.4 职业病危害事故的处理

职业病危害事故是发生职业病危害事故或者有证据证明危害状态可能导致职业病危害事故发生时，安全生产监督管理部门可以采取下列临时控制措施：

① 责令暂停导致职业病危害事故的作业；

② 封存造成职业病危害事故或者可能导致职业病危害事故发生的材料和设备；

③ 组织控制职业病危害事故现场。

在职业病危害事故或者危害状态得到有效控制后，安全生产监督管理部门应当及时解除控制措施。

职业病危害事故处置和报告按下列过程进行：

① 依法采取临时控制和应急救援措施，及时组织抢救急性职业病病人，对遭受或者可能遭受急性职业病危害的劳动者，及时组织救治、进行卫生检查和医学观察。

② 停止导致职业病危害事故的作业，控制事故现场，防止事态扩大，把事故危害降到最低限度。

③ 保护事故现场，保留导致职业病危害事故的材料、设备和工具等。

④ 立即向本单位安全生产管理机构报告事故，安全生产管理机构立即向事故发生所在地安全生产监督管理部门报告事故，报告内容包括事故发生的地点、时间、发病情况、死亡人数、可能发生原因、已采取措施和发展趋势等，任何单位和个人不得以任何借口对职业病

危害事故有瞒报、虚报、漏报和迟报。

　　⑤ 组成职业病危害事故调查组，配合上级行政部门进行事故调查。

9.5 　绿色施工及文明施工

　　机电工程项目的安全管理还包括施工现场的环境管理，做好环境保护，在施工中要遵循绿色施工和文明施工的相关要求，全面做好施工现场的各项安全工作。

9.5.1 　施工现场环境管理

9.5.1.1 　施工现场环境

　　《环境管理体系 要求及使用指南》（GB/T 24001—2016）中对环境、环境因素、环境影响和环境状态等基本术语的概念进行了解释。

　　环境是指组织运行活动的外部存在，包括空气、水、土地、自然资源、植物、动物、人，以及它们之间的相互关系。《环境保护法》对环境定义缺少人元素，该标准弥补了施工单位作业人员以外的人身影响。例如，施工现场周边居民、现场相邻作业其他施工单位作业人员等。

　　环境因素是指一个组织的活动、产品和服务中与环境或能与环境发生相互作用的要素。例如，防腐施工中漆料挥发污染空气的环境因素、X 射线焊缝检测时其受辐射区域环境因素等。

　　环境影响是指全部或部分地由组织的环境因素给环境造成的不利或有益的变化。例如，施工现场临建卫生间化粪池没做防渗处理，粪便外渗污染外部土壤层等。

　　环境状态是指在某个特定时间点确定的环境状态或特征。污染预防是指为了降低有害的环境影响而采用（或综合采用）过程、惯例、技术、材料、产品、服务或能源以避免、减少或控制任何类型的污染物或废物的产生、排放或废弃。

　　《建设工程施工现场环境与卫生标准》（JGJ 146—2013）中则指明环境卫生是施工现场生产、生活环境的卫生，包括食品卫生、饮水卫生、废污处理、卫生防疫等。建筑垃圾指在新建、扩建、改建各类房屋建筑与市政基础设施工程施工过程中产生的弃土、弃料及其他废弃物。

　　一切单位和个人都有保护环境的义务。企业事业单位和其他生产经营者，在污染物排放符合法定要求的基础上，进一步减少污染物排放的，人民政府应当依法采取财政、税收、价格、政府采购等方面的政策和措施予以鼓励和支持。

　　企业事业单位和其他生产经营者违反法律法规规定排放污染物，造成或者可能造成严重污染的，县级以上人民政府环境保护主管部门和其他负有环境保护监督管理职责的部门，可以查封、扣押造成污染物排放的设施、设备。排放污染物的企业事业单位和其他生产经营者，应当按照国家有关规定缴纳排污费。排污费应当全部专项用于环境污染防治，任何单位和个人不得截留、挤占或者挪作他用。

9.5.1.2 　施工现场环境管理要求

　　施工现场环境管理，首先要能够识别影响施工现场环境管理体系相关的内部和外部问题，了解环境状态、外部的人文地域，以及施工单位内部特征或条件。

　　环境状态是与气候、空气质量、水质量、土地利用、现存污染、自然资源的可获得性和生物多样性等相关的，可能影响组织的目的或受其环境因素影响的环境状况。外部的人文地域包括文化、社会、政治、法律、监管、财政、技术、经济、自然以及竞争环境。无论是国际的、国内的、区域的或地方的。施工单位内部特征或条件，包括活动、产品和服务、战略方向、文化与能力（即人员、知识、过程、体系）等。

在了解问题的基础上，再确定内、外部问题可能给组织或环境管理体系带来的风险和机遇。例如，焊接环境风险和机遇包括风力、气温、湿度超出规范要求会对焊接作业带来负面影响；焊接产生烟尘、废弃的焊条头和脱落的渣皮会对作业区域空气、土壤造成污染。

最后，确定需要应对管理的风险和机遇。如，搭设防风、防雨设施，应对焊接作业不适宜的环境状态；容器试压应设置警戒线、警示牌、警戒值班人员；试压介质为空气时，泄压管口应配置消声器。

同时必须注意，在施工现场严禁焚烧各类废弃物，严禁将未经处理的有毒、有害废弃物直接回填或掩埋。

9.5.2 绿色施工管理

9.5.2.1 绿色施工原则及要点

工程建设中，在保证质量、安全等基本要求的前提下，通过科学管理和技术进步，最大限度地节约资源与减少环境负面影响的绿色施工活动，实现"四节一环保"（节能、节材、节水、节地和环境保护），应建立绿色施工管理体系和管理制度，并实施目标管理。在施工前，应进行总体方案优化，在规划、设计阶段充分考虑绿色施工的总体要求，为绿色施工提供基础条件。对施工策划、材料采购、现场施工、工程验收等各阶段进行控制，加强对整个施工过程的管理和监督。

（1）环境保护要点

环境保护涵盖扬尘控制、噪声与振动控制、光污染控制、水污染控制、土壤保护、建筑垃圾控制，地下设施及文物和资源保护等。

对于扬尘控制，运送土方、垃圾、设备及建筑材料等时，不应污损道路。运输容易散落、飞扬、流漏的物料的车辆，应采取措施封闭严密。施工现场出口应设置洗车设施，保持开出现场车辆的清洁。土方作业阶段，采取洒水、覆盖等措施，达到作业区目测扬尘高度小于1.5m，不扩散到场区外。

对于噪声与振动控制，在施工场界对噪声进行实时监测与控制，现场噪声排放不得超过国家标准《建筑施工场界环境噪声排放标准》（GB 12523—2011）的规定。尽量使用低噪声、低振动的机具，采取隔声与隔振措施。

对于光污染控制，夜间电焊作业应采取遮挡措施，避免电焊弧光外泄。大型照明灯应控制照射角度，防止强光外泄。

对于水污染控制，在施工现场应针对不同的污水，设置相应的处理设施。污水排放应委托有资质的单位进行废水水质检测，提供相应的污水检测报告。保护地下水环境。采用隔水性能好的边坡支护技术。对于化学品等有毒材料及油料的储存地，应有严格的隔水层设计，做好渗漏液收集和处理。

对于土壤保护，要保护地表环境，防止土壤侵蚀、流失，因施工造成的裸土应及时覆盖。污水处理设施等不发生堵塞、渗漏、溢出等现象。防腐保温用油漆、绝缘脂和易产生粉尘的材料等应妥善保管，对现场地面造成污染时应及时进行清理。对于有毒有害废弃物应回收后交有资质的单位处理，不能作为建筑垃圾外运。施工后应恢复施工活动破坏的植被。

对于建筑垃圾控制，制订建筑垃圾减量化计划。加强建筑垃圾的回收再利用，力争建筑垃圾的再利用和回收率达到 30%。碎石类、土石方类建筑垃圾应用作地基和路基回填材料。施工现场生活区应设置封闭式垃圾容器，施工场地生活垃圾实行袋装化，及时清运。

对于地下设施、文物和资源保护，施工前应调查清楚地下各种设施，做好保护计划，保证施工场地周边的各类管道、管线、建筑物、构筑物的安全。进行地下工程施工或基础挖掘时，如发现化石、文物、电缆、管道、爆炸物等，应立即停止施工，及时向有关部门报告，按有关规定妥善处理后，方可继续施工。

（2）节材与材料资源利用技术要点

图纸会审时，应审核节材与材料资源利用的相关内容。在施工中要应用 BIM 技术优化安装工程的预留、预埋、管线路径等方案，优化钢板、钢筋和钢构件下料方案，推广使用预拌混凝土、商品砂浆、高强钢筋和高性能混凝土等，并推广钢筋专业化加工和配送。采用"三维建模""工厂化预制、模块化安装"等先进施工技术，精细设计、建造，提高材料利用率。

（3）节水与水资源利用的技术要点

提高用水效率，施工中采用先进的节水施工工艺。施工现场机具、设备、车辆冲洗、喷洒路面、绿化浇灌等不宜使用自来水。现场混凝土施工宜优先采用中水搅拌、中水养护，有条件的项目应收集雨水养护。处于基坑降水阶段的项目，宜优先采用地下水作为混凝土搅拌用水、养护用水。施工现场供水管网和用水器具不应有渗漏。现场机具、设备、车辆冲洗用水应设立循环用水装置。施工现场办公区、生活区的生活用水应采用节水系统和节水器具。施工现场应建立可再利用水的收集处理系统。雨量充沛地区的大型施工现场建立雨水收集利用系统。施工现场分别对生活用水与工程用水确定用水定额指标，凡具备条件的应分别计量管理，并进行专项计量考核。

施工中还要保证用水安全。在非传统水源和现场循环再利用水的使用过程中，应制定有效的水质检测与卫生保障措施，确保避免对人体健康、工程质量以及周围环境产生不良影响。例如，不锈钢容器或管道试验用水中氯离子要小于 25mg/L，否则就会发生氯离子对不锈钢的应力腐蚀、孔蚀、晶间腐蚀。

（4）节能与能源利用的技术要点

施工中必须制定节能措施，制定合理的施工能耗指标，提高施工能源利用率。优先使用国家、行业推荐的节能、高效、环保的施工设备和机具。施工现场分别设定生产、生活、办公和施工设备的用电控制指标，定期进行计量、核算、对比分析。在施工组织设计中，合理安排施工顺序、工作面，以减少作业区域的机具数量，相邻作业区充分利用共有的机具资源。根据当地气候和自然资源条件，充分利用太阳能等可再生能源。

（5）节地与施工用地保护的技术要点

根据施工规模及现场条件等因素合理确定临时设施。施工平面布置应合理、紧凑。

做好临时用地保护。对施工方案进行优化，减少土方开挖和回填量，最大限度地减少对土地的扰动。建设红线外临时占地应尽量使用荒地、废地。生态薄弱地区施工完成后，应进行地貌恢复。保护施工用地范围内原有绿色植被。

对于施工总平面布置，应做到科学、合理，充分利用原有建筑物、构筑物、道路、管线为施工服务。施工现场搅拌站、仓库、加工厂、作业棚、材料堆场等布置应尽量靠近已有交通线路或即将修建的正式或临时交通线路，缩短运输距离。加大管道、钢结构的工厂化预制深度，节省现场临时用地。施工现场道路按照永久道路和临时道路相结合的原则布置。临时设施布置应注意远近结合（本期工程与下期工程），努力减少大量临时建筑拆迁和场地搬迁。

9.5.2.2 绿色施工评价

绿色施工的评价阶段可以按照地基与基础工程、结构工程、装饰工程和机电安装工程的施工顺序划分。对每个施工阶段进行评价时，应重点对环境保护、节材与材料资源利用、节水与水资源利用、节能与能源利用、节地与土地资源保护五个要素进行单独评价。对每个要素的评价可通过若干评价指标完成，可用的评价指标按其重要性和难易程度可分控制项、一般项和优选项三类。其中，根据控制项的符合情况和一般项、优选项得分进行评价，绿色施工每个要素的评价等级可分为不合格、合格和优良三等。

绿色施工项目自评次数每月不应少于 1 次，且每阶段不应少于 1 次。根据国家标准《建筑工程绿色施工评价标准》（GB/T 50640—2010）的计分标准、计算公式、要素权重系数，计算出单位工程绿色施工总得分，判定出单位工程绿色施工等级。

绿色施工的评价组织按以下构成：

① 单位工程绿色施工评价应由建设单位组织，项目部和监理单位参加。

② 单位工程施工阶段评价应由监理单位组织，建设单位和项目部参加。

③ 单位工程施工批次评价应由施工单位组织，建设单位和监理单位参加。

④ 项目部应组织绿色施工的随机检查，并对目标的完成情况进行评估。

单位工程绿色施工评价应在工程竣工前申请。对于单位工程绿色施工评价，应先批次评价，再进行阶段评价，最后进行单位工程的绿色施工评价。评价时先听取项目部的实施情况报告，再检查相关技术和管理资料，综合确定评价等级。

单位工程绿色施工评价资料应包括反映绿色施工要求的图纸会审记录；施工组织设计的专门绿色施工章节、施工方案的绿色施工要求；绿色施工技术交底和实施记录；绿色施工要素评价表；绿色施工批次评价表；绿色施工阶段评价表；单位工程绿色施工评价汇总表；单位工程绿色施工总结报告；单位工程绿色施工相关方验收及确认表；反映绿色施工评价要素水平的照片和音像资料。

发展绿色施工的"四新技术"。绿色施工的"四新技术"包括新技术、新设备、新材料与新工艺。发展适合绿色施工的资源利用与环境保护技术，对落后的施工方案进行限制或淘汰，鼓励绿色施工技术的发展，推动绿色施工技术的创新。

大力发展现场监测技术、低噪声的施工技术、"工厂化预制，模块化安装"的施工技术、现场环境参数检测技术、自密实混凝土施工技术、清水混凝土施工技术、新型模板及脚手架技术等的研究与应用。

加强信息技术应用，如绿色施工的虚拟现实技术、三维建模的工程量自动统计、绿色施工组织设计数据库建立与应用系统、数字化工地、基于电子商务的工程材料、设备与物流管理系统等。通过应用信息技术，进行精密规划、设计，精心建造和优化集成，提高绿色施工的各项指标。

9.5.3 文明施工管理

9.5.3.1 文明施工管理的组织

项目部成立由项目部领导为组长的文明施工领导小组，成员由生产、技术、安全、设备、保卫、物资、生活卫生等部门负责人及相关人员组成。文明施工领导小组负责制定项目文明施工管理规划，明确创建文明施工管理目标，实行"分层负责，区域管理"的原则，明确专业责任分工和主管部门（人员），开展文明施工管理工作。

项目经理负责文明施工的决策，负责文明施工管理的组织、协调和指导工作，并对文明施工规划提出指导性意见。施工现场文明施工由施工企业负责，实行总承包的，由总承包单位负责。各施工分包单位应服从总承包单位的管理，建立和健全相应的管理体系，负责各自责任区域的文明施工管理和实施、保持工作。

9.5.3.2 现场文明施工的目标与措施

文明施工管理的内容包括施工平面布置；现场围挡、标牌；施工场地管理；材料堆放、周转设备管理；现场生活设施管理；现场消防、防火管理；医疗急救的管理；社区服务的管理等。

现场文明施工的目标是要达到规范施工现场的场容，保持作业环境的整洁卫生；科学组织施工，使生产有序进行；减少施工对周围居民和环境的影响；保证施工现场人员的安全和身体健康。

现场文明施工的措施主要包括组织措施、技术措施、合同措施和经济措施。

对于组织措施，需要成立施工现场文明施工管理小组，作为开展文明施工和环境保护的组织保证。建立并健全包括各专业文明施工管理制度、岗位责任制、检查制度、奖惩制度、会议制度等，建立文明施工管理的体系。组织开展全员文明施工教育。

对于技术措施，应结合施工现场的实际情况，编制文明施工的实施细则，指导和推进文明施工活动开展。

对于合同措施，应在施工招标投标阶段于招投标文件中明确项目对于文明施工管理的要求，在施工分包合同中确定文明施工管理的工作内容和要求。

对于经济措施，应采取经济奖惩相结合的方法。经济奖惩的措施应与合同措施合并采用，在施工分包合同中明确对于文明施工管理不符合规定要求的处罚方法。

9.5.3.3 现场文明施工管理的基本要求

在项目实施的不同阶段，文明施工的基本要求不尽相同。

在施工准备阶段，项目部在编制项目施工管理规划时，应对文明施工管理做出总体布置，并要求施工分包单位针对所承建部分的项目特点和具体要求编制文明施工实施细则。加强施工总平面布置和管理，确定施工现场区域规划图和施工总平面布置图。合理布置和安放施工现场所需要的设备、材料、机具，明确材料、设备等物资需要量及进场计划、运输方式、处置方法，确保实现施工现场秩序化、标准化、规范化，体现出文明施工水平。

在工程施工阶段，对作业过程、设备、临时用电、保卫消防等均有相应要求。

在作业过程中，项目部所属各单位应强化文明施工责任区的管理，遵循通行和现场施工作业。现场及生活区的道路可与消防通道共用，应布置成环形，且宽度不小于3.5m，以利于消防车辆通行。现场运输泥土、水泥等车辆应做好防扬尘措施，施工路面应及时清洁，不定期洒水。严格按施工组织设计中平面布置图划定的位置整齐堆放原材料和机具、设备。进入现场的交通工具和各类机具应按要求停放。合理布置临时施工照明，施工区域（或施工点）的照明应符合安全要求。施工现场各施工层或重点施工区域应按规定配备消防器材，做好现场安全施工的检查。保护施工现场的安全、消防、文明施工设施，严禁乱拆乱动，确保各类标志齐全、完好。

在设备管理中，确保设备安全防护装置齐全，外设备有防护棚，加工场地整齐、平整。

检查确认机械设备的操作规程、标识、台账、维护保养等齐全并符合要求。

在实施临时用电时，施工区、生活区、办公区的配电线路架设和照明设备、灯具的安装、使用应符合规范要求，特殊施工部位的用电线路按规范要求采取特殊安全防护措施。配电箱和开关箱选型、配置合理，安装符合规定，箱体整洁、牢固。电动机具电源线压接牢固，绝缘完好，电焊机一、二次线防护齐全，焊把线双线到位，无破损。同时，临时用电有方案和管理制度，值班电工个人防护整齐，持证上岗；值班、检测、维修记录齐全。

对于施工现场的保卫消防，要确保配置保卫、消防制度和方案、预案，有负责人和组织机构，有检查落实和整改措施。在施工现场出入口设警卫室。施工现场要有明显防火标志，消防通道畅通，消防设施、工具、器材符合要求，施工现场不准吸烟。易燃、易爆、剧毒材料必须单独存放，搬运、使用符合标准，明火作业要严格审批程序。

对于竣工验收，要确保永久照明和检修电源应逐步投入使用；各层平台、栏杆扶梯应做到齐全、牢固。现场各类沟道干净，盖板齐全平整，排水（污）沟（管）道畅通。施工现场环境整洁，地面干净，无污迹、杂物等。施工临时设施除按要求必须保留的以外，应拆除和清理干净。及时消除生产设备存在的漏风、漏气（汽）、漏水、漏油、漏粉等现象。消缺、检修、试运等工作应严格执行工作票制度，按规定处理消缺、检修、试运过程中产生的废液、废气、废弃物等。施工分承包单位应主动在责任区域消除基建痕迹，做好系统维护和设备保护工作。

9.6 ➲ 延伸阅读与思考

"天眼"工程（图9.1）位于贵州省黔南布依族苗族自治州平塘县克度镇的喀斯特洼坑中，工程为国家重大科技基础设施。因500m口径球面射电望远镜（FAST，five-hundred-meter aperture spherical telescope）被誉为"中国天眼"，因此，该工程被称为"天眼"工程。我国天文学家南仁东先生于1994年提出该构想，历时22年建成，终于在2016年9月25日落成启用。FAST由主动反射面系统、馈源支撑系统、测量与控制系统、接收机与终端及观测基地等几大部分构成。这是由中国科学院国家天文台主导建设的，具有我国自主知

图 9.1 "天眼"工程

识产权、世界最大单口径、最灵敏的射电望远镜，其综合性能是著名的射电望远镜阿雷西博的十倍。作为世界最大的单口径望远镜，FAST 将在未来 20～30 年保持世界一流设备的地位。

1993 年，东京召开的国际无线电科学联盟大会上，包括中国在内的 10 国天文学家提出建造新一代射电"大望远镜"。他们期望，在全球电信号环境恶化到不可收拾之前，能多捕获一些射电信号，这是建造 FAST 的初始动机。1994 年，FAST 工程概念提出。2001 年，FAST 作为中科院首批"创新工程重大项目"立项，并完成预研究。2007 年，FAST 工程进入可行性研究阶段，并于 2008 年批复了可行性研究报告，FAST 工程进入初步设计阶段。2009 年，500m 口径球面射电望远镜国家重大科技基础设施初步概算获得贵州省发改委批复。2011 年，FAST 工程开工报告获得批复，工程于 2011 年正式开工建设，总投资概算为 6.67 亿元。2015 年，FAST 安装了最后一根钢索，索网制造和安装工程结束，这意味着 FAST 的支撑框架建设完成，进入了反射面面板拼装阶段。同年，随着长度 3.5km 的 10kV 高压线缆通过耐压测试、变电站设备调试完成，FAST 项目综合布线工程完成，具备供电条件，这标志着"天眼"的神经系统已经成型，FAST 工程进入最后的冲刺阶段。2015 年 11 月，FAST 馈源支撑系统进行首次升舱试验，6 根钢索拖动馈源舱提升 108m，并进行相应的功能性测试。2016 年 7 月，500m 口径球面射电望远镜的最后一块反射面单元成功吊装，这标志着 FAST 主体工程顺利完工。2017 年 10 月，发现 2 颗新脉冲星，距离地球分别约 4100 光年和 1.6 万光年，是中国射电望远镜首次发现脉冲星。截至 2020 年 3 月，FAST 发现并认证的脉冲星达到 114 颗。2020 年 9 月，"中国天眼"预计可正式启动针对地外文明的搜索。

FAST 选址于崇山峻岭之间，建设不仅受环境影响而增大难度，更因其中的超常设计而使建设变得极为困难。其中，索网制造与安装工程也是 500m 口径球面射电望远镜工程的主要技术难点之一。索网结构是 FAST 主动反射面的主要支撑结构，是反射面主动变位工作的关键点。其关键技术问题主要包括超大跨度索网安装方案设计、超高疲劳性能钢索结构研制、超高精度索结构制造工艺等。

FAST 索网结构直径 500m，采用短程线网格划分，并采用间断设计方式，即主索之间通过节点断开。索网结构的一些关键指标远高于国内外相关领域的规范要求，例如，主索索段控制精度须达到 1mm 以内，主索节点的位置精度须达到 5mm，索构件疲劳强度不得低于 500MPa。整个索网共 6670 根主索、2225 个主索节点及相同数量的下拉索。索网总重量为 1300 余吨，主索截面一共有 16 种规格，截面积介于 $280～1319mm^2$ 之间。由于场地条件限制，全部索结构须在高空中进行拼装。

索网采取主动变位的独特工作方式，即根据观测天体的方位，利用促动器控制下拉索，在 500m 口径反射面的不同区域形成直径为 300m 的抛物面，以实现天体观测。

FAST 索网是世界上跨度最大、精度最高的索网结构，也是世界上第一个采用变位工作方式的索网体系。其技术难度不言而喻，需要攻克的技术难题贯穿索网的设计、制造及安装全过程。仅以高应力幅钢索研制为例，FAST 工程对拉索疲劳性能的要求相当于规范规定值的 2 倍，国内外均没有可借鉴的经验或资料作为参考。其研制工作经历了反复的"失败—认识—修改—完善"过程，最终历时一年半时间才完成技术攻关。所取得的成果已经在国际专家评审会上得到国外专家组的认可，并成功在 FAST 工程上得到应用。随着索网诸多技术难题的不断攻克，形成了多项自主创新性的专利成果，这些成果对我国索结构工程水平起到了巨大的提升作用。

"天眼"工程的建设中,地处深山,环境偏僻,地形复杂,更由于本体结构的复杂性,使得建设难度极大,建设过程中所要面对的风险因素众多。那么,在"天眼"工程的建设中会遇到哪些风险因素呢?如何控制这些风险因素?如何在施工过程中保证施工安全、健康安全和环境安全呢?请查阅公开资料,了解"天眼"工程的建设过程,并调研分析在建设过程中所面临的建设风险及管理措施、职业健康安全管理、环境管理等。

本章练习题 ▶▶

9-1　A 施工单位总承包某石油库区改扩建工程,主要工程内容包括:新建 4 台 50000m³ 浮顶油罐,新建罐区综合泵站及管线,建造 18m 跨度钢混结构厂房和安装 1 台 32t 桥式起重机,并对油库区原有 4 台 10000m³ 拱顶油罐的开罐检查和修复。A 施工单位把厂房建造和桥式起重机安装工程分包给具有相应资质的 B 施工单位。工程项目实施中做了以下工作。工作一:A 施工单位成立了工程项目部,项目部编制了职业健康安全技术措施计划,制订了风险对策和应急预案。工作二:根据工程特点,项目部建立了消防领导小组,落实了消防责任制和责任人员,加强了防火、易燃易爆物品等的现场管理措施。工作三:为保证库区原有拱顶罐检修施工安全,项目部制订了油罐内作业安全措施,主要内容包括:(1)关闭所有与油罐相连的可燃、有害介质管道的阀门,并在作业前进行检查;(2)保证油罐的出、入口畅通;(3)采取自然通风,必要时强制通风的措施;(4)配备足够数量的防毒面具等;(5)油罐内作业使用电压为 36V 的行灯照明,且有金属保护罩。工作四:B 施工单位编制了用桅杆系统吊装 32t 桥式起重机吊装方案,由 B 单位技术总负责人批准后实施。试问:(1)项目部制订的应急预案的主要内容有哪些?(2)列出现场消防管理的主要具体措施。(3)指出并纠正项目部的油罐内作业安全措施的不妥或错误之处,并补充遗漏的内容。

9-2　某厂一条大型汽车生产线新建工程,内容包括土建施工、设备安装与调试、钢结构工程、各种工艺管道施工、电气工程施工等。工程工期紧,工程量大,技术要求高,各专业交叉施工多。通过招标确定该工程由具有施工总承包一级资质的 A 公司总承包,合同造价为 152000 万元,A 公司将土建施工工程分包给具有相应资质的 B 公司承包。A 公司项目管理人员进场后,成立了安全领导小组并配备了两名专职安全管理员,B 公司配备了两名兼职安全管理员,A 公司项目部建立了安全生产管理体系,制定了安全生产管理制度。在 4000t 压机设备基础施工前,B 公司制定了深基坑支护专项安全技术方案,并报 B 公司总工程师审批。在基坑开挖过程中,发生坍塌,造成两人重伤、一人轻伤。事故发生后经检查确认,B 公司未制定安全技术措施,A 公司未明确 B 公司的安全管理职责,A 公司、B 公司之间的安全管理存在问题,该施工项目被地方政府主管部门要求停工整顿,项目经整顿合格后,恢复施工。A 公司在设备基础位置和几何尺寸及外观、预埋地脚螺栓验收合格后,即开始了 4000t 压机设备的安装工作,经查验 4000t 压机设备基础验收资料不齐,项目监理工程师下发了暂停施工的"监理工作通知书"。试问:(1)项目部配置的安全管理人员是否符合规定要求?说明理由。(2)基坑支护安全专项技术方案审核是否符合规定要求?说明理由。(3)简要说明 A 公司、B 公司之间正确的安全管理闭口流程。

9-3　某施工单位承接一栋高层建筑的泛光照明工程。建筑高度为 180m,有 3 个透空段,建筑结构已完工,外幕墙正在施工。泛光照明由 LED 灯(55W)和金卤灯(400W)组成。LED 灯(连支架重 100kg)安装在幕墙上,金卤灯安装在平台上,由控制模块(256

路）进行场景控制。施工单位依据合同、施工图、规范和幕墙施工进度计划等编制了泛光照明的施工方案，施工进度计划。方案中 LED 灯具的安装，选用吊篮施工，牵引电动机功率为 1.5kW，提升速度为 9.6m/min，载重 630kg（载人 2 名）。按进度计划，共租赁 4 台吊篮。因工程变化，建筑幕墙 4 月底竣工，LED 灯具的安装不能按原进度计划实施，施工单位对 LED 灯和金卤灯的安装计划进行了调整。调整后的 LED 灯安装需租赁 6 台吊篮，作业人员增加到 24 人，施工单位又编制了临时用电施工组织设计。试问：（1）吊篮施工方案中应制定哪些安全技术措施和主要的应急预案？（2）计划调整后，为什么要编制临时用电施工组织设计？

9-4 某公司承担某机电改建工程，工程量主要为新建 4 台 5000m³ 原油罐及部分管线，更换 2 台重 356t、高 45m 的反应器，反应器施工方法为分段吊装组焊。针对作业活动，项目部风险管理小组对风险进行了识别和评价，确定了火灾、触电、机械伤害、窒息或中毒、焊接、应急响应等为重大风险。在储罐防腐施工中，因油漆工缺员，临时从敷设电缆的外雇工中抽出两人进行油漆调和作业，其中一人违反规定，自带火种，在调油漆时，引发一桶稀释剂着火将其本人烧伤，项目部立即启动应急预案，对他进行救护，并送往医院住院治疗。项目部和该工人订立的劳务合同规定，因本人违反操作规程或安全规定而发生事故的责任自负，因此，事发当日，项目部将该名工人除名，并让其自行支付所有医药费用。项目部认为该名工人不属于本企业正式员工，故对该事件不作为事故进行调查和处理。罐区主体工程完成后，消防系统的工程除了消防泵未安装外，其余报警装置已调试完，消防管线试压合格，业主决定投用 4 台原油罐，为了保证安全，购买一批干粉消防器材放在罐区作为火灾应急使用。试问：（1）指出项目部的风险评价结果有哪些不妥之处。（2）在焊接反应器时，电焊作业存在哪些风险？

9-5 绿色施工评价的框架体系包括哪几方面内容？评价指标按其重要性和难易程度可分为哪三类？

第10章 ▶▶
机电工程施工质量管理

机电工程项目交付的必须是符合设计要求和质量标准的实体成果。施工过程中的质量控制是项目管理的重要内容之一。质量控制水平的高低也是衡量机电安装公司施工水平的重要因素。进行质量控制，必须具备完善的质量控制体系，做好施工的质量控制策划，安排好施工质量验收程序，并及时处理质量不合格点。为了促使施工质量的改进与提升，还要通过数理统计的方法对质量状况进行评估，并分析造成质量问题的原因，提出相应的改进措施。

10.1 ◆ 施工质量管理体系

机电工程项目实施中的质量管理要依据施工质量相关法律法规和规范标准，按照全面、全过程和全员参与的质量管理理念，构建施工质量管理体系，遵循"计划—实施—检查—处置"活动流程（即 PDCA 循环），控制施工质量。

10.1.1 施工质量相关法规

施工质量管理策划的依据包括与施工质量相关的法律法规和规范标准等。施工质量的法律法规主要是《建筑法》《特种设备安全法》《建设工程质量管理条例》等。质量管理相关的规范标准主要是《质量管理体系 基础和术语》《工程建设施工企业质量管理规范》《建设工程项目管理规范》《建设项目工程总承包管理规范》《特种设备制造、安装、改造、维修质量保证体系基本要求》，以及相应的验收规范。

10.1.1.1 相关法律法规

《建筑法》中对建筑及附属物，以及建筑工程等概念给出明确定义。建筑工程是指房屋建筑工程，即有顶盖、梁柱、墙壁、基础以及能够形成内部空间，满足人们生产、生活、公共活动的工程实体，包括厂房、剧院、旅馆、商店、学校、医院和住宅等工程。线路、管道和设备安装工程包括电力、通信线路、石油、燃气、给水、排水、供热等管道系统和各类机构设备、装置的安装活动。

《特种设备安全法》针对特种设备安全管理进行立法，明确规定，有健全的质量保证、安全管理和岗位责任等制度，是特种设备生产单位应当具备的条件。

《建设工程质量管理条例》（以下简称条例）中则明确规定，施工单位应当建立质量责任制，确定工程项目的项目经理、技术负责人和施工管理负责人。施工单位必须建立、健全施工质量的检验制度，严格工序管理，做好隐蔽工程的质量检查和记录。施工单位应当建立、健全教育培训制度，加强对职工的教育培训，未经教育培训或者考核不合格的人员，不得上岗作业。

通过上述法律法规的相关规定，明确在施工中必须对施工质量进行有效控制，确保工程实体达到应有的质量要求是质量相关法律的硬性要求。

10.1.1.2 相关规范标准

为了指导质量管理工作的具体实施，国家和行业等又制定了相关的规范和标准。通过规范和标准的指导，可以使质量管理具有统一的标准和行为模式，有利于对质量的统一管理。在相关的规范标准中，对质量管理策划的要求、内容和实施等进一步给予详细规定。

《质量管理体系 基础和术语》（GB/T 19000—2016）中规定：质量策划是质量管理的一部分，致力于制定质量目标并规定必要的运行过程和相关资源以实现质量目标。编制质量计划可以是质量策划的一部分。质量保证是质量管理的一部分，致力于提供质量要求会得到满足的信任。质量控制是质量管理的一部分，致力于满足质量要求。项目管理是对项目各方面的策划、组织、监视、控制和报告，并激励所有参与者实现项目目标。项目管理计划规定满足项目目标所必需的事项的文件。

《工程建设施工企业质量管理规范》（GB/T 50430—2017）中对施工企业质量管理体系的规定：应对质量管理体系的各项活动进行策划，并确保质量管理体系有效运行。应进行质量管理体系策划，确定风险和机遇的应对措施，评估潜在影响，使质量管理体系满足适宜性、充分性、有效性的要求。策划应包括质量管理活动及相互关系，质量管理组织机构与职责，质量管理制度，质量管理所需的资源。

《建设工程项目管理规范》（GB/T 50326—2017）中对项目质量管理的规定：应坚持缺陷预防的原则，按照策划、实施、检查、处置的循环方式进行系统运作。实施程序包括确定质量计划、实施质量控制、开展质量检查与处置、落实质量改进。

《建设项目工程总承包管理规范》（GB/T 50358—2017）中对工程项目质量管理的规定：施工企业应建立并实施工程项目质量管理制度，对策划、工程设计、施工准备、过程控制、变更控制和交付与服务做出规定。

《特种设备生产和充装单位许可规则》（TSG 07—2019）中规定：特种设备生产单位应当结合许可项目特性和本单位实际情况，按照以下原则建立质量保证体系，并且得到有效实施：符合国家法律、法规、安全技术规范和相应标准；能够对特种设备安全性能实施有效控制；质量方针、质量目标适合本单位实际情况；质量保证体系组织能够独立行使质量监督、控制职责；质量保证体系责任人员（包括质量保证工程师、各质量控制系统责任人员）职责、权限及各质量控制系统的工作接口明确；质量保证体系的基本要素及相关质量控制系统的控制范围、程序、内容、记录齐全；质量保证体系文件规范、系统、齐全；满足特种设备许可制度的规定。

施工质量验收是检验质量合格与否的核心步骤，针对不同的机电工程项目，施工验收的要点有所差异，因此，制定了不同机电工程项目的施工质量验收规范。在实践中，主要的施工质量验收规范包括：

①《工业金属管道工程施工质量验收规范》（GB 50184—2011）；
②《工业设备及管道绝热工程施工质量验收标准》（GB 50185—2019）；
③《钢结构工程施工质量验收标准》（GB 50205—2020）；
④《通风与空调工程施工质量验收规范》（GB 50243—2016）；
⑤《工业安装工程施工质量验收统一标准》（GB 50252—2018）；
⑥《石油化工静设备安装工程施工质量验收规范》（GB 50461—2008）；

⑦《现场设备、工业管道焊接工程施工质量验收规范》（GB 50683—2011）；

⑧《工业设备及管道防腐蚀工程施工质量验收规范》（GB 50727—2011）。

10.1.2 质量控制体系

机电工程项目的实施要依据全面质量管理的思想，实行全面、全过程和全员参与的质量管理。在世界标准化组织颁布的 ISO 9000 质量管理体系标准中，也体现着全面质量管理的思想和实施特点。

在项目的实施中，业主方、勘察方、设计方、施工方、监理方、供应方等多方质量责任主体各自承担不同的质量责任和义务。为了有效地进行系统、全面的质量控制，必须由项目实施的总负责单位，负责机电工程项目质量控制体系的建立和运行，实施对质量目标的控制。

机电工程项目的施工企业应按照我国 GB/T 19000—2016 质量管理体系标准建立企业的质量管理体系并进行认证，确保在企业层面能够保证质量得以有效管理。质量管理体系的建立过程，实际上是把项目质量总部目标进行确认，也是项目各参与方之间质量关系和控制责任的确立过程。

建立质量管理体系，首先要建立系统质量控制网络，明确系统中各层面的工程质量控制责任人，这是基础性工作。机电工程项目中实施中的质量责任人一般包括项目经理、总工程师、总监理工程师、专业监理工程师等，他们处于不同层级，构成责任明确的关系网络。

建立质量管理体系，应制定实施各方所必须遵守的管理质量制度，如质量控制例会制度、协调制度、报告审批制度、质量验收制度、质量信息管理制度等。这些具体的制度构成了质量管理体系的管理文件和工作手册。

建立质量管理体系，还应对项目所涉及的众多责任方之间的管理控制界面给予尽可能清晰的定义。质量管理的控制界面可分为静态界面和动态界面两类。其中，所谓静态界面是指法律法规、合同条款、组织内部职能分工等相对较为明确，容易区分质量责任边界。所谓动态界面则主要是指项目实施过程中设计单位、施工单位之间的衔接配合关系及其责任划分等责任边界相对不明确，需要通过分析研究后确定基本管理原则和协调方式的质量责任边界。

质量控制体系建立完成后，需要项目管理总组织者，负责主持编制建设工程项目总质量计划，并根据质量控制体系的要求，布置各质量责任主体分别编制与其承担任务范围相符合的质量计划，并按规定程序完成质量计划的审批，作为实施自身质量控制的依据。

机电工程项目质量控制体系的运行需要依靠完善的运行机制为保障，这是质量控制体系的生命。如果运行机制出现问题或存在缺陷，则会导致系统运行无序甚至失控。因此，质量控制体系的构建中，一定要防止重要管理制度缺失而导致制度本身存在缺陷，从而才能确保运行机制的正常执行。一般而言，质量控制体系的运行机制主要包括动力机制、约束机制、反馈机制和持续改进机制。

动力机制是机电工程项目质量控制体系运行的核心机制，是基于对项目各参与方及其各层次管理人员公正、公开、公平的责、权、利分配，以及适当的竞争机制而形成的内在动力。

约束机制取决于各质量责任主体内部的自我约束能力和外部的监控效力。约束能力表现为组织及个人的经营理念、质量意识、职业道德及技术能力的发挥。监控效力则取决于项目实施主体外部对质量工作的推动和检查监督。两者相结合，构成了质量控制过程的制衡关系。

反馈机制能够及时对项目质量状态和结果信息进行反馈，对质量控制系统的能力和运行效果进行评价，并为及时处置提供决策依据。因此，必须有相关的制度安排，保证质量信息反馈的及时和准确。

持续改进机制要求在项目实施的各个阶段、不同层面、不同范围和不同的质量责任主体间，应用 PDCA 质量控制循环开展质量控制，不断寻求改进机会，研究改进措施，保证机电工程项目质量控制系统的不断完善和持续改进。

10.1.3 PDCA 质量控制循环

PDCA 循环是美国质量管理专家休哈特博士首先提出的，由戴明采纳、宣传，获得普及，所以又称戴明环。PDCA 质量控制循环的含义是将质量管理分为四个阶段，即计划（Plan）、执行（Do）、检查（Check）和处理（Action）。在质量管理活动中，要求把各项质量工作按照计划、计划实施、检查实施效果，然后将成功的纳入标准，不成功的留待下一循环去解决。PDCA 循环的执行步骤如表 10.1 所示。

表 10.1 PDCA 质量控制循环的执行

阶段	步骤	主要办法
P 阶段	1. 分析现状，找出问题	排列图、直方图、控制图
	2. 分析各种影响因素或原因	因果图
	3. 找出主要影响因素	排列图、直方图
	4. 针对主要原因，制定措施计划	回答"5W1H"，即： (1)为什么制定该措施(Why)? (2)达到什么目标(What)? (3)在何处执行(Where)? (4)由谁负责完成(Who)? (5)什么时间完成(When)? (6)如何完成(How)?
D 阶段	5. 执行、实施计划	
C 阶段	6. 检查计划执行结果	排列图、直方图、控制图
A 阶段	7. 总结成功经验，制定相应标准	制定或修改工作规程、检查规程及其他有关规章制度
	8. 把未解决或新出现的问题转入下一个 PDCA 循环	

通过上述 PDCA 循环实现质量管理的预期目标，使每个循环都围绕着实现预期目标，进行计划、实施、检查和处置活动，随着对存在问题的解决和改进，在不断的滚动循环中逐步上升，不断增强质量管理能力，不断提高质量水平。在每一个循环中，四大职能活动相互联系，共同构成了质量管理的系统过程。

在质量控制中所采用的排列图法、直方图、控制图、因果图等方法是质量分析和控制的重要工具，在后续质量分析章节具体讲述。

10.2 施工质量管理的实施

施工过程是质量形成的实质性阶段。在这个阶段，通过施工形成的实体形成一组固有特性，来满足该工程实体所要求的程度。机电工程项目实施所形成的工程实体质量，所反映的是该实体满足法律法规强制性要求和合同约定的相关要求，包括安全性、功能性、耐久性、环保性等诸多方面的特性综合。在工程实践中，机电工程项目的质量特性主要体现在适用性、安全性、耐久性、可靠性、经济性和与环境的协调性六个方面。

质量管理特指的是在质量方面指挥和控制组织的协调活动，包括确定质量方针和质量目标，在质量管理体系中通过质量策划、质量保证、质量控制和质量改进等手段来实施全部质量管理职能。施工质量控制的策划是进行质量控制的基础。依据施工质量相关的法律法规和规范标准，做好质量控制策划并严格执行，才能确保工程质量达标。

10.2.1 施工质量管理的策划与实施

10.2.1.1 施工质量管理策划

施工企业应收集工程项目质量管理策划所需的信息，实施工程项目质量管理策划，编制施工质量管理策划文件，且施工企业需对该类文件是否符合法律法规、合同及管理制度进行审核。施工企业应对项目质量管理策划的结果实行动态管理，控制策划的更改过程，评审变更的风险和机遇，调整相关策划结果并监督实施。

项目部应负责实施工程项目质量管理活动。工程项目质量管理策划可根据项目的规模、复杂程度分阶段实施。策划结果所形成的文件可采用包括施工组织设计、质量计划在内的多种文件形式，内容需覆盖并符合相关规范的要求，其繁简程度宜根据工程项目的规模和复杂程度而定。

施工质量管理策划要确定关键工序并明确其质量控制点及控制方法。与施工质量有关的人员、施工机具、工程材料、构配件和设备、施工方法和环境因素等都将影响工程质量。在机电工程施工中，采用先进的科学技术和管理方法，不但能提高劳动生产率，同时也能有效地提高建设工程质量水平，如采用先进的勘察设计技术、施工技术、检测技术以及先进的原材料和设备等。

在机电工程施工过程中，虽然施工项目和施工工序繁杂，但仅有部分施工项目和施工工序会显著影响整个工程质量的形成，因此，需要对这一部分施工项目和施工工序重点控制。通常情况下，需要对施工中的重要过程和特殊工序进行重点质量控制。所谓重要过程是指对工程结构安全与使用功能产生重要影响的施工过程，包括关键工序、特殊工序及其检验试验、采购过程等。所谓特殊工序是施工过程所产生的固化结果不能通过后期的检验试验加以验证（或不能经济地进行验证）的过程。

施工质量管理策划中要制定该工程的质量目标；项目质量管理组织机构和职责；工程项目质量管理的依据；影响工程质量因素和相关设计、施工工艺及施工活动分析；人员、技术、施工机具及设施资源的需求和配置；进度计划及偏差控制措施；施工技术措施和采用新技术、新工艺、新材料、新设备的专项方法；工程设计、施工质量检查和验收计划；质量问题及违规事件的报告和处理；突发事件的应急处置；信息、记录及传递要求；与工程建设相关方的沟通、协调方式；应对风险和机遇的专项措施；质量控制措施；工程施工其他要求等。

项目质量管理策划文件的审批要先由施工企业内部审批，要符合国家标准《建设工程监理规范》GB/T 50319—2013及相关法规要求将工程项目质量管理策划文件向发包方或监理方申报。

10.2.1.2 施工质量管理实施

施工质量管理策划的实施包括实施准备和实施过程控制。实施准备包括对施工人员进行交底，完成资源条件的配置，以及办理开工告知。实施过程控制则包括了重要过程控制、特殊工序控制、施工过程标识控制、质量信息和记录控制，以及工程质量检查等诸多控制内容。

（1）实施准备

实施准备的首要工作是对施工相关人员进行交底，将施工企业对工程项目质量管理策划结果对施工相关人员分层次、分阶段地进行详细说明。交底包括技术交底及其他相关要求的交底，通过交底可以确保被交底人了解本岗位的施工内容及相关要求，以满足工程管理的整体需要。交底过程所需要设置的层次、阶段及形式需根据工程的规模和施工的复杂、难易程度及施工人员的素质确定。

在单位工程、分部工程、分项工程、检验批施工前，需按照规定进行技术交底。技术交底时，可根据需要采用口头、书面及培训等形式。依据施工组织设计、专项施工方案、施工图纸、施工工艺、技术规范及质量标准等文件精心组织交底内容。通常情况下，需要交底的内容包括质量要求和目标、施工部位、工艺流程及标准、验收标准、使用的材料、施工机具、环境要求、进度规定及操作要点。对于常规的施工作业，交底的形式和内容可适当简化。

实施准备的另一项重要工作是完成对资源条件的配置。项目部按照施工质量管理策划的结果，如施工组织设计等文件要求进行施工准备工作，配备各种项目需要的各种资源，按照《工程建设施工企业质量管理规范》的要求选择供应方、分包方，组织施工机具与设施、工程材料、构配件、设备和分包方人员进场。同时，还要办理好开工告知手续，如开工报告，以及特种设备告知等。

（2）实施过程控制

实施过程控制所涵盖的控制内容众多，需要有专职人员负责执行。

对于重要过程控制，质量管理策划结果中规定的特殊过程，项目部通过任务单、施工日志、施工记录、隐蔽工程记录、各种检验试验记录等表明施工工序所处的阶段或检查、验收的情况，确保施工工序按照策划的顺序实现。

对于特殊工序控制，当施工结果不能通过其后工程的检验和试验完全验证时，项目部应在工程实施前或实施中开展相关工作以确认质量，这些工作包括：对技术文件和工艺进行评审；对施工机具与设施、人员的能力进行核实；定期在人员、材料、工艺参数、设备、环境发生变化时，重新进行确认；记录必要的确认活动。

对于质量信息和记录控制，应保持与工程建设相关方的沟通、协商，对相关信息进行处理，并保存必要的记录。沟通、协商应包括下列内容：工程质量情况；工程变更与洽商要求；工程质量有关的其他事项。还应建立和保持施工过程中的质量记录，记录的形成应与工程施工过程同步，应包括的内容有图纸的接收、发放、会审与设计变更的有关记录；施工日记；交底记录；岗位资格证明；工程测量、技术复核、隐蔽工程验收记录；工程材料、构配件和设备的检查验收记录；施工机具、设施、检测设备的验收及管理记录；施工过程检测、检查与验收记录；质量问题的整改、复查记录；项目质量管理策划结果规定的其他记录。

对于工程质量检查，项目部应根据工程质量检查策划的安排，对工程质量实施检查，跟踪整改情况，并保存相应的检查记录。施工企业应实施工程质量检查，并对项目部的工程质量检查活动进行监控。

10.2.2　施工质量影响因素的预控

在施工过程质量控制中，对质量控制点或分项、分部工程的质量影响因素进行分析，从而采取措施，实现质量预控。

10.2.2.1　施工质量的影响因素

施工质量影响因素是在项目质量目标策划、决策和实现过程中影响质量形成的各种主客观因素，包括人的因素、机械的因素、材料（含设备）的因素、方法因素，以及环境因素等，可以简称为"人、机、料、法、环"五因素。

人的因素在机电工程项目中的质量管理中起决定性作用。项目质量控制应以控制人的因素为基本出发点。对施工人员的质量预控措施应考虑以下内容：根据工程特点和技术要求编制人员需求计划，明确人员数量、专业、技能、资质、年龄及身体等条件要求；按照人员需求计划对进场人员进行验证，建立人员资格控制台账；对关键、特殊过程的人员要求进行设定，控制施工人员的资格，包括身体、心理和生理条件等；施工前对有持证要求的岗位人员进行操作技能考核测试，确定能否上岗，并组织业务培训和技术交底，下达工艺技术文件，明确技术质量要求；施工过程中对人员的工作质量、产品质量进行跟踪抽检及数据监测，及时采取措施，并对人员的质量意识、职业道德、错误行为等进行过程监督评价，实施质量奖罚制度。

机械的因素主要涵盖施工机械和各种工器具，包括施工过程中的运输设备、吊装设备、操作设备、测量仪器、计量器具以及施工安全设施等。对施工机具的质量预控措施应考虑以下内容：编制适用的机具计划，确定设备的数量和性能要求；对进场施工设备、器具的性能、完好情况进行验收；监督机具设备的完好状况，及时进行保养和维修；对检测设备、仪器使用部位进行把关，保证满足所需的精度要求；对检测仪器、器具进行控制，验证其检定或校准状态，建立管理台账；制定设备操作规程，并监督正确使用。

材料的因素主要包括工程材料和施工用料，涵盖原材料、半成品、成品、构配件和周转材料等。各类材料是工程施工的基本物质条件，是构成工程实体的基本元素，材料质量不符合要求，工程质量就不能达到标准。机电工程中所安装的构成工程实体的工艺设备和各种机具，如各种生产设备、电梯、泵、通风空调等也归入材料进行管理。对工程材料、设备的质量进行预控，要审核材料计划，明确产品生产标准、采购程序及特殊要求；审核供应商的营业执照、资质证书、生产许可证、供货能力等，必要时可到厂家现场考察；对设备材料采购合同进行评审，确定满足工程需要；对进场材料和设备进行检查验收，审核规格型号、材质、数量、批次、执行的标准，查验质量证明文件，建立登记台账；对工程设备及材料进行报验、试验和复验；根据材料和设备特性，控制搬运、储存和保管的防护方式；对材料进行标识及可追溯性控制，对不合格材料、不适用设备进行处置；制定材料储存、发放制度。

方法因素也可称为技术因素，包括勘察、设计和施工所采用的技术和方法，以及工程检测、试验的技术和方法等。对施工方法的质量进行预控，应考虑施工组织设计、施工方案、作业指导书、工艺文件的可行性；检验和试验计划、质量控制点设置的准确性；关键工程和特殊工程的施工能力；现场总平面布置和施工进度计划的动态管理；对施工过程的标识、追溯性进行控制，明确标识及追溯方法；控制分包工程，分包商的能力；确定检验批、分项、分部、单位工程划分的准确性，实施质量验收；对施工图纸进行会审，控制设计变更和材料代用；采用 BIM 技术进行三维碰撞分析；制定预防措施和成品保护措施。

环境因素既包括自然环境因素，也包括社会环境因素，还包括了管理环境因素和作业环境因素等，这些都会对施工质量产生一定的影响。对施工环境因素进行预控，主要应考虑自然条件的影响，包括风、雨、温度、湿度、粉尘、地质条件等，采取有效的控制措施，合理规划布置施工现场。

上述因素中，有的因素是可控的，有的因素是不可控的。对于可控因素，可以通过制定明确的控制措施使其对项目施工产生有利影响。而对于不可控因素，则会对项目质量的形成构成不确定性，形成项目施工过程中的质量风险。

在项目实施的过程中，必须对质量风险进行识别、评估、响应及控制，减少风险源的存在，降低风险事故发生的概率，减少风险事故对项目质量造成的损害，把风险损失控制在可以接受的范围内。

在工程项目施工中，可以采用关键施工过程控制法，对关键施工过程和过程节点实施控制。机电工程中，典型工序质量控制环节和控制点的设置主要是焊接控制，防腐保温控制等，如表 10.2 和表 10.3 所示。

表 10.2 焊接控制环节和控制点设置

控制环节	控制点
焊工管理	(1)焊工培训、取证(2)现场焊工岗前考核(3)上岗焊工持证管理(4)焊工业绩考核和焊工档案管理
焊材管理	(1)焊材的采购(2)验收及复检(3)供管(4)烘干及恒温存放(5)发放与回收
焊接工艺评定	(1)焊接性试验(2)焊接工艺指导书拟定(3)焊接工艺评定试验(4)焊接工艺评定报告
焊接工艺	(1)焊接工艺规程编制、校核(2)焊接工艺更改(3)焊接工艺交底实施
焊接作业	(1)焊接环境(2)焊接工艺纪律(3)焊接过程及焊接检验
焊接返修	(1)一、二次返修(2)超次返修

表 10.3 防腐保温控制环节和控制点设置

控制环节	控制点
防腐保温工艺规程	(1)防腐保温工艺编制(2)防腐保温工艺修改
防腐保温前准备	(1)防腐和保温材料(2)测量仪表、测温点布置
防腐保温过程	(1)防腐试工程序(2)层间施工间隔
防腐保温报告	(1)防腐保温施工报告(2)防腐涂层检测报告(3)保温效果检测报告

对于不合格品控制，对检验和监测中发现的不合格品，按规定进行标识、记录、评价、隔离，防止非预期的使用或交付；采用返修、加固、返工、让步接受和报废措施，对不合格品进行处置。

10.2.2.2 施工质量影响因素预控的方法

施工质量预控的原则是"预防为主"，其控制内容包括施工前对质量影响因素的预控和施工过程中根据质量发展趋势所进行的预控。

施工前预控质量影响因素，需要确定质量预控的对象，它可能是分部工程（如管道安装）、分项工程（如合金钢管道安装）或某一工序（如合金钢管道焊接）。对分部、分项工程进行过程分解，如合金钢管道安装分项工程，可分解为：领料、下料、坡口加工、组对、焊接、支架安装、管道安装、检验等过程。针对每个过程进行分析，确定可能出现的质量问题。对每个质量问题，从人、机、料、法、环5个方面分析可能的影响因素。针对每个过程可能的质量影响因素，制定预控措施。例如，合金钢管道冬季室外焊接过程、质量影响因素分析过程和预控措施见表10.4。

表 10.4　合金钢管道焊接过程质量预控措施表

过程名称	可能出现的质量问题	可能的影响因素分析	质量影响因素的预控措施
合金钢管道焊接	裂纹	(1)人员：无证施焊；未严格执行工艺文件 (2)机械：焊机故障，仪表不准 (3)材料：焊接材料不合格；用错焊接材料。氧气纯度低，管道材质错用 (4)方法：焊材未烘或不符合要求；未使用保温桶；坡口、间隙不正确；对口错边；对接管壁厚一致；表面清理不干净；焊接工艺不正确，未按要求进行预执焊后处理；无焊接工艺卡 (5)环境：环境气温低；风沙大；雨、雾天施焊；夜间焊接照明不好；焊接位置差	1. 控制焊材发放，进行光谱分析，防止错用； 2. 进行焊前预热； 3. 采取焊后缓冷或热处理
	夹渣		1. 严格按照工艺卡施焊； 2. 控制清根的质量； 3. 保持现场清洁； 4. 采取防风沙措施； 5. 确保设备完好
	气孔		1. 按规定对焊材进行烘干； 2. 配备焊条保温桶； 3. 采取防风措施； 4. 控制氩气纯度； 5. 焊接前进行预热； 6. 雨、雾大气禁止施焊
	未焊透		1. 检查坡口角度及加工质量； 2. 控制组对间隙； 3. 控制焊接电流电压； 4. 对电焊机仪表进行检定
	未熔合		1. 组对后技术人员检查对口错边量； 2. 对管子壁厚不一致进行过渡处理； 3. 控制电流、电压
	外观成型差		1. 检查坡口角度、组对间隙； 2. 检查对口错边量，对管子壁厚、外径不一致的进行过渡处理； 3. 控制焊接层数

施工过程中，通过对过程质量数据的监测，利用数据分析技术找出质量发展趋势，分析产生质量波动的原因，采取预防措施并加以纠正，使工程质量始终处于有效控制之中。例如，在进行同一种管道焊接时，经无损检测发现多数焊工合格率均正常，但某焊工的焊接质量一直不高，并且偶尔出现临界不合格情况，且主要缺陷是气孔数量超标。针对这种情况项目部应按下列步骤进行质量预控：

① 及时分析该焊工焊接过程中产生气孔的原因，包括焊工技能、持证情况、焊工执行工艺情况、身体及情绪；焊材使用及保温桶应用；焊接设备状况、仪表准确度；作业环境、焊接位置等。

② 确定产生气孔的真正原因，制定预防措施。

③ 编制质量预控方案并实施，避免不合格的情况产生。

10.2.2.3　施工质量预控方案

在质量预控方案的编制中，通过对影响施工质量的因素特性分析，编制质量预控方案（或质量控制图）及质量预防措施，并在施工过程中加以实施。质量预控方案可以针对一个分部、分项工程、施工过程（如管道焊接）或过程中容易出现的某个质量问题（如焊接气孔）来制定。

质量预控方案的内容主要包括：工序（过程）名称、可能出现的质量问题、提出的质量预控措施三部分。质量预控方案的表达形式有文字表达形式、表格表达形式等。

文字表达形式是以叙述的方式列出，包括：预控方案名称、可能出现的质量问题或缺陷、提出质量预控措施三个部分。这种方法实际上与表格表达方式非常类似，在共性问题表达上较为简便，但不如表格更直观清晰。例如"合金钢管道氩弧焊焊接气孔的质量预控方案"制定如下：

① 预控方案名称：合金钢管道氩弧焊焊接气孔质量预控方案。

② 可能出现的质量问题：焊接气孔。

③ 制定的预控措施：a. 焊丝清理干净，无油污等杂质。b. 对管口表面的油污、铁锈等氧化物及时清理干净，尤其是管口两侧各 20mm 以内位置。c. 施焊前根据母材选择合适的焊丝，否则因焊丝与母材的化学成分不匹配，使熔池中的冶金反应不彻底，形成气孔。d. 焊接线能量要合适，焊接速度不能过快。e. 氩气纯度锆及锆合金不应低于 99.9989％，其他材质不应低于 99.999％。f. 控施焊时风速达到 2m/s，需要搭设防风设施，管道焊接时应无穿通气。

表格表达形式即用列表的方式分别列出工序可能出现的问题和对应的质量预控措施。表格方式针对性强，表达直观，但对于多项问题的共同原因表达不便。例如管道焊接过程质量预控方案，采用表格表达形式，见表 10.5。

表 10.5 管道焊接过程质量预控表

可能出现的质量问题	质量预控措施
裂纹	控制焊材发放，防止错用；进行焊前预热，采取焊后缓冷或热处理
夹渣	严格按工艺卡施焊；控制清根质量；保持现场清洁；采取防风沙措施；确保设备完好
气孔	进行焊材烘干；配备焊条保温桶；采取防风措施；控制氩气纯度；焊接前进行预热
未焊透	检查坡口质量；控制组对间隙；控制焊接电流电压；对电焊机仪表进行检定
未融合	组对后由技术人员检查对口错边量；对管子壁厚不一致进行过渡处理
外观成型差	控制设备故障；按工艺卡控制电流电压；控制焊接层数；控制持证项目

10.3 ⊙ 施工质量检验及质量分析

机电工程项目施工是由一系列相互关联、相互制约的作业过程（工序）构成，对施工质量的控制，必须对全部工序的作业质量进行控制。工序作业完成之后，及时对其进行检查、验收并对其质量行为进行监督，对质量状况进行分析，是控制施工质量必不可少的关键步骤。

10.3.1 施工质量检验的类型及规定

10.3.1.1 施工质量检验的分类

施工质量检验主要依据有关的质量法律、法规，施工质量验收标准规范、规程，施工合同，设计文件与图纸，产品技术文件，以及企业内部标准等，对质量效果进行检查验收。按质量检验目的通常可分为施工过程质量检验、质量验收检验和质量监督检验三种方式。

施工过程质量检验由施工单位组织对施工过程各阶段实施的检验，一般包括自检、互检、专检等项目检验方式，以及企业内部主管部门的检验。施工过程检验的主要项目包括开工前检查、工序交接检查、质量控制点检验、隐蔽工程检验、关键特殊过程检验、过程试验、检验批和分部分项验收等。项目实施中，要重点检查人员的配置、人员持证情况、持证项目；施工设计文件和工艺文件编审和执行情况；原材料、半成品、零部件及设备质量控制情况；质量标准配备及执行情况；质量控制点、检验和试验计划设置及执行情况；工序质量检验、隐蔽工程控制情况；纠正措施制定与实施情况；质量记录管理情况；实物质量控制情况等。

质量验收检验是针对检验批、分项、分部（子分部）、单位工程（子单位）及隐蔽工程所进行的质量验收，一般由施工单位申请，建设单位或监理单位参加验收。

质量监督检验由独立的质量监督部门对施工质量停止点、监检点进行检验，一般由质量监督站、质量技术监督局、供电局或消防等部门实施。

10.3.1.2 施工质量"三检制"

施工质量的三级检查制度，简称"三检制"，即操作者的"自检"，施工人员之间的"互检"和专职质量检验人员"专检"相结合的一种检验制度。

自检是指由施工人员对自己的施工作业或已完成的分项工程进行自我检验，实施自我控制、自我把关，及时消除异常因素，以防止不合格产品进入下道作业。

互检是指同组施工人员之间对所完成的作业或分项工程进行互相检查，或是本班组的质量检查员的抽检，或是下道作业对上道作业的交接检验，是对自检的复核和确认。

专检是指质量检验员对分部、分项工程进行检验，用以弥补自检、互检的不足。

"三检制"的实施程序为：工程施工工序完工后，由施工现场负责人组织质量"自检"，自检合格后，报请项目部，组织上下道工序"互检"，互检合格后由现场施工员报请质量检查人员进行"专检"。

"自检"记录由施工现场负责人填写并保存，"互检"记录由领工员负责填写（要求上下道工序施工负责人签字确认）并保存，"专检"记录由各相关质量检查人员负责填写。

10.3.1.3 施工质量检查方法

施工质量的现场检查常用的方法包括目测法、实测法、试验法等。

目测法就是凭借感官进行检查，通常是对观感质量进行检查，其具体手段包括"看、摸、敲、照"四项。所谓"看"就是根据质量标准进行外观检查，如查看焊缝表面是否有裂纹等；所谓"摸"就是通过触摸手感进行检查，如检查油漆的光滑度等；所谓"敲"就是使用工具敲打进行音感检查，如地面铺的地砖进行敲击检查等；所谓"照"就是通过人工光源或反射光照射，检查难以看到或光线较暗的部位，如对吊顶内的连接及设备安装质量进行检查等。

实测法是通过实测数据与施工规范或质量标准的要求及允许偏差进行对照，判断质量合格与否，其具体的手段包括"靠、量、吊、套"等。所谓"靠"就是用直尺、塞尺检查诸如墙面和地面等的平整度；所谓"量"就是用测量工具或测量仪表等检查断面尺寸、轴线、标高、湿度、温度等偏差；所谓"吊"就是用线坠子吊线检查垂直度；所谓"套"就是用方尺套方，并辅助以塞尺检查，如对门窗口及构件的对角线检查等。

试验法是通过必要的试验手段对质量进行判断的检查方法，主要包括理化试验和无损检测。其中，理化试验是通过测试仪器或设备进行物理力学性能方面的检验和化学成分及化学性能的测定等。无损检测则是利用专门的无损检测仪器从表面探测结构物、材料或设备内部的组织结构或损伤情况。

10.3.1.4 不合格品管理

不合格品指不符合现行质量标准的产品，这些产品经过检验和试验判定，其质量与相关技术要求和施工图纸、规程规范相偏离，不符合接收准则。在机电工程中，不合格品通常包括不合格原材料、不合格中间产品和不合格制成品。

当发现不合格品时，应及时停止该工序的施工作业或停止材料使用，并进行标识隔离；已经发出的材料应及时追回；属于业主提供的设备材料应及时通知业主和监理；对于不合格的原材料，应联系供货单位提出更换或退货要求；已经形成半成品或制成品的过程产品，应组织相关人员进行评审，提出处置措施；实施处置措施。

不合格品处置方法包括以下几种：

① 返修处理。工程质量未达到规范、标准或设计要求，存在一定缺陷，但通过修补或更换器具、设备后，可使产品满足预期的使用功能，可以进行返修处理。

② 返工处理。工程质量未达到规范、标准或设计要求，存在质量问题，但通过返工处理可以达到合格标准要求的，可对产品进行返工处理。

③ 不作处理。某些工程质量虽不符合规定的要求，但经过分析、论证、法定检测单位鉴定和设计等有关部门认可，对工程或结构使用及安全影响不大、经后续工序可以弥补的；或经检测鉴定虽达不到设计要求，但经原设计单位核算，仍能满足结构安全和使用功能的，也可不作专门处理。

④ 降级使用。工程质量缺陷按返修方法处理后，无法保证达到规定的使用要求和安全要求，又无法返工处理，可作降级使用处理。

⑤ 报废处理。当采取上述方法后，仍不能满足规定的要求或标准，则必须报废处理。

10.3.1.5 施工质量验收

质量验收应在施工单位自行质量检验合格的基础上，由参与工程项目建设的有关单位共同对工程施工质量进行抽样复验，对质量合格与否做出书面确认。

分项、分部、单位工程的质量验收，应按照所划分的检验批、分项、子分部、分部、子单位、单位工程依次进行。

① 检验批验收。由专业监理工程师组织施工单位项目专业质量检查员、专业工长等进行验收。

② 分项工程验收。在施工单位自检的基础上，由建设单位专业技术负责人（监理工程师）组织施工单位专业技术质量负责人进行验收。

③ 分部（子分部）工程验收。在各分项工程验收合格的基础上，由施工单位向建设单位提出报验申请，由建设单位项目负责人（总监理工程师）组织施工单位和监理、设计等有关单位项目负责人及技术负责人进行验收。

④ 单位（子单位）工程验收。单位工程完工后，由施工单位向建设单位提出报验申请，由建设单位项目负责人组织施工单位、监理单位、设计单位等项目负责人进行验收。

隐蔽工程是指工程项目建设过程中，某一道工序所完成的工程实物，被后一工序形成的工程实物所隐蔽，而且不可逆向作业的工程。例如，直埋电缆敷设工程施工中，电缆将被土所覆盖，即是隐蔽工程，隐蔽方式为覆土掩埋。隐蔽工程被后续工序隐蔽后，其施工质量就很难检验及认定，所以在工程具备隐蔽条件时，施工单位进行自检，并在隐蔽前48h以书面形式通知建设单位（监理单位）或工程质量监督、检验单位进行验收。通知内容包括隐蔽验收的内容、隐蔽方式、验收时间和地点等。

工程专项验收主要包括消防验收、环境保护验收、工程档案验收、建筑防雷验收、建筑节能专项验收、安全验收和规划验收等。专项验收应在分层质量验收合格的基础上，在工程总体验收前进行。

当工程由分包单位施工时，其总包单位应对工程质量全面负责，并应由总包单位报验。工程质量验收合格后，施工单位应及时填写质量验收记录，参加验收的各方代表进行签字确认。经过验收，如果工程质量符合标准、规范和设计图纸要求，相关人员应在验收记录上签字确认，施工可以进行下道工序。如果验收不合格，施工单位在监理工程师限定的时间内修改后，重新申请验收。

10.3.1.6 质量监督检验

质量监督检验主要包括工程质量监督管理和特种设备监督检验。

工程质量监督管理指建设工程主管部门依据有关法律法规和工程建设强制性标准，对工程实体质量和工程建设、勘察、设计、施工、监理单位（以下简称工程质量责任主体）和质量检测等单位的工程质量行为实施监督。

在中华人民共和国境内的建设工程，由建设主管部门负责对新建、扩建、改建的房屋建筑和市政基础设施工程质量实施监督管理，可委托工程质量监督机构对工程实施监督检验。工程质量监督机构对工程的监督检查以抽查为主，对于整个工程所有的隐蔽工程验收活动，工程质量监督机构要保持一定的抽查频率。

工程质量监督检验的内容包括：执行法律法规和工程建设强制性标准的情况；抽查涉及工程主体结构安全和主要使用功能的工程实体质量；抽查工程质量责任主体和质量检测等单位的工程质量行为；抽查主要建筑材料、建筑构配件的质量；对工程竣工验收进行监督；组织或者参与工程质量事故的调查处理；定期对本地区工程质量状况进行统计分析；依法对违法违规行为实施处罚。

特种设备监督检验是根据《特种设备安全法》规定，特种设备安装、改造、维修的施工单位，应当在施工前将拟进行的特种设备安装、改造、维修情况书面告知直辖市或者设区市的特种设备安全监督管理部门，办理监督检验手续和监督检验约定后方可施工。特种设备施工过程中监督检验单位对工程质量及管理过程实施监督，项目结束后出具监督检验报告。

10.3.2 施工质量统计的分析方法及应用

10.3.2.1 质量数据的分类

质量数据可按质量特性值的性质分类，也可按照抽取样本的次数分类。

通常质量数据都是由各个单体产品的质量特性值组成，根据数据的特点可分为计量值数据和计数值数据。计量值数据是指可以连续取值的数据。其特点是可以在任意两个数值之间取精度较高一级的数值，是通过计量检验方法获得的数据。如重量、长度、标高等。计数值数据是只能按0，1，2，3……数列取值计数的数据。主要通过计数检验方法来获得。如无损检测底片的气孔数量、合格底片数量、产品的合格数等。

接抽取样本的次数分类，抽样检验分为一次抽样、二次抽样和多次抽样。若事先指定一个正整数 n，从批中抽出数量为 n 的产品进行检验，称之为一次抽样方案。一次计数抽样方案中，接收或拒收整批产品，取决于样本中的不合格品数 x，若 x 不大于事先指定的 C（称为接收数），则接收整批产品，否则拒收。这种一次计数抽样方案可用两个参数（n，C）来描述。二次抽样检测就是指定正整数 n_1，从批中抽出 n_1 个产品进行检验；根据检验结果决定终止抽样或继续抽取 n_2 个产品，其中 n_2 可以事先指定也可与已抽出产品的检验结果有关。再根据这两次 $n_1 + n_2$ 个产品检验的结果，决定接收整批产品还是拒收产品。例如，计数型二次抽样检验方案是由 7 个数确定，其含义是：从批量为 N 的产品批中先抽取一个样本，其样品量为 n_1，检查出其中的不合格数为 d_1，若不合格品数 $d_1 < A$，则接收该产品批；若 $d_1 > R$，则拒收该产品批；若 $A < d_1 < R$，则不作判断，继续抽取容量为 n_2 的第二个样本，若两个样本中的不合格品的累计数 $d_1 + d_2 < R$，则接收该产品。多次抽样就是依次类推，到达最多规定次数的抽样检测就必须给出接收还是拒收的结论。

10.3.2.2 质量数据收集方法

质量数据是通过对产品的观察、测量、试验中获得的数据信息，是对质量检验和试验结果的记录。在质量管理中，主要通过"全数检验法"和"抽样检验法"获得质量数据。

全数检验法对所检测对象的全部个体逐一进行观察、测量、试验、记录，从而获得对检测对象总体质量水平的评价结论的方法。适用于对重要或特殊材料的检验或对工程质量安全有重要影响过程的检验。全数检验法的优点是结果相对比较可靠，风险较小并能提供大量的质量信息。但全数检验法的缺点是需要耗费大量的人力、物力、财力和时间；不能用于具有破坏性的检验和试验，具有一定的局限性。

抽样检验法是按照随机抽样的原则，从全部检测对象中抽取部分个体组成样本，根据对样品的检测结果，推断检测对象的质量水平。抽样检验又分为简单随机抽样、系统随机抽样和分层随机抽样三种形式。适用于破坏性检验、数量众多的产品检验、对流程性材料的检验和对检验批的检验。抽样检验法的优点：具有充分的代表性；能节省人力、财力、物力和时间。抽样检验法的缺点：存在误判的风险较大。

10.3.2.3 质量数据统计分析方法的应用

数据收集后需要进行整理分析，找出规律性、趋势性的东西。质量数据统计分析方法有很多，施工常用的有统计调查表法、分层法、排列图法和因果分析图法。

① 统计调查表法。统计调查表法又称为统计分析表法，是用来系统地收集资料和积累数据，确认事实并对数据进行粗略整理和分析的统计图表。利用统计调查表收集数据，具有简便灵活、便于整理的优点。

常用的统计调查表主要有分项工程施工质量分布调查表，施工质量不合格品项目调查表，施工质量验收调查表和操作检查表等。

调查表的应用程序为：明确收集数据和资料的目的，确定需要收集的质量数据的内容，确定分析方法和负责人，设计调查表的格式和内容、栏目，对数据进行检查审核、对比分析，找出主要问题。

例如，针对管道焊接的质量问题，用 X 射线抽检了 100 道焊口，其中合格 85 道焊口，不合格焊口的主要问题和出现点数见表 10.6，从表中可以看出气孔、夹渣、焊瘤是不合格的主要原因，占 79.41%。

表 10.6　某无缝钢管接口焊接质量问题调查表

分项工程	某无缝钢管接口焊接		施工班组		
检查数量	200	施工时间		检查时间	
检查方式	全数检查		检查员		
焊接接口质量问题	检查记录		点数合计	所占比例/%	
夹渣			18	26.47	
气孔			24	35.29	
裂纹			6	8.83	
焊瘤			12	17.65	
凹陷			8	11.76	
总计			68	100	

② 分层法。分层法又叫分类法、分组法，常用于归纳整理所收集的统计数据。把性质相同、在同一条件下收集的数据归并为一类，以便找出数据的统计规律的方法。分层法应用原则是同一次的数据波动幅度要尽可能小，层与层之间的差异尽可能大，否则起不到归类汇总的作用。

主要分层方法包括：按施工班组或施工人员分层；按施工机械设备型号分层；按施工操作方法分层；按施工材料供应单位或供应时间分层；按施工时间或施工环境分层；按检查手段分层。

分层法的应用程序包括：收集数据和资料，确定分层方法，将数据按层归类，画出分层归类图。

例如，在管道安装焊接中，所用焊材为两家企业（一厂和二厂）生产的同规格、同牌号焊条，不同的焊工抽查合格率差异较大，为分析原因，对 3 名焊工焊接的 200 道焊口的焊接质量无损检测的结果进行统计，总计合格率达到 89%，获得的数据分别按施工人员和生产厂家进行分层，填入表 10.7 和表 10.8 中。

表 10.7　按施工人员分层表

焊工	接口焊接数	不合格数	不合格率/%
A	70	6	8.57
B	70	10	14.29
C	60	6	10.0
合计	200	22	11.0

表 10.8　按生产厂家分层表

焊厂	接口焊接数	不合格数	不合格率/%
一厂	124	12	9.68
二厂	76	10	13.16
合计	200	22	11.0

从两个列表分析可以看出，按人员分层表的 3 个焊工中，焊工 A 的质量较好，不合格率为 8.57%。按厂家分层表中，一厂好于二厂，但两个表不能反映每个焊工使用两个厂焊

条的情况，需要进一步分析。从组合分层表 10.9 中可以看出，在使用一厂焊条时，按焊工乙的方法施焊合格率较高。使用二厂焊条时，按焊工甲的方法施焊，合格率较高。因此在安排施工时应针对不同厂家进行焊接方法的调整。

表 10.9　按照施工人员、厂家组合分层表

焊工	一厂			二厂			合计		
	焊口数	不合格数	不合格率/%	焊口数	不合格数	不合格率/%	焊口数	不合格数	不合格率/%
A	44	6	13.6	26	0	0	70	6	8.57
B	42	2	4.76	28	8	28.57	70	10	14.29
C	38	4	10.5	22	2	9.09	60	6	10.0
合计	124	12	9.67	76	10	13.16	200	22	11.0

③ 排列图法。排列图又叫帕累托图法，它是将质量改进项目按照从重要到次要的顺序进行排列分析，从而寻找影响质量主次因素的一种有效方法。

排列图由一个横坐标、两个纵坐标、几个按高低顺序排列的矩形和一条累计百分比折线组成。左侧坐标表示频数，右侧坐标表示累计频率，横坐标表示影响质量的因素或项目。排列图中的每个直方形都表示一个质量问题或影响因素，影响程度与直方形的高度成正比。通常按累计频率划分为主要因素 A 类（0～80%）、次要因素 B 类（80%～90%）和一般因素 C 类（90%～100%）三类。

在应用排列图法时，首先要建立不合格统计表。选择要进行质量分析的项目和用于分析的质量单位，如次数、成本等。然后确定质量分析数据的时间间隔，根据统计表的数据按量值递减的顺序从左到右在横坐标上列出项目，将量值最小的一个或几个项目合并为"其他"项，放在最右端。在横坐标两端按度量单位画出两个纵坐标，左侧纵坐标的高度与项目量值的和相等，右侧纵坐标的高度与左侧一致，并按 0～100% 进行标定。在每个项目上画长方形，其高度表示量值。从左到右依次累加每个项目的量值，画出累计频数曲线。利用排列图确定质量改进最重要的项目。

例如，某电气工程中的铜排安装质量检查分析，铜排安装质量不合格点数统计表见表 10.10，铜排安装质量不合格点排列图见图 10.1。

表 10.10　铜排安装质量不合格点数统计表

序号	检查项目	不合格点数	频数	频率/%	累计频率/%
1	平整度	75	75	50.0	50.0
2	水平度	45	45	30.0	80.0
3	垂直度	15	15	10.0	90.0
4	标高	8	8	5.3	95.3
5	支架间距	4	4	2.7	98.0
6	其他	3	3	2.0	100.0
	合计	150	150	100.0	

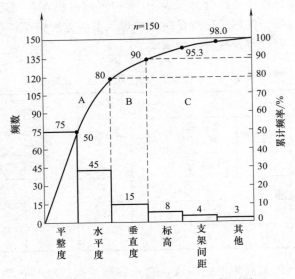

图 10.1 铜排安装质量不合格点排列图

④ 因果分析图法。因果图也称为鱼刺图，是把影响产品质量的诸多因素间的因果关系清楚地表现出来，便于采取纠正措施，进行质量改进的一种分析方法。因此广泛应用于工程施工中对质量问题原因的分析。

因果分析图的应用步骤包括：确定需要解决的质量问题（质量结果）；确定问题中影响质量原因的分类方法（第一层面的原因：人、机、料、法、环）；用箭线从左向右画出主干线，在右边画出"结果（问题）"矩形框；在左侧把各类主要原因（第一层原因）的矩形框用 60°斜向箭线（支干线）连向主干线；寻找下一个层次的原因（第二层原因）画在相应的支干线上；继续逐层展开画出分支线（第三层面的原因）；从最高层次（最末一层）的原因中找出对结果影响较大的原因（3～5 个），做进一步分析研究；最后制定对策表。

例如，钢结构安装后，油漆表面出现大面积返锈现象，图 10.2 为因果图分析结果，钢结构油漆表面返锈对策表见表 10.11。

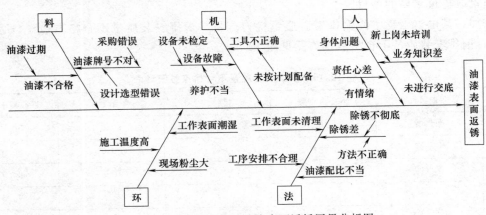

图 10.2 钢结构安装后油漆表面返锈因果分析图

画因果图时，一个质量问题要使用一张图进行分析，分析结果要简练而具体，要明确是进行质量改善还是维持现状。如果用于质量改善，则应该改变平均值。如果用于质量维持，则应缩小波动。要集思广益，了解现场实际条件的操作情况，特别要重视现场人员的意见，必要时可邀请质量小组之外的有关人员参与，方法听取意见。画出因果图后，要权衡轻重，找出重点影响因素。要根据主要原因制定改进措施对策表，确定完成时间。

表 10.11　钢结构油漆表面返锈对策表

因案	序号	主要原因	采取的措施	执行人
人	1	业务知识差	对上岗人员进行业务培训；重新进行技术质量交底	
	2	责任心差	加强教育；加强监督；实行质量奖罚	
机械	3	设备故障	进行检查维修；更换压力表	
材料	4	油漆牌号不对	变更牌号；更换油漆	
	5	油漆不合格	剔除过期产品；购买合格产品	
环境	6	工件表面潮湿	涂刷前检查确认；雨后未干禁止作业	
	7	温度过高	检测温度，避开高温时段	
方法	8	除锈质量差	采用喷砂除锈，涂刷前检查确认	
	9	工件表面未清理	缩短工序间隔；涂刷前清理	

10.3.3　施工质量问题和质量事故

在施工过程中会不可避免地出现或多或少的施工质量问题或质量事故。根据事件对形成质量的影响程度和影响结果的严重性来区分质量问题和质量事故。在机电工程项目实施中，无论是质量问题还是质量事故都必须高度重视，发现质量问题要及时处理，造成质量事故要采取措施及时挽回并避免事故扩大。

10.3.3.1　施工质量问题和质量事故的划分

施工质量问题是指未满足设计要求的情况，如未满足图纸、工艺和检验标准要求等。质量事故，是指由于建设、勘察、设计、施工、监理等单位违反工程质量有关法律法规和工程建设标准，使工程产生结构安全、重要使用功能等方面的质量缺陷，造成人身伤亡或者重大经济损失的事故。

施工单位对施工中出现质量问题的建设工程或者竣工验收不合格的建设工程，应当负责返修。质量监督人员在检查中发现工程质量存在问题时，有权签发整改通知，责令限期改正；发现存在涉及结构安全和使用功能的严重质量缺陷、工程质量管理失控时，有权责令暂停施工或局部暂停施工等，以便立即改正；对发现结构质量隐患的工程有权责令其进行检测，根据检测结构，要求建设单位整改。需要行政处罚的，由工程质量监督机构报政府委托部门查处。组织应确保对不符合要求的输出进行识别和控制，以防止非预期的使用或交付。组织应根据不合格的性质及其对产品和服务符合性的影响采取适当措施。这也适用于在产品交付之后，以及在服务提供期间或之后发现的不合格产品和服务。

质量事故会造成一定的人身和财产损失，后果相对于质量问题则严重很多。《关于做好房屋建筑和市政基础设施工程质量事故报告和调查处理工作的通知》（建质［2010］111 号）中规定：根据工程质量事故造成的人员伤亡或者直接经济损失，工程质量事故分为 4 个等级。每个等级人员伤亡数量和直接经济损失额度基本等同于生产安全事故划分的 4 个等级，略为不同之处为，一般质量事故规定了直接经济损失下限为 100 万。

在机电工程中，特种设备作为一类需要严格监管的设备，其危险性较大，事故出现概率相对于一般机电设备而言较大。特种设备事故，是指因特种设备的不安全状态或者相关人员的不安全行为，在特种设备制造、安装、改造、维修、使用（含移动式压力容器、气瓶充装）、检验检测活动中造成的人员伤亡、财产损失、特种设备严重损坏或者中断运行、人员滞留、人员转移等突发事件。特种设备事故分为特别重大事故、重大事故、较大事故和一般事故。

10.3.3.2　施工质量事故的调查处理

发生施工质量事故后，事故现场有关人员应当立即向工程建设单位负责人报告。工程建设单位负责人接到报告后，应于1小时内向事故发生地县级以上人民政府住房和城乡建设主管部门及有关部门报告。情况紧急时，事故现场有关人员可直接向事故发生地县级以上人民政府住房和城乡建设主管部门报告。

对于特种设备事故，事故发生单位应当立即启动事故应急预案，组织抢救，防止事故扩大，减少人员伤亡和财产损失，并及时向事故发生地县级以上特种设备安全监督管理部门和有关部门报告。

施工质量事故调查分为工程质量事故调查和特种设备事故调查。

工程质量事故发生后，建设单位（项目法人）、设计单位、施工单位、监理单位等应参与质量事故调查。房屋建筑和市政基础设施工程发生质量事故，住房和城乡建设主管部门应当按照有关人民政府的授权或委托，组织或参与事故调查组对事故进行调查。

对于工程质量事故的处理，住房和城乡建设主管部门应当依据有关人民政府对事故调查报告的批复和有关法律法规的规定，对事故相关责任者实施行政处罚。处罚权限不属本级住房和城乡建设主管部门的，应当在收到事故调查报告批复后15个工作日内，将事故调查报告（附具有关证据材料）、结案批复、本级住房和城乡建设主管部门对有关责任者的处理建议等转送有权限的住房和城乡建设主管部门。住房和城乡建设主管部门应当依据有关法律法规的规定，对事故负有责任的建设、勘察、设计、施工、监理等单位和施工图审查、质量检测等有关单位分别给予罚款、停业整顿、降低资质等级、吊销资质证书其中一项或多项处罚，对事故负有责任的注册执业人员分别给予罚款、停止执业、吊销执业资格证书、终身不予注册其中一项或多项处罚。

特种设备事故发生后，对特别重大事故由国务院或者国务院授权有关部门组织事故调查组进行调查。重大事故由国务院特种设备安全监督管理部门会同有关部门组织事故调查组进行调查。较大事故由省、自治区、直辖市特种设备安全监督管理部门会同有关部门组织事故调查组进行调查。一般事故由设区的市的特种设备安全监督管理部门会同有关部门组织事故调查组进行调查。

对于特种设备事故的处理，事故调查报告应当由负责组织事故调查的特种设备安全监督管理部门的所在地人民政府批复，并报上一级特种设备安全监督管理部门备案。有关机关应当按照批复，依照法律、行政法规规定的权限和程序，对事故责任单位和有关人员进行行政处罚，对负有事故责任的国家工作人员进行处分。对事故发生负有责任的单位的主要负责人未依法履行职责，导致事故发生的，由特种设备安全监督管理部门依照下列规定处以罚款；属于国家工作人员的，并依法给予处分；触犯刑律的，依照刑法关于重大责任事故罪或者其他罪的规定，依法追究刑事责任。

① 发生一般事故的，处上一年年收入30%的罚款；

② 发生较大事故的，处上一年年收入40%的罚款；

③ 发生重大事故的，处上一年年收入 60%的罚款。

10.3.3.3 施工质量问题的调查处理

施工质量问题调查处理程序如图 10.3 所示。

发现质量问题后，现场人员应及时通知项目部，项目部应迅速采取措施，通知有关单位和人员停止现场作业，对存在质量问题的产品进行标识、隔离和记录，并对质量问题展开调查。质量问题调查的内容包括：质量问题发生的范围、部位、性质、影响程度、施工单位、施工人员等。项目应根据质量问题的性质和严重程度，向建设单位、监理单位和本单位管理部门进行报告，写出质量问题调查报告。

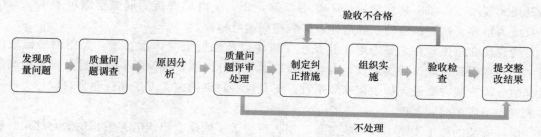

图 10.3 质量问题调查处理程序

对于质量问题原因分析，在充分进行现场调查的基础上，项目部应组织召开项目质量分析会，必要时可邀请建设、设计、监理和部门人员参加，对质量问题进行分析评审。原因分析要本着客观、公正的原则，从影响质量的因素人、机、料、法、环等方面逐项进行分析，找出造成质量问题的主要原因。

对于质量问题处理，根据质量问题的范围、性质、原因和影响程度，确定处置方案，例如：返工、返修、降级使用、不作处理、报废等。项目制定的处置方案应经建设单位、监理单位同意并批准。对于能够通过返工处理达到标准要求的，由项目针对产生质量问题的原因制定整改措施，明确整改方法、质量要求、整改时间和整改人员，整改完成后按原施工验收规范进行验收。对于需要进行返修处理的，必须经监理或建设单位代表批准，并商定接受标准。对于必须进行报废处理的，项目应制定拆除方案，明确拆除范围、拆除方法、防护措施、人员要求等，对重新制作的工程要制定质量预防措施。

10.4 ➲ 延伸阅读与思考

上海中心大厦是上海市的一座巨型高层地标式摩天大楼，总高为 632m，结构高度为 580m，其设计高度超过附近的上海环球金融中心。该大厦的观光厅"上海之巅"位于大楼第 118 层。为保证人员上下楼的便利，大厦安装了上百部电梯，其中 1 台由底楼直达观光厅的电梯速度可达 20.5m/s，是当前世界上穿梭速度最高的电梯。

为了便于在突发事件下的人员疏散，上海中心大厦共有 19 部电梯可用于疏散，其中 6 部为疏散专用客梯，13 部为辅助客梯。在 6 部专用疏散客梯中，1 部从 1 层直通 89 层，2 部从 89 层通至 96 层，3 部从 96 层通至 100 层。13 部辅助安全疏散的客梯，分别服务于 4 个不同的避难层，其中 3 部为地面一层直通 89 层避难层的双层轿厢穿梭电梯（火灾时疏散仅用下层轿厢），2 部为从地上一层直通 78 层避难层的单层轿厢穿梭电梯，4 部为地上二层直通 54 层避难层的双层轿厢穿梭电梯（火灾时疏散仅用上层轿厢），4 部为地上一层直通 30

层避难层的双层轿厢电梯（火灾时疏散仅用下层轿厢）。辅助疏散用的电梯设计有防火、防烟、防水功能，两路供电，且在电梯机房设置有火灾报警系统。通常情况下这些电梯为穿梭客梯，火灾时火灾自动报警系统联动使穿梭电梯迫降于建筑的首层和二层，然后由经过专门培训的消防安全员（电梯操作人员）将其驶往需要救助的避难层实施人员疏散。

电梯的安装施工是上海中心大厦建设过程中的重要工作之一。上海三菱电梯有限公司安装班组长俞建民，就是这些摩天大楼电梯的安装工之一。凭借执着专注的工匠之心，俞建民入选首批上海工匠。在上海中心大厦的电梯安装中，如果按照常规安装工艺，上海中心要等到大楼结构封顶，电梯井道封闭后才能进行电梯安装，而这样将会把工期拉长 2 年左右，势必延误大厦竣工。而正是俞建民的不走寻常路，让大厦电梯安装工期整整缩短了 18 个月，并且成为世界上运行稳定性、舒适性最好的超高速电梯群。

俞建民介绍说，在充分考虑了建筑土建进度以及混凝土筒体垂直度、大楼钢结构变形量、超高层建筑沉降、摇摆系数、电梯厅精装潢等特殊因素，带领同事们设计开发了超高层电梯的分段安装方案及无脚手架安装平台。正是这些独创的施工方法和作业平台成为上海中心大厦提前竣工的利器。

电梯安装的施工质量不仅影响工程工期，更为重要的是会影响电梯的长期安全使用。施工质量控制对影响施工质量的因素进行分析并提出相应的解决方案和预控措施，要从"人、机、料、法、环"等方面考虑。

在上海中心大厦安装的牵引式电梯，是在曳引机上悬挂钢丝绳，载人的轿厢和对重分别挂在两侧。钢丝绳通过曳引机的带动来提升或放下轿厢。平衡对重的重量与电梯定员达到一半时的轿厢重量相当，以此减轻一半曳引机所承受的负荷。对重是电梯曳引系统的组成部分，作用在于减少曳引电动机的功率和曳引轮、蜗轮上的力矩。随着建筑物高度的增加，制造又长又重的曳引钢丝绳，成为超高层建筑电梯的难题。过去，电梯业内一致认为，600m 是高度极限。上海中心大厦的地上高度达到了 632m。为此，必须研发密度大、直径大并能保证强度的新结构曳引钢丝绳。在相同重量情况下，它的强度是原来的 1.5 倍，且不易拉伸，减小乘客在乘梯时的上下晃动。同时，为了减小由于导轨变形及连接处不平而产生的横向晃动，还开发了主动滚动导靴。通过传感器检测轿厢振动，对轿厢施加一个和振动方向相反的力，从而减小横向晃动。

采用新型材料是保证质量控制中在"料"的方面所提出的措施。请查阅公开资料，了解上海中心大厦在电梯安装施工中的质量控制，及安装质量检验等方面的内容，试调研并分析如何对高速电梯的安装质量进行控制，如何解决在安装中可能出现的质量问题等。

本章练习题 ▶▶

10-1　某公司以 EPC 方式总承包某大型机电工程，总包单位直接承担全厂机电设备采购及全厂关键设备的安装调试，将其他工程分包给具备相应资质的分包单位承担。施工过程中发生下列事件：事件 1：钢结构制作全部露天作业，任务还未完成时雨期来临，工期紧迫，不能停止施工。事件 2：储油罐露天组对焊接后，经 X 射线检测，发现多处焊缝存在气孔、夹渣等超标缺陷，需返工。事件 3：设备单机符合试运转时，发现一台大型排风机制造质量不合格。事件 4：单位工程完工后，由建设单位组织总包单位、设计单位共同进行了质量验收评定并签字。试问：（1）事件 1 中，雨期施工为什么易发生焊接质量问题？焊接前应采取哪些措施？（2）绘制油罐焊缝出现气孔和夹渣的因果分析图。（3）风机质量不合格主要责任应由谁来承担？说明理由。

10-2　某施工单位以 EPC 总承包模式中标一个大型火电工程项目，总承包范围包括工程勘察设计、设备材料采购、土建安装工程施工，直至验收交付生产。按合同规定，该施工单位投保建筑安装工程一切险和第三者责任险，保险费由该施工单位承担。为了控制风险，施工单位组织了风险识别、风险评估，对主要风险采取风险规避等风险防范对策。根据风险控制要求，由于工期紧，正值雨季，采购设备数量多，价值高，施工单位对采购本合同工程的设备材料，根据海运、陆运、水运和空运等运输方式，投保运输一切险。在签订采购合同时明确由供应商负责购买承担保费，按设备材料价格投保，保险区段为供应商仓库到现场交货为止。施工单位成立了采购小组，组织编写了设备采购文件，开展设备招标，组织专家按照《投标法》的规定，进行设备采购评审，选择设备供应商，并签订供货合同。220kV 变压器安装完成后，电气试验人员按照交接试验标准规定，进行了变压器绝缘电阻测试、变压器极性和接线组别测试、变压器绕组连同套管直流电阻测量、直流耐压和泄漏电流测试等电气试验，监理检查认为变压器电气试验项目不够，应补充试验。发电机定子到场后，施工单位按照施工作业文件要求，采用液压提升装置定子吊装就位。发电机转子到场后，根据施工作业文件及厂家技术文件要求，进行了发电机转子穿装前的气密性试验，重点检查了转子密封情况，经试验合格后，采用滑道式方法将转子穿装就位。试问：（1）风险防范对策除了风险规避外还有哪些？（2）该施工单位将运输一切险交由供货商负责属于何种风险防范对策？（3）发电机转子穿装前气密性试验重点检查内容有哪些？发电机转子穿装常用方法还有哪些？

10-3　A 公司承包某市大型标志性建筑大厦机电工程项目，内容包括管道安装、电气设备安装及通风空调工程。建设单位要求 A 公司严格实施绿色施工，严格安全和质量管理，并签订了施工合同。A 公司项目部制定了绿色施工管理和环境保护的绿色施工措施，提交建设单位后，建设单位认为绿色施工内容不能满足施工要求，建议补充完善。施工中项目部按规定多次对施工现场进行安全检查，仍反复出现设备吊装指挥信号不明确或多人同时指挥；个别电焊工无证上岗；雨天高空作业；临时楼梯未设置护栏等多项安全隐患。项目部经认真分析总结，认为是施工现场安全检查未抓住重点，经整改后效果明显。在第一批空调金属风管制作检查中，发现质量问题，项目部采用排列图法对制作中出现的质量问题进行了统计、分析、分类，并建立风管制作不合格点数统计表（如下表所示），予以纠正处理。

代号	检查项目	不合格点数	频率/%	累计频率/%
1	咬口开裂	24	30	30
2	风管几何尺寸超差	22	27.5	57.5
3	法兰螺栓孔距超差	16	20	77.5
4	翻边宽度不一致	8	10	87.5
5	表面平整度超差	6	7.5	95
6	表面划伤	4	5	100
合计		80	100	

经检查，其中风管咬口开裂的质量问题是咬口形式选择不当造成的，经改变咬口形式后，咬口质量得到改进。试问：（1）绿色施工要点还应包括哪些方面的内容？（2）对表中的

质量问题进行 ABC 分类。（3）根据背景资料，归纳施工现场安全检查的重点。

10-4　某市 A 单位中标某厂新建机修车间的机电工程，除两台 20t 桥式起重机安装工作分包给具有专业资质的 B 单位外，余下的工作均自行完成。B 单位将起重机安装工作分包给 C 劳务单位。在机器设备就位后，A 单位的专业质检员发现设备安装的垫铁组有 20 组不合格，统计表如下所示。

序号	不合格原因	不合格数量	频率/%
1	垫铁组超厚	10	50
2	垫铁组距超标	7	35
3	垫铁组超薄	2	10
4	垫铁翘曲	1	2

A 单位项目部分析了垫铁组超标成因并进行了整改，达到规范要求。试问：（1）从施工技术管理和质量管理的角度分析垫铁组安装不符合规范的主要原因。（2）将统计表中不合格的垫铁组按累计频率划分为 A 类、B 类、C 类。

机电安装施工作业中,设备安装完成之后,需要通过试运行来验证设备的完好性和安装质量的符合性。只有试运行合格的设备才能进行移交。试运行结束后,机电安装工程的竣工验收需要根据项目规模和复杂情况分阶段进行。竣工验收合格,项目移交给运营单位,机电安装工程项目进入缺陷责任期,机电安装公司按照合同约定提供保修和回访服务。

11.1 ⊙ 试运行管理

机电安装工程中的试运行按照单体试运行、联动试运行和负荷试运行的顺序执行,其试运行的复杂程度逐步增加,考察的系统规模逐步增大。上述三项试运行分布在机电工程施工不同阶段,随着施工的进展逐步展开。全部的试运行工作结束,即意味着机电设备达到安装要求而使项目具备正常生产的硬件条件。

11.1.1 机电工程试运行的组织

11.1.1.1 试运行组织

试运行的工作内容可以分布在施工的三个阶段开展,即为施工阶段(预试车中单机试车开始起)、试车阶段、试运行阶段。以工业建设项目为例了解施工、试车、试运行各阶段的里程碑,见表11.1。

表 11.1 工业建设项目中施工、试车、试运行各阶段的划分及里程碑

阶段	施工阶段		试车阶段		试运行阶段	
子阶段	施工安装	预试车	冷试车	热试车	运行调试	性能考核
里程碑	安装就位	机械竣工及中间交接	工艺介质引入及开车	生产出产品	具备考核条件	性能考核完成

试运行前工作内容及责任分工必须明确。某工程单机试车是试运行开始的标志,单体试车前的主要工作内容及分工见表11.2。

表 11.2 预试车阶段单机试车前工作内容及分工

序号	工作内容	设计	施工单位			建设单位			总承包	
		技术要领	方案编制	方案实施	物资供应	方案编制	方案实施	物资供应	配合和验收	协调和验收
1	管道系统耐压试验及严密性试验	△							△	△

续表

序号	工作内容	设计	施工单位			建设单位				总承包
		技术要领	方案编制	方案实施	物资供应	方案编制	方案实施	物资供应	配合和验收	协调和验收
2	管道系统和设备的清洗及化学处理	△							△	△
3	大机泵油路系统清洗	△							△	△
4	蒸汽和工艺管道吹扫	△							△	△
5	管道系统和设备脱脂	△							△	△
6	设备耐火材料的干燥和烘炉	△							△	△
7	催化剂、分子筛和干燥剂等的充填	△							△	△
8	各种填料的充填	△							△	△
9	管道、设备系统的置换工作	△							△	△

在项目开始建设时，业主应成立专门机构来负责项目试车和生产运行准备活动。预试车、试车阶段和试运行阶段所需的水、电、气、蒸汽、原料、燃料、易损备件、各种化学品和润滑油脂等物资，应由业主负责供应。项目各装置的试车阶段和试运行阶段均应由业主负责组织和指挥。

11.1.1.2 试运行前应具备的条件

试运行前必须中间验收合格，且资源条件满足，技术组织工作已完成。

中间验收是在设备及其附属装置、管路、管线系统等均应全部施工完毕后开展的阶段性检查验收工作。在中间验收执行时，要着重验收施工记录及资料是否齐全，是否符合要求。其中，设备的清洗、检查、隐蔽、几何精度经检验必须合格；管路、管线系统检查必须合格；润滑、液压、冷却、水、气（汽）、电气（自动化仪表）控制等附属装置均应按系统检验合格，并应符合试运行要求。

试运行所需要的相关资源必须配备齐全。试运行需要的资源包括能源、介质、润滑油脂、材料、工机具、检测仪器、安全防护设施及用具等。设备及周围环境应清扫干净，设备附近不得进行粉尘或噪声较大的作业。消防道路畅通，消防设施的配置应符合要求。

试运行前，技术组织工作必须完成，试运行方案和应急预案应编制完成并且经过批准。试运行组织已建立，分工明确，责任清楚。参加试运行的人员应熟悉设备的构造、性能和设备的技术文件和运行方案，并能够掌握操作规程及试运行的具体步骤和操作方法。例如，换热器在试车前，应查阅图纸有无特殊要求，铭牌有无特殊标志，比如，管板是否按压差设计、对试压试车程序有无特殊要求等。

另外，在试运行试车前还应清洗整个系统，并在入口接管处设置过滤网；系统中如无旁路，试车时应增设临时旁路；开启放气口，使流体充满设备；当介质为蒸汽时，开车前应排空残液，以免形成水击，有腐蚀性的介质，停车后应将残存介质排净；开车或停车过程中，应缓慢升温和降温，避免造成过大的压差和热冲击。

11.1.2 单体试运行管理

单体试运行是在安装结束后，对驱动装置、传动装置或单台动设备和控制系统进行的试运行。

对单台动设备（机组）的试运行还应包括其辅助系统和控制系统。辅助系统包括电气系统、润滑系统、液压系统、气动系统、冷却系统、加热系统、监测系统等，控制系统包括设备启停、换向、速度等自动化仪表就地控制、计算机 PLC 程序远程控制、联锁、报警系统等。

单体试运行主要考核单台动设备的力学性能，检验动设备的制造、安装质量和设备性能等是否符合规范和设计要求。

11.1.2.1 单体试运行前必须具备的条件

单机试车责任已明确。单机试车时，建设单位、设计单位、总承包单位、施工单位责任分工见表 11.3。表 11.3 适用于各种方式的承包，如非总承包方式，表中所列总承包单位的工作由建设单位独自承担，物资供应一栏中凡标"△"号者，按惯例分工执行。

表 11.3 单机试车责任分工表

序号	工作内容	设计	施工单位			建设单位				总承包
		技术要领	方案编制	方案实施	物资供应	方案编制	方案实施	物资供应	配合和验收	协调和验收
1	电动机的试车			△					△	△
2	汽/气驱动级的试车、大机泵试车	△		△					△	△
3	其他机泵试车			△	△				△	△
4	系统联动试车	△		△					△	△
5	检测、控制、联锁报警系统的调试及预试车、联运	△		△					△	△

单体试运行前，有关分项工程验收合格。动设备及其附属装置、管线已按设计文件的内容和有关规范的质量标准全部安装完毕并验收合格。

施工过程资料应齐全，资料主要包括产品合格证书或复验报告；施工记录、隐蔽工程记录和各种检验、试验合格文件；与单机试运行相关的电气和仪表调校合格资料。

资源条件已满足试运行所需要的动力、介质、材料、机具、检测仪器等符合试运行的要求并确有保证。例如：润滑、液压、冷却、水、气（汽）和电气等系统符合系统单独调试和主机联合调试的要求。对人身或机械设备可能造成损伤的部位，相应的安全设施和安全防护装置设置完善。试运行方案已经批准。试运行组织已经建立，操作人员经培训、考试合格，熟悉试运行方案和操作规程，能正确操作。记录表格齐全。试运行的动设备周围的环境清扫干净，不应有粉尘和较大的噪声。

11.1.2.2 常用机电设备单体试运行及规定

各类机械设备试运转通用要求，将试运转划分为各系统单独调试、动作调试和整机空负荷试运转三个阶段。其中整机空负荷试运转后，应及时处理的事项如下：

① 切断电源和其他动力源。

② 放气、排水、排污和涂油防锈。

③ 对蓄势器和蓄势腔及机械设备内剩余压力，应泄压。

④ 空负荷试运转后，应对润滑剂的清洁度进行检查，清洗过滤器；必要时更换新的润滑剂。

⑤ 拆除试运转中的临时装置或恢复临时拆卸的设备部件及附属装置。

⑥ 清理和清扫现场，将机械设备盖上防护罩。

⑦ 整理试运转各项记录。

对于压缩机试运转，要满足下列要求：

① 空负荷试运转，应检查盘车装置处于压缩机启动所要求的位置；点动压缩机，在检查各部位无异常现象后，依次运转 5min、30min 和 2h 以上，运转中润滑油压不得小于 0.1MPa，曲轴箱或机身内润滑油的温度不应高于 70℃，各运动部件无异常声响，各紧固件无松动。

② 空气负荷试运转，升压运转的程序、压力和运转时间应符合随机技术文件的规定，文件无规定，在排气压力为额定压力的 1/4 时应连续运转 1h；排气压力为额定压力的 1/2 和 3/4 时应连续运转 2h；在额定压力下连续运转不应小于 3h。升压运转过程中，应在前一级压力下运转无异常现象后再将压力逐渐升高。在运转过程中润滑油压不得低于 0.1MPa，曲轴箱或机身内润滑油的温度不应高于 70℃，其中氧气压缩机不应高于 60℃。

③ 空气负荷单机试运行后，应排除气路和气罐中的剩余压力，清洗油过滤器和更换润滑油，排除进气管及冷凝收集器和气缸及管路中的冷凝液；需检查曲轴箱时，应在停机 15min 后再打开曲轴箱。

对于泵单机试运转，要满足下列要求：

① 泵在额定工况下连续运转的时间应不少于表 11.4 的规定。

表 11.4　泵在额定工况下连续运转时间

泵的轴功率/kW	<50	50～100	100～400	>400
连续试运转时间/min	30	60	90	120

② 离心泵试运转时，机械密封的泄漏量不应大于 5mL/h，高压锅炉给水泵机械密封的泄漏量不应大于 10mL/h；填料密封的泄漏量不应大于表 11.5 的规定，且温升应正常，泵的振动应符合规定。

表 11.5　填料密封的泄漏量

设计流量/(m³/h)	≤50	>50～100	>100～300	>300～1000	>1000
泄漏量/(mL/min)	15	20	30	40	60

③ 离心泵试运转后，应关闭泵的入口阀门，待泵冷却后再依次关闭附属系统的阀门；输送易结晶、凝固、沉淀等介质的泵，泵停止后应防止堵塞，并及时用清水或其他介质冲洗泵和管道；放净泵内积存的液体。

对于起重机的试运转，电动葫芦、梁式起重机、桥式起重机、门式起重机和悬臂式起重机安装工程施工完毕，应连续进行空载、静载、动载试运转，合格后应办理工程验收手续。当条件限制不能连续进行静载、动载试运转时，空载试运转符合要求后，亦可办理工程验收手续。

11.1.2.3　中间交接

单体试运行完成后，承包单位应根据设计文件及有关国家标准规范的要求组织自检，在自检合格的基础上，向业主提出中间交接申请。监理单位组织专业监理工程师对工程进行全面检查，核实是否达到中间交接条件。经检查达到中间交接条件后，总监理工程师在中间交接申请书上签字。承包方把审查的技术资料和管理文件汇总整理。业主生产管理部门确认下列情况：

① 工艺、动力管道耐压试验和系统吹扫情况；

② 静设备无损检测、强度试验和清扫情况；

③ 确认动设备单机试车情况；

④ 确认大型机组试车和联锁保护情况；

⑤ 确认电气、仪表的联校情况，确认装置区临时设施的清理情况。

同时，业主安全管理部门确认装置区环境的安全状况。监理公司核查"三查四定"完成情况。业主施工管理部门组织施工、监理、设计及项目其他职能部门召开中间交接会议，并分别在中间交接书上签字。

中间交接应具备的条件包括：

① 工程已按合同所约定的内容施工完成。

② 工程质量初评合格。

③ 管道试压、吹扫、清洗完成。

④ 静设备的强度试验、清扫完成。

⑤ 动设备的单机试车合格。

⑥ 电气、仪表调试合格。

⑦ 装置区施工临时设施已拆除。

⑧ 对试车有影响的设计变更和工程收尾工作已完成，其他未完项目的责任已明确。

⑨ 施工现场完工、料净、场地清。施工过程技术资料和管理资料整理齐全，符合要求。

中间交接的内容包括：

① 按设计内容对工程实物量核实交接。

② 工程质量的初评资料及有关调试记录的审核与验证。

③ 安装专用工具和剩余随机备件、材料的交接。

④ 工程收尾清理及完成时间的确认。

⑤ 随机技术资料的交接。

预试车和冷试车由不同的合同主体承担时，机械竣工后，冷试车开始前，各有关方应办理工程中间交接证书，其中"验收意见"栏，由建设单位按《化学工业工程建设交工技术文件规定》（HG/T 20237—2014）的规定填写。

在中间交接过程中，要特别注意中间交接前后对设备的保管。中间交接前，承包商应对合同范围工程实体、施工过程技术文件等妥善保管，并有可行且有效的成果保护措施。中间交接后的单项或装置应由业主或承担试车的合同主体负责保管、使用、维护，但不应解除施工方的施工责任，遗留的施工问题仍由施工方解决，并应按期限完成。

11.1.3 联动试运行管理

11.1.3.1 联动试运行的主要范围及目的

联动试运行涵盖单台设备（机组）或成套生产线及其辅助设施包括管路系统、电气系统、润滑系统、液压系统、气动系统、冷却系统、加热系统、自动控制系统、联锁系统、报警系统等。主要考核联动机组或整条生产线的电气联锁，检验设备全部性能和制造、安装质量是否符合规范和设计要求。

11.1.3.2 联动试运行前必须具备的条件

单体试运行应具备的首要条件是单位工程质量验收合格，中间交接已完成，且"三查四定"的问题整改消缺完毕，遗留的工作已处理完。这里所谓"三查"指的是检查设计漏项、检查未完工程、检查工程质量隐患。所谓"四定"指的是对查出的问题定任务、定人员、定时间、定措施来及时解决。在检查中，特别要注意影响投料的设计变更项目是否已施工完毕，施工用临时设施是否已全部拆除等问题。通过检查最终确认试运行范围内的工程已按设计文件规定的内容全部建成并按施工验收规范的标准检验合格。

试运行范围内的设备，除必须留待投料试运行阶段进行试车外，单体试运行已全部完成并合格，且工艺系统试验合格。例如，试运行范围内的设备和管道系统的内部处理及耐压试验、严密性试验已经全部合格。试运行范围内的电气系统和仪表装置的检测系统、自动控制系统、联锁及报警系统等符合规范规定。

试运行方案和生产操作规程已经批准。工厂的生产管理机构已经建立，各级岗位责任制已经制定，有关生产记录报表已配备。试运行组织已经建立，参加试运行人员已通过安全生产考试。试运行方案中规定的工艺指标、报警及联锁整定值已确认并下达。

同时，资源条件已满足。试运行现场有碍安全的设备、场地、走道处的杂物，均已清理干净。试运行所需燃料、水、电、气（汽）等可以确保稳定供应，各种物资和测试仪表、工具皆已齐备。

11.1.3.3 联动试运行应符合的规定和标准

联动试运行必须按照试运行方案及操作规程精心指挥和操作。试运行人员必须按建制上岗，服从统一指挥。对于不受工艺条件影响的仪表、保护性联锁及报警系统皆应参与试运行，并应逐步投用自动控制系统。在联动试运行前应划定试运行区域，无关人员不得进入。在联动试运行过程中，应按照试运行方案的规定认真做好记录。

联动试运行应达到的标准如下：

① 试运行系统应按设计要求全面投运，首尾衔接稳定，连续运行并达到规定时间。

② 参加试运行的人员应掌握开车、停车、事故处理和调整工艺条件的技术。

③ 在联动试运行后，参加试运行的有关单位、部门对联动试运行结果进行分析并评定合格后，填写联动试运行合格证书。

11.1.4 负荷试运行管理

11.1.4.1 负荷试运行前应具备的条件

负荷试运行开展前应确认联动试运行已完成，负荷试运行的制度和技术文件已完善，且负荷试运行的资源条件已具备。

联动试运行已完成，所有设备处于完好备用状态，管道介质名称、流向标识齐全。机器、设备及主要的阀门、仪表、电气皆标明了位号和名称。仪表、仪器经调试具备使用条件，联锁调校完毕，准确可靠。所用的工器具已配备齐全。

负荷试运行的制度和技术文件已完善。各项生产管理制度已落实、岗位分工明确，各工种人员岗前培训合格，已掌握要领，会排除故障。经批准的负荷试运行方案已向生产人员交底，事故处理应急方案已经制定并落实。

负荷试运行具备所要求的资源条件。保运工作已落实，备品备件齐全，供排水、供电、仪表控制已平稳、正常运行。原材料、燃料、化学药品、润滑油（脂）等，已按设计文件和试运行方案规定的规格数量准备齐全，并能确保连续稳定供应。环保、安全、消防、急救系统已完善，现场保卫、生活后勤服务已落实。通信联络系统、储运系统、运销系统、生产调度系统运行正常可靠。试运行指导人员和专家已到现场。

11.1.4.2 负荷试运行的要求

负荷试运行方案由建设单位组织生产部门和设计单位、总承包/施工单位共同编制，由建设单位生产部门负责指挥和操作。合同另有规定时，按合同规定执行。负荷试运行必须统一指挥，严禁越级指挥，参加负荷试运行人员必须遵守各项纪律和有关制度，无证人员不得进入试运行区。

安全联锁装置必须按设计文件的规定投用。因故停用时应经授权人批准，记录在案，限期恢复，停用期间应派专人进行监护。联动试运行必须按负荷试运行方案规定进行操作，循序渐进，实行监护操作制度。

试运行过程中，岗位操作人员应和仪表、电气、机械人员保持密切联系。总控人员应和其他岗位操作人员密切配合、紧密合作，并按负荷试运行方案的规定和试运行的需要测定数据，做好记录。

负荷试运行应符合的标准包括：

① 生产装置连续运行，生产出合格产品，一次投料负荷试运行成功。
② 负荷试运行的主要控制点正点到达。
③ 不发生重大设备、操作、人身事故，不发生火灾和爆炸事故。
④ 环保设施做到"三同时"，不污染环境。
⑤ 负荷试运行不得超过试车预算，经济效益好。

11.2 机电工程竣工验收管理

竣工验收是建设项目转入到投产使用阶段的必备程序，只有通过竣工验收合格，才能投产使用。凡新建、扩建、改建的建设工程按批准的设计文件所规定的内容建成，符合竣工验收条件的，建设单位应当组织设计、施工、工程监理等有关单位进行竣工验收。对某些特殊情况，工程施工虽未全部按设计要求完成，也可以进行验收。

11.2.1 竣工验收的分类和依据

11.2.1.1 竣工验收的分类

按照工程规模、性质和被验收的对象划分为建设项目竣工验收和施工项目竣工验收。

建设项目的竣工验收是动用验收。建设单位在建设项目批准的设计文件规定的内容全部建成后，向使用单位（国有资金建设的项目向国家）交工的过程。对于施工项目竣工验收，承包人按施工合同完成全部任务，经检验合格，由发包人组织验收的过程。施工项目竣工验收是建设项目竣工验收的第一阶段，可称为初步验收或交工验收，施工项目竣工验收可按施工单位自检的竣工预验和正式验收的阶段进行。

按建设项目达到竣工验收条件的验收方式分为项目中间验收、单项工程竣工验收和全部工程竣工验收三类。规模较小、施工内容简单的工程，也可一次进行全部项目的竣工验收。全部工程的竣工验收又分为验收准备、预验收和正式验收三个阶段。

施工项目验收应按相关专业的管理要求设专项验收。专项验收是根据建设项目（工程）

竣工验收管理办法，建设工程竣工后，相应的建设行政职能部门要分项对工程竣工进行专项验收，主要包括规划、消防、环保、绿化、市容、交通、水务、人防、卫生防疫、交警、防雷、节能等专项验收。

11.2.1.2 竣工验收的依据

竣工验收依据文件的组成包括指导建设管理行为的依据和工程建设中形成的依据。

指导建设管理行为的依据是指法律、法规、标准、规范以及具有指南作用的参考资料，主要包括：国家、中央各行业主管部门以及当地行业主管部门颁发的有关法律、法规、规定、施工技术验收规范、规程、质量验收评定标准及环境保护、消防、节能、抗震等有关规定。

工程建设中形成的依据是指足以证实工程实体形成过程和工程实体性能特征的工程资料，主要包括：上级主管部门批准的可行性研究报告、初步设计、调整概算及其他有关设计文件。由发包人提供的主要内容有：上级批准的设计任务书或可行性研究报告；用地、征地、拆迁文件；地质勘察报告；设计施工图及有关说明等；施工图纸、设备技术资料、设计说明书、设计变更单及有关技术文件。

设计文件、施工图纸是组织施工的第一手技术资料，是竣工验收的重要依据。施工企业必须按照工程设计图纸和施工技术标准施工，不得偷工减料。按图施工是承包人的重要责任，这种责任是质量和技术的责任。

由发包单位确认并提供的工程施工图纸，也是直接指导施工和进行施工质量验收的重要依据。其中工程设计变更单，是施工图纸补充和修改的记录。工程设计的修改由原设计单位负责，经业主方审核批准后发给施工方，施工企业不得擅自修改工程设计。设计变更原则上由设计单位主管技术负责人签发，发包人认可签章后由承包人执行。

发包人供应的设备及设备的技术说明书，不仅是施工方进行设备安装的依据资料，也是设备调试、检验、试车、验收的重要依据。如果是承包人采购的设备，应符合设计和有关标准的要求，按规定提供相关的技术说明书，并对采购的设备质量负责。

工程建设项目的勘察、设计、施工、监理以及重要设备、材料招标投标文件及其合同。工程项目合同是发包人和承包人为完成约定的工程项目，明确相互权利、义务的协议。依据成立的合同，对当事人具有法律约束力，当事人应当按照约定履行自己的义务，不得擅自变更或者解除合同，依法成立的合同，受法律保护。工程竣工验收时，对照合同约定的主要内容，可以检查承包人和发包人的履约情况，有无违约责任，是重要的合同文件和法律依据，受法律保护。

引进或进口和合资的相关文件资料。从国外引进技术或进口设备的项目以及中外合资建设项目，还应按照签订的合同和国外提供的设计文件等资料进行验收，竣工验收不仅依据我国的法律法规，还必须同时满足国外提供的设计文件资料和合同的要求。

11.2.2 建设项目竣工验收

11.2.2.1 竣工验收的组织

建设项目竣工验收的主体应按谁投资、谁决策、谁验收的原则确定验收主体。

中央政府投资或以中央政府投资为主建设的项目，由国家投资主管部门主持验收，或由国家投资主管部门委托项目上级主管中央企业（集团）公司或地方投资主管部门主持验收。中央企业（集团）公司投资为主的项目，应由中央企业（集团）公司会同各投资方主持验收。地方政府投资为主的项目，由地方投资主管部门主持验收。

竣工验收的组织形式，根据建设项目的规模、工艺技术以及对社会经济和环境的影响情况，一般可分为两种。大型或特大型项目和社会影响较大的项目，一般应组成竣工验收委员会进行验收，其中对工艺技术比较复杂的项目，在验收委员会之外，还应另行组织专家咨询机构，为竣工验收进行细致的准备和复核。对中、小型项目，可组成竣工验收组进行验收。

项目竣工验收委员会或验收小组由项目建设单位负责组织，其成员除验收主持部门外，应由贷款银行、环保、消防、劳动卫生、统计、审计等有关部门的专业技术人员和专家组成；生产使用单位、工程监理单位、施工承包商、勘察设计单位、主要物资设备供应商以及项目建设的其他相关单位也应参加。需要时竣工验收委员会可邀请有关方面专家参加。竣工验收委员会设主任委员一名，由主持验收部门的有关负责人担任，副主任委员若干名。

竣工验收委员会或验收小组要听取并审查竣工验收综合报告和初验工作报告；检查工程建设和运行情况，对建设项目管理、设计质量、施工管理、建设监理、"三同时"执行情况全面核查，并做出评价；审议项目竣工决算，对投资使用效果做出评价；研究处理遗留问题，总结建设经验；讨论并通过竣工验收鉴定书，最后由验收委员会委员签名确认验收。

11.2.2.2 验收程序

建设项目竣工验收程序包括验收准备、预验收和正式验收。

（1）验收准备

验收准备是为了使全面竣工验收工作顺利进行，项目建设单位事先要充分做好以下主要准备工作。

① 核实建安工程，抓紧工程收尾。列出已交工工程和未完尾工的数量、预算和完工日期明细表。由于收尾工程具有零星、分散、量小、分布面广、施工工效低的特点，很容易拖延工期，必须抓紧合理安排，务求早日完成。

② 复查工程质量，限定修复时间。查明须返工或补修的工程内容，向施工单位提出具体修竣时间要求。

③ 及时做好专项（业）验收，保障顺利投产。专项验收一般包括环境保护、劳动安全、职业安全卫生、工业卫生、消防、档案管理、移民与安置等。不同类别的项目有不同的验收范围、要求和规定。

④ 落实生产准备工作，提出试车调试检查情况报告。

⑤ 整理汇总档案资料，全部立案归档。项目所有档案资料分类编目、装订成册。档案资料一般应包括建设项目所有申报及批复文件；建设项目开工报告、竣工报告；竣工工程项目一览表（包括工程名称、位置、面积、概算、装修标准、功能、开竣工日期）；设备清单（包括设备名称、规格、数量、产地、主要性能、单价、备品备件名称与数量等）；建设项目土建施工记录，隐蔽工程验收记录及施工日志；建筑物的原始测试记录（含沉降、变形、防震、防爆、绝缘、密闭、隔热等）；设计交底、设计图会审记录、设计变更通知书、技术变更核实单等；工程质量事故调查、处理记录；工程质量检验评定资料；工程监理工作总结；试车调试、生产试运行原始记录及总结资料；环境、安全卫生、消防安全考核记录；全部建设项目的竣工图；各专业验收组的验收报告及验收纪要等。

⑥ 编制竣工决算，提出财务决算分析。竣工决算是竣工验收报告的重要组成部分，由编制说明和相关报表组成。主要是将建设项目从筹建开始一直到竣工投产交付使用为止的全部费用，包括建筑工程费用、安装工程费用、设备和工器具购置费用及其他费用，进行最终

的清理决算。竣工决算编制前，应对建设项目的所有财产和物资，包括各种建筑材料、设备、备品备件、施工设备等进行逐一清点，核实账物，清理所有债权债务，应偿还的及时偿还，应收回的抓紧收回。竣工决算应准确反映建设过程中实际发生的全部基本建设费用支出，落实节余的各项财产、物资和其他资金，据以正确核定新增固定资产价值。

⑦ 登记固定资产，编制固定资产构成分析表。

⑧ 编写竣工验收报告、备妥验收证书。事先准备好竣工验收报告及附件、验收证书，以便在正式验收时提交验收委员会或验收小组审查。

（2）预验收

预验收是对于工程规模和技术复杂程度大的项目，为保证项目顺利通过正式验收，在验收准备工作基本就绪后，可由上级主管部门或项目建设单位会同施工、设计、监理、使用单位及有关部门组成预验收组，预验工作主要内容包括：

① 检查、核实竣工项目所有档案资料的完整性、准确性是否符合档案要求；

② 检查项目建设标准，评定质量，对隐患和遗留问题提出处理意见；

③ 检查财务账表是否齐全，数据是否真实，开支是否合理；

④ 检查试车调试情况和生产准备情况，排除正式验收中可能有争议的问题，协调项目与有关方面、部门的关系；督促返工、补做工程的修竣及收尾工程的完工；

⑤ 编写移交生产准备情况报告和竣工预验收报告。

预验收合格后，项目建设单位向政府投资主管部门或投资方提出正式验收申请报告。

（3）正式验收

正式验收由项目建设单位负责筹组，国家投资主管部门或项目上级主管单位和投资方组成的验收委员会或验收小组主持，建设单位及有关单位参加。正式验收的主要工作包括：

① 提出正式验收申请报告项目建设单位在确认具备验收条件、完成验收准备或通过预验收后，提出正式验收申请。特大型建设项目、国家拨款的以及政府投资建设的项目，应向政府投资主管部门提出竣工验收申请；其他工程项目，向其上级主管部门或投资方提出竣工验收申请。

② 筹组竣工验收委员会或验收小组。由政府投资主管部门或项目上级主管单位与投资方组成工程项目验收委员会或验收小组，其他相关单位参加。

③ 召开正式竣工验收会议。由验收委员会或验收小组主任主持会议，以大会和分组形式履行相应的职责和任务，主要包括：听取项目建设工作汇报、审议竣工验收报告、审查工程档案资料、查验工程质量、审查生产准备、定遗留尾工、核实移交工程清单、审核竣工决算与审计文件，做出全面评价结论。验收委员会或验收小组讨论通过竣工验收报告，提出使用建议，签署验收会议纪要和竣工验收鉴定证书。全面竣工验收结束后，项目建设单位应迅速将项目及其相关资料档案移交给生产使用单位，办理固定资产移交手续。

11.2.3 施工项目竣工验收

11.2.3.1 竣工验收的组织

机电工程施工项目竣工验收由项目建设单位组织。建设单位在接到承包商申请后，要及时组织监理单位、设计单位、施工单位及使用单位等有关单位组成验收小组，依据设计文件、施工合同和国家颁发的有关标准规范进行验收。

11.2.3.2 竣工验收程序

（1）竣工验收准备

施工项目在竣工验收前，施工单位要做好施工项目竣工验收前的收尾工作，项目经理要组织有关人员逐层、逐段、逐房间地进行查项，看有无遗漏未安装到位的情况，若发现问题，必须确定专人逐项解决。对已经全部完成的部位，要组织清理，做好成品保护，防止损坏和丢失。要有计划地拆除施工现场的各项临时设施、临时管线，有步骤地组织材料、工具及各种物资的回收退库工作。做好电气线路各种管道的检查，完成电气工程的全负荷试验和管道的各项试验。有生产工艺设备的机电工程，要进行设备的单体试车、无负荷联动试车等。组织技术人员整理竣工资料、绘制竣工图，整理各项需要向建设单位移交的工程档案资料，编制过程档案移交清单。组织相关人员编制竣工结算。准备工程竣工通知书、工程竣工报告、工程竣工验收证明书、工程保修证书。组织好工程自检，报请本单位主管部门组织进行竣工验收检查，对检查出的问题及时进行整改完善。准备好质量评定的各项资料，按机电专业对各个施工阶段所有的质量检查资料，进行系统的整理，为评定工程质量提供依据，为技术档案移交归档做好准备。

建设单位收到施工单位的竣工报告、设计单位的工程质量检查报告、监理单位的工程质量评估报告后，对符合竣工验收条件要求的工程，由建设单位组织设计、施工、监理等单位和其他有关方面的专家组成验收组，制定验收方案。建设单位应在竣工验收之前，向建设工程质量监督机构申请建设工程竣工验收备案表和建设工程竣工验收报告，并同时将竣工验收的时间、地点及验收组名单书面通知建设工程质量监督机构。建设工程质量监督机构审查工程竣工验收的各项条件和资料是否符合要求，符合要求的，发给建设单位建设工程竣工验收备案表和建设工程竣工验收报告，不符合要求的，通知建设单位整改，并重新确定竣工验收时间。

（2）竣工验收阶段

施工项目竣工验收的实施一般分为两个阶段，一是施工单位竣工预验收，二是正式验收，即由建设单位组织设计、监理及施工单位共同验收。

施工单位竣工预验收的标准应与正式验收一样，依据国家或地方的规定以及相关标准的要求，查看工程完成情况是否符合施工图纸和设计的使用要求，工程质量是否符合国家和地方政府部门的规定及相关标准要求，工程是否达到合同规定的要求和标准等。参加竣工预验的人员，应由项目经理组织生产、技术、质量、合同、预算及有关施工人员等共同参加。竣工预验的方式，按照各自的主管内容逐一进行检查，在检查中要做好记录。对不符合要求的部位和项目，确定修补措施和标准，并指定专人负责，定期修理完成。施工单位在自我检查整改的基础上，由项目经理提请上级单位进行复验，要解决复验中的遗留问题，为正式验收做好准备。

正式验收时，施工单位向建设单位发出竣工验收通知书。建设单位收到后，由建设单位组织设计、监理、施工及有关方面共同组成验收委员会，对列为国家重点工程的大型建设项目，则由国家有关部委，邀请有关方面共同参加验收。在建设单位验收完毕并确认工程符合竣工标准和合同条款规定要求后，向施工单位签发竣工验收证明书，进行工程质量评定，办理工程档案资料移交和工程移交手续。

正式验收也可分为两个阶段，包括单项验收和全部验收。第一阶段是单项验收，是指一个总体工程中，一个单项（专业）已经完成初步验收，施工单位提出"竣工申请报告"，说明工程完成情况、验收准备、设备试运行情况等，便可组织正式验收。第二阶段是全部验收，是指工程的各个单项工程（专业）全部完成，达到竣工验收标准，可进行整个工程的竣工验收。全部验收工作首先要由建设单位会同设计、施工单位、监理单位进行验收准备，准备的主要内容有整理汇总技术资料、竣工图、装订成册、分类编目、核实工程量并评定质量等。

正式验收经竣工验收各方复检或抽检确认符合要求后，可办理正式验收交接手续，竣工验收各方要审查竣工验收报告，并在验收证书上签字，完成正式验收工作。

11.2.3.3　竣工验收遗留问题的处理

办理竣工验收时，应依据有关竣工验收办法，按照"对遗留问题提出具体解决意见，限期落实完成"的规定，实事求是地进行妥善处理，核实剩余工程数量，按工程设计留足投资和工程材料，明确负责单位，限期完成。项目竣工验收时，一般常见的遗留问题种类及处理办法主要有以下几种：

① 遗留的工程尾工。属于承包工程合同范围内的遗留尾工，要求承包商在限定时间内扫尾完成。属于各承包合同之外的少量尾工，项目业主可以一次或分期划给生产单位包干实施。分期建设分期投产的工程项目，前一期工程验收时遗留的少量尾工可以在建设后一期工程时一并组织实施。

② 外部协作配套条件不落实。投产后原材料、协作配套供应的物资等外部条件不落实或发生变化，验收交付使用后由项目业主和有关主管部门抓紧解决。由于产品成本高、价格低，或产品销路不畅，验收投产后要发生亏损的工业项目，仍应按时组织验收。交付生产后，生产单位通过抓好经营管理、提高生产技术水平、增收节支等措施解决。

③ "三废"治理工程不完善。"三废"治理工程必须严格按照规定与主体工程同时设计、同时施工、同时投产交付使用；对于不符合要求的情况，验收委员会应会同地方环保部门，根据危害严重程度区别处理，凡危害很严重的，在未解决前，专业验收时决不允许投料试车，全面验收时不许验收，否则要追究责任。

④ 劳保安全措施不完善。劳保安全措施必须严格按照规定与主体工程同时建成，同时交付使用。对竣工时遗留的或试车中发现必须新增的安全、卫生保护措施，要安排投资和材料限期完成。完成后另行组织专项验收。

⑤ 工艺技术和设备缺陷。对于工艺技术有问题、设备有缺陷的项目，除应追究有关方的经济责任和索赔外，可根据不同情况区别对待。经过投料试车考核，证明设备性能确实达不到设计能力的项目，在索赔之后征得原批准单位同意，可在验收中根据实际情况重新核定设计能力。经主管部门审查同意，继续作为投资项目调整、攻关，以期达到预期生产能力，或另行调整用途。

各有关单位（包括设计、施工、监理单位）应在工程准备开始阶段就建立起工程技术档案。汇集整理有关资料，把这项工作贯穿于整个施工过程，直到工程竣工验收结束。这些资料由建设单位分类立卷，在竣工验收时移交给生产使用单位统一保管，作为今后维护、改造、扩建、科研、生产组织的重要依据。凡是列入技术档案的技术文件、资料，都必须经有关技术负责人正式审定。所有的资料文件都必须如实反映工程实施的实际情况，工程技术档案必须严格管理，不得遗失损坏，技术资料按《建设工程文件归档规范》（GB/T 50328—2014）执行。

11.2.4 机电工程竣工验收的实施

11.2.4.1 竣工验收的条件

主体工程、辅助工程和公用设施，基本按设计文件要求建成，能够满足生产或使用的需要。生产性项目的主要工艺设备及配套设施，经联动负荷试车合格（或试运行合格），形成生产能力，能够生产出设计文件中规定的合格产品。引进的国外设备应按合同要求完成负荷调试考核，并达到规定的各项技术经济指标。环境保护、消防、劳动安全卫生，符合与主体工程"三同时"建设原则，达到国家和地方规定的要求。工程质量、环境保护、消防、安全、职业卫生、劳动保护、节能、档案等已通过专项验收、核查、评定，可同时交付使用。

编制完成竣工决算报告，并经财政部门的审核或审计部门的专项审计；项目实际用地已经土地管理部门核查并完备了土地使用手续。建设项目的档案资料齐全、完整，符合国家、省、市有关建设项目档案验收规定。基本符合以上竣工验收条件，虽有部分零星工程和少数尾工未按设计规定的内容全部建成，但不影响正常生产和使用，亦应办理竣工验收手续。对剩余工程，应按设计留足投资，限期完成。

11.2.4.2 竣工验收前须完成的验收项目

建设工程项目交工验收应符合下列规定：

① 建设单位已按工程合同完成工程结算的审核，并签署结算文件；

② 设计单位已完成竣工图；

③ 施工单位按国家标准或行业标准的规定向建设单位移交工程建设交工技术文件；

④ 施工单位出具工程质量保修书；

⑤ 工程监理单位按要求向建设单位移交监理文件。

建设工程项目投料试运行并生产出合格产品或机组满负荷试运行结束后，应进行各项试运行指标的统计汇总和填表，办理投料试运行阶段或机组整套启动试运行阶段的调试质量验收签证。

装置生产出合格产品或机组满负荷试运行结束后，应召开试运委员会会议，听取并审议整套启动试运行和交接验收工作情况的汇报，以及施工尾工、调试未完成项目和遗留缺陷的工作安排，做出启动试运委员会决议，建设、设计、施工、工程监理及相关单位办理工程移交生产的签字手续，签署"工程交工证书"或"机组移交生产交接书"。建设工程项目实行总承包或实行勘察、设计、采购、施工的单项或多项组合总承包的，由总承包单位按合同约定和上述相关要求向建设单位交工。

此外，还必须完成专项验收。建设工程项目的消防设施、安全设施及环境保护设施应与主体工程同时设计、同时施工、同时投入生产和使用。建设单位应向政府有关行政主管部门申请建设工程项目的专项验收。

消防验收应在建设工程项目投入试生产前完成。安全设施验收及环境保护验收应在建设工程项目试生产阶段完成。建设工程项目消防设施完工并经检查调试合格后，应委托具有相应资质的检测单位进行检测。取得消防设施、电气防火技术检测合格证明文件。消防机构对申报消防验收的建设工程，应当依照建设工程消防验收评定标准对已经消防设计审核合格的内容组织消防验收。建设单位在进行建设工程竣工验收消防备案时，应当分别向消防机构提供备案申报表、施工许可文件复印件及规定的相关材料等。按照住房和城乡建设行政主管部门的有关规定进行施工图审查的，还应当提供施工图审查机构出具的审查合格文件复印件。

建设项目安全设施是指生产经营单位在生产经营活动中用于预防生产安全事故的设备、设施、装置、建（构）筑物和其他技术措施的总称。建设项目安全设施必须与主体工程同时设计、同时施工、同时投入生产和使用。安全设施投资应当纳入建设项目概算。建设项目的安全设施不符合规定的，建设单位不得通过竣工验收，且不得投入生产或者使用。

建设项目竣工环境保护验收是指建设项目竣工后，环境保护行政主管部门根据相关规定，依据环境保护验收监测或调查结果，并通过现场检查等手段，考核该建设项目是否达到环境保护要求的活动。

建设单位应按企业会计制度的规定对所承担的建设工程项目进行会计核算。工程结算后编制建设工程项目竣工决算。国家建设工程项目的审计应执行《审计机关国家建设项目审计准则》的规定。建设单位应按照审计机关规定的期限和要求，提供建设工程项目竣工决算报表及其他有关的资料。建设工程项目审计后，审计机关应及时出具审计报告。

对于档案验收，建设单位应按《建设工程文件归档规范》（GB/T 50328—2014）的规定完成建设工程项目档案收集、分类、组卷，编制档案移交清册。建设单位按《建设项目（工程）档案验收办法》的规定进行档案自检并做出档案自检报告，向建设工程项目所在地档案行政管理部门或建设工程项目主管部门提出档案预验收申请。预验收后，建设单位编制档案情况的专题验收报告或在竣工验收报告中写明档案的情况。国家重点建设工程项目尚应按《国家重点建设项目档案管理登记办法》的要求办理档案管理登记事宜。档案验收后，应取得档案行政管理部门或建设工程项目主管部门档案验收的评审意见。

11.2.4.3　竣工验收的管理

竣工验收所涉及的主要管理工作包括编制机电工程竣工验收方案，建立竣工验收组织，收集整理竣工验收资料，清扫整治工程现场，以及组织自检自查工作。

机电工程竣工验收方案的编制由建设单位或委托代理人主持，邀请有关单位参加，对竣工验收活动进行全过程的策划，并做出具体时间安排，分工做好各自竣工验收的准备工作，以确保竣工验收活动顺利进行。

竣工验收组织机构的建立由建设单位（委托代理人）向政府行政主管部门或上级主管部门提出书面申请，要求对机电工程项目进行竣工验收，并提交验收机构的组成单位及成员的建议，经同意后实施。

收集整理竣工验收资料时，按验收方案分工，各相关单位要检查遗缺、整理已有的工程建设或试生产、试运行资料并编制清单，交建设单位资料室保管，以供查阅。资料收集整理的重点是工程施工扫尾的资料、试生产试运行后工程"消缺"即整改消除工程缺陷的资料、尚未完成的工程竣工图和竣工结算的待审稿，以及试生产试运行情况的资料。

清扫整治工程现场时，拆除不再使用的施工临时用电、用水、用气设施，清除施工安装余料和垃圾杂物；做好运输工具行走线路指示、行人禁行标志、道路桥涵通过能力标牌，零部件堆放场所符号，有毒、有电、防火、防爆标识等各类生产用标识，使现场有一个安全生产、文明施工的风貌。

在验收准备的末期，由竣工验收方案制定者组织各有关单位参加对准备工作的自查自检，采用集中与分散、各单位自查与单位间互查、模拟验收等方法，对尚不符合要求的部分责成整改，落实责任人，限期完成并定时间进行复查。

11.2.4.4　竣工验收的实施

竣工验收的实施流程包括评议建设概况报告，并审阅工程资料等。

（1）评议建设概况报告

建设概况报告由机电工程建设方负责撰写。简述建设过程，重点总结和合理安排年度计划投资和组织施工，加强工程管理，严格工程质量监督检查；认真审查预决算，精打细算，节约投资及做好生产准备等工作中的经验总结。有进口设备和引进技术的建设项目，应总结外事工作与国内各项建设工作相配合的经验教训。

验收组或验收委员会评议的重点是建设行为的合法性、工程设计的合理性、招标投标过程的公平公正性、施工管理的科学性、工程质量的符合性、试生产试运行结果的达标程度以及投资及使用的规范性。

验收组或验收委员会对报告评议结果要有书面意见。表示认可或指明在某些方面有完整性、真实性的缺陷，需做必要的补充和纠正。评议意见可在竣工验收活动终结时形成的竣工验收意见书中进行表达。

（2）审阅工程资料

需审阅的工程资料。主要包括：立项审批文件、工艺设计图纸和施工设计图纸、各类工程合同及重要设备物资采购合同、施工组织设计、施工技术记录、质量记录、施工质量验收评定记录、设计变更和施工中各类重要管理记录、与施工有关的重要的各种会议纪要和报表、竣工图、试生产试运行记录、生产的产品检定记录、试生产统计报表、有关机电工程建设的财务报表等，如有涉外部分还应审阅与涉外活动相关的相应文件。

资料审阅的重点是检查其与建设概况报告是否一致。各类合同是否合法和严密，各种记录是否完整、真实和齐全。各种技术、质量记录与应执行的标准规范是否对称。竣工图是否与设计变更后的施工图一致。生产的产品（包括中间产品）的检定结果是否符合产品标准。生产中产生的三废，其处理记录是否达标。各种统计报表是否正确及时，直接相关的各种记录是否能互相印证，涉外活动是否经过授权。因种种原因，机电工程项目尚有不影响生产或运行的部分工程暂缓建造，其批准或会议决定的文件是否齐全。会计账务和报表是否符合审计要求，应纳税费是否缴齐，凭证齐全。

此外，对竣工结算和工程最终审计的准备及相关资料情况进行了解。资料审阅的注意事项、各种资料的载体对同一内容的描述应一致。注意资料形成日期的合理性。对资料形成的真实性负直接责任的人员，其签证应齐全。有疑问的要做记录，以利于寻找佐证，有些要与工程实体对照，作为现场检查的重点。可按分工负责的原则进行审阅，并形成意见，并且在竣工验收活动终结时形成的竣工验收意见书中进行表达。

11.2.4.5 建设工程竣工验收备案管理

国务院住房和城乡建设主管部门负责全国房屋建筑和市政基础设施工程的竣工验收备案管理工作。县级以上地方人民政府建设主管部门负责本行政区域内工程的竣工验收备案管理工作。

竣工验收备案的时间规定。在我国境内新建、扩建、改建各类房屋建筑和市政基础设施工程，建设单位应当自工程竣工验收合格之日起 15 天内，依照规定向工程所在地的县级以上地方人民政府建设主管部门（备案机关）备案。

工程质量监督向备案机关提交工程质量监督报告。工程质量监督机构应在工程竣工验收之日起 5 天内，向备案机关提交工程质量监督报告，备案机关发现建设单位在竣工验收过程中有违反国家有关工程质量管理规定行为的，应当在收讫竣工验收备案文件 15 天内，责令停止使用，重新组织竣工验收。

建设工程竣工验收备案需具备的条件包括：工程竣工验收已合格，并完成工程验收报告。工程质量监督机构已经出具工程质量监督报告，并已办理工程监理合同登记核销及施工合同备案核销手续。

建设单位办理竣工备案应当提交的文件包括：

① 工程竣工验收备案表。

② 工程竣工验收报告，应当包括工程报建日期，施工许可证号，施工图设计文件审查意见，勘察、设计、施工、工程监理等单位分别签署的质量合格文件及验收人员签署的竣工验收原始文件。

③ 法律、行政法规规定应当由规划、环保等部门出具的认可文件或者准许使用文件。

④ 法律规定应当由消防部门出具的对大型的人员密集场所和其他特殊建设工程验收合格的证明文件。

⑤ 施工单位签署的工程质量保修书。

⑥ 法律法规规定的必须提供的其他文件。

11.3 ➡ 机电工程保修与回访管理

工程进行投料试车产出合格产品，并经过合同规定的性能考核期后，由总承包单位和建设单位签订工程交接证书，作为工程移交的凭据。它标志着合同施工任务的全部完成，工程正式移交建设单位，工程项目进入缺陷责任期，施工方按照合同约定提供保修服务。

11.3.1 机电工程保修管理

11.3.1.1 工程保修的职责

工程保修是建设工程项目在办理竣工验收手续后，在规定的保修期限内，由勘察、设计、施工、材料等原因所造成的质量缺陷，应当由施工承包单位负责维修、返工或更换，由责任单位负责赔偿损失。质量缺陷是指工程不符合国家或行业现行的有关技术标准、设计文件及合同等对工程形成的质量问题。

工程保修体现了工程项目承包单位对工程项目质量负责到底的精神，体现了施工企业"以顾客为关注焦点"的宗旨，可促进施工企业在项目施工过程中牢固树立为用户服务的观念，有效提升施工企业的技术与管理水平。

11.3.1.2 工程保修的责任范围

按照《建设工程质量管理条例》的规定，建设工程在保修范围和保修期限内发生质量问题时，施工单位应当履行保修义务，并对造成的损失承担施工方责任的赔偿。总承包单位依法将建设工程分包给其他单位的，分包单位应当按照分包合同的约定对其分包工程的质量向总承包单位负责，总承包单位与分包单位对分包工程的质量承担连带责任。

对保修期和保修范围内发生的质量问题，应先由建设单位组织设计、施工等单位分析质量问题的原因，确定保修方案，由施工单位负责保修。对质量问题的原因分析应实事求是，科学分析，分清责任，由责任方承担相应的经济赔偿。

质量问题确实是由施工单位的施工责任或施工质量不良造成的，施工单位负责修理并承担修理费用。质量问题是由双方的责任造成的，应协商解决，商定各自的经济责任，由施工单位负责修理。质量问题是由建设单位提供的设备、材料等质量不良造成的，应由建设单位承担修理费用，施工单位协助修理。质量问题发生是因建设单位（用户）责任，修理费用或者重建费用由建设单位负担。涉外工程的修理应按合同规定执行，经济责任按以上原则处理。

11.3.1.3 工程保修期限

根据《建设工程质量管理条例》的规定，建设工程中安装工程在正常使用条件下的最低保修期限为：

① 建设工程的保修期自竣工验收合格之日起计算；

② 电气管线、给水排水管道、设备安装工程保修期为 2 年；

③ 供热和供冷系统为 2 个供暖期、供冷期；

④ 其他项目的保修期由发包单位与承包单位约定。

建设工程在保修范围和保修期限内发生质量问题的，施工单位应当履行保修义务，并对造成的损失承担赔偿责任。

11.3.1.4 工程保修程序

在工程竣工验收的同时，由施工单位向建设单位发送机电安装工程保修证书，保修证书的内容主要包括工程简况，设备使用管理要求，保修范围和内容，保修期限、保修情况记录，保修说明，保修单位名称、地址、电话、联系人等。

建设单位（用户）要求检查和修理时，其建设单位或用户发现使用功能不良，或是由于施工质量而影响使用，可以用口头或书面方式通知施工单位，说明情况，要求派人前往检查修理。

施工单位必须尽快地派人前往检查，并会同建设单位做出鉴定，提出修理方案，并尽快组织人力、物力，按用户要求的期限进行修理。负责维修的人员在完成修理工作后，应在保修证书的"保修记录"栏内做好记录，经建设单位验收签认，以表示修理工作完成。

11.3.2 机电工程回访管理

机电工程回访服务是体现施工单位信誉和质量意识的重要手段。在投标文件中根据招标文件要求编制回访计划，以反映企业服务意识，增大中标率。工程中标项目即将竣工验收时，项目部应结合项目实施过程中的技术应用特点、技术创新做法、工序质量、过程管理以及机电工程各系统的调试的具体情况，制定本工程具体的工程回访计划，经批准后实施。

工程回访的主要目的是了解工程使用或投入生产后工程质量的情况，听取各方面对工程质量和服务的意见；了解所采用的新技术、新材料、新工艺或新设备的使用效果，向建设单位提出保修期后的维护和使用等方面的建议和注意事项，处理遗留问题，巩固良好的合作关系。

工程回访开展前要制定周密的工程回访计划，安排好回访保修业务的主管部门以及回访保修的执行单位，确认回访的对象（发包人或使用人）和回访工程名称，做好回访时间安排和回访的主要内容等。

参加工程回访的人员主要由项目负责人、技术、质量、经营等方面的人员组成。工程回访时间一般在保修期内进行，可分阶段进行，必要时可根据需要随时进行回访。

工程回访包括季节性回访、技术性回访、保修期满前的回访等。

季节性回访主要是指冬季回访和夏季回访，主要是对季节相关的设备运行进行有针对性的服务。例如，在冬季回访锅炉房及供暖系统运行情况。在夏季回访通风空调制冷系统运行情况。

技术性回访主要了解在工程施工过程中所采用的新材料、新技术、新工艺、新设备等的技术性能和使用后的效果，发现问题及时加以补救和解决。通过技术性回访，便于总结经验，获取科学依据，不断改进完善，为进一步推广创造条件。

保修期满前的回访一般是在保修即将届满前进行回访，对机电设备的运行状况进行一次全面摸底调查，了解设备运行状况，并全面解决运行中的相关问题。通过保修期满前的回访，可以最大程度地增加建设单位和运营单位对施工单位服务质量的认可。

回访中可采用的方式多种多样，包括登门拜访方式回访、信息传递方式回访、座谈会方式回访以及巡回式回访。登门拜访方式回访是派出专业团队到指定的设备使用单位现场调查。信息传递方式回访是通过采用邮件、电话、传真或电子信箱等进行相关调查。座谈会方式回访是通过组织座谈会或意见听取会。巡回式回访是派出专业团队深入某一区域的所有运营单位查看机电安装工程使用或投入生产后的运转情况，通常可每年安排一次。

在工程回访的过程，必须认真实施，做好回访记录，必要时写出回访纪要。回访中发现的施工质量缺陷，如在保修期内要采取措施，迅速处理；如已超过保修期，要协商处理。对用户的投诉应迅速、友好地进行解释和答复。即便对投诉有误的情况，也要耐心做出说明，切忌态度简单生硬。

11.4 ➲ 延伸阅读与思考

随着移动互联网的发展，电子商务在我国获得快速发展。网站购物快捷方便，从下单到收货的时间不断缩短，甚至可以实现上午下单，下午送达。在网络购物订单数量不断增大的前提下，购物完成时间还能够缩短，得益于现代物流的发展，特别是智能化货物分拣仓库的建设。在物流大环节中，分拣订单最为烦琐，用时长、分拣差错率高将会直接影响用户的购物体验，因此，分拣成为制约网购物流效率的重要环节。

分拣仓库是连接货仓和买家的重要节点。同时收到的大量货物订单在完成货物包装并贴好标签后，货物被送上智能分拣系统，通过该系统能够快速并准确地将货物收存并分配到发往目的地的转运货车上。

京东智慧物流运用智能分拣中心（图 11.1）使整个分拣流程更为简洁顺畅，分拣效率得到大幅度提升。例如，固安京东智能分拣中心的日订单分拣能力已经达到 30 万单，极大

图 11.1　京东的智能分拣系统

增强了京东华北地区的分拣能力，有力提升了运营效率并明确降低了运营成本。

京东智能分拣中心是一套全智能化、机械化操作的平台，它拥有独立的场院管理系统及自动导引车（AGV，automatic guided vehicle）操作台，其完善的远程实时监控体系有效地实现了整个业务操作流程的可视化。智能分拣系统包括智能分拣机、自动称重设备、视觉扫描系统、智能分拣柜、工位管理系统、作业监管系统、AGV自动叉车等。其中，智能分拣机配合龙门架的可实现货物的智能收货和发货，脱离人工操作，让分拣环节更加自动化和智能化，促进了包裹的高速运转。自动称重设备有助于快速、精确地对包裹进行称重，并准确计算物流费用。视觉扫描仪可以实现漏扫描包裹影像照片的调取，通过人工补码方式完成系统数据录入，实现零误差扫描。智能分拣柜为立体分拣结构，结合LED灯光完成包裹实物分拣和系统数据同步流转。工位管理系统的上线将能够实现对员工的智能排班和岗位管理，有效地提升了运营效率。智能看板和远程视频，将实现对分拣场地的实时流程把控，有效提升集团或区域对现场的管控力度。AGV自动叉车自动可沿规定的导引路径行驶，将包裹自动移载到特定的位置，极大地节省了人力和运输时间。这一系列设备的引入有力地促进了京东物流的标准化、精细化、可视化，在节约成本的同时，提升了物流的运转效率。

对于货物来源多途径，不是在同一仓库中调拨的分拣中心，则更多采用基于AGV搬运机器人的分拣系统。如图11.2所示申通快递的区域分拣中心，采用由海康威视自主研发的全自动快递分拣机器人，能够高效、快速地分拣包裹，仅需少量操作人员在工作台操作终端，即可在分拣机器人的帮助下实现包裹的准确入库与出库。当派件员将包裹放在托盘上，"小黄人"会在一秒内迅速扫码识别面单信息，读取出其位置译码和目的地信息，每个地址会对应不同的下落口，每个下落口将对应一个地级市。并依照后台计算生成的结果，规划出传递包裹的最优路线。同时，它还可以实现对包裹路径信息的追踪记录，真正实现了扫码、称重、分拣功能"三合一"。尽管同时作业的机器人数量众多，但都能在自己的路线上，秩序井然地完成传送，就如同在宽阔路面上各自行驶的车辆，在面对密集坑点时自动绕行让路，无需担心发生车祸的可能。

图11.2 申通快递的AGV机器人及分拣作业

那么在这些超级分拣中心的建设工程中，需要完成哪些分部分项工程？又有哪些重要系统需要进行试运行？试运行应该如何进行组织呢？请查阅公开资料，了解我国物流行业中的分拣中心建设中所涉及的机电安装工程，并对上述几方面问题进行调研。

本章练习题 ▶▶

11-1　某机电工程公司施工总承包了一项大型气体处理装置安装工程。气体压缩机厂房主体结构为钢结构。厂房及厂房内的2台额定吊装重量为35t的桥式起重机（简称桥吊）安装分包给专业安装公司。气体压缩机是气体处理装置的核心设备，分体到货。机电工程公司项目部计划在厂房内桥吊安装完成后，用桥吊进行气体压缩机的吊装，超过30t的压缩机大部件用2台桥吊抬吊的吊装方法，其余较小部件采用1台桥吊吊装，针对吊装作业失稳的风险采取了相应的预防措施。施工过程中发生了如下事件：事件1：专业安装公司对桥吊安装十分重视。施工前编制了专项方案，组织了专家论证，上报了项目总监理工程师。总监理工程师审查方案时，要求桥吊安装实施监督检验程序。事件2：专业安装公司承担的压缩机钢结构厂房先期完工，专业安装公司向机电工程公司提出工程质量验收评定申请。在厂房钢结构分部工程验收中，由项目总监理工程师组织建设单位、监理单位、机电工程公司、专业安装公司、设计单位的规定人员进行了验收，工程质量验收评定为合格。事件3：工程进行到试运行阶段，机电公司拟进行气体压缩机的单机试运行。在对试运行条件进行检查时，专业监理工程师提出存在2项问题：（1）气体压缩机基础二次灌浆未达到规定的养护时间，灌浆层强度达不到要求；（2）原料气系统未完工，不能确保原料气连续稳定供应。因此，监理工程师认为气体压缩机未达到试运行条件。试问：（1）35t桥吊安装为何要实施监检程序？检验检测机构应如何实施监检？（2）写出压缩机钢结构厂房工程质量验收合格的规定。（3）分别说明事件3中专业监理工程师提出的气体压缩机未达到试运行条件的问题是否正确及理由。

11-2　某市A安装公司承包某分布式能源中心的机电安装工程，工程内容有：三联供（供电、供冷、供热）机组、配电柜、水泵等设备安装和热冷水管道、电缆排管及电缆施工。三联供机组、配电柜、水泵等设备由业主采购；金属管道、电力电缆及各种材料由安装公司采购。A安装公司项目部进场后，编制了施工进度计划、预算费用计划和质量预控方案。对业主采购的三联供机组、水泵等设备检查、核对技术参数，符合设计要求。设备基础验收合格后，采用卷扬机及滚杠滑移系统将三联供机组二次搬运、吊装就位。安装中设置了质量控制点，做好施工记录，保证安装质量，达到设计及安装说明书要求。在分布式能源中心项目试运行验收中，有一台三联供机组运行噪声较大，经有关部门检验分析及项目部提供的施工文件证明，不属于安装质量问题，后增加机房的隔音措施，验收通过。试问：（1）业主采购水泵时应该考虑哪些性能参数？（2）三联供机组就位后，试运行前还有哪些安装步骤？（3）针对试运行中三联供机组运行噪声较大的事件，施工单位需要哪些资料才能证明自己没有过错？

11-3　某施工单位承包的机电安装单项工程办理了中间交接手续，进入联动试运行阶段。建设单位未按合同约定，要求施工单位组织并实施联动试运行，由设计单位编制试运行方案。施工单位按要求进行了准备，试运行前进行检查并确认：①已编制了试运行方案和操作规程；②建立了试运行须知，参加试运行人员已熟知运行工艺和安全操作规程。工程及资源环境的其他条件均满足要求。联动试运行过程中，一条热油合金钢管道多处焊口泄漏，一台压缩机振动过大，试运行暂停。经检查和查阅施工资料，确认管道泄漏是施工质量问题。压缩机安装检验合格后，由于运行介质不符合压缩机的要求，为了进行单机试运行，经业主和施工单位现场技术总负责人批准留待后期运行。问题处理完毕后，重新开始试运行并达到规定的要求。经分析、评定确认联动试运行合格。施工单位准备了联动试运行合格证书，证书内容包括：工程名称；装置、车间、工段或生产系统名称；试运行结果评定；附件：建设单位盖章、现场代表签字；设计单位盖章、现场单位签字；施工单位盖章、现场单位签字。试问：（1）按照联动试运行原则分工，指出设计单位编制联动试运行方案，施工单位组织实施联动试运行的不妥，并阐述正确的做法。（2）联动试运行合格的标准是什么？（3）指出试运行前检查并确认的两条中存在的不足。（4）已办理中间交接的合金钢管道在联动试运行中发现的质量问题，应由谁承担责任？说明理由。

11-4 某公司以 EPC 方式总承包一个大型机电工程，由总包单位直接承担全厂机电设备采购及全厂关键设备的安装调试，将其他工程分包给具备相应资质的分包单位承担。单位工程完工后，由建设单位组织总包单位、设计单位共同进行了质量验收评定并签字。试问：（1）单位工程验收评定的成员构成存在哪些缺陷？（2）工程验评后，分包单位应做哪些工作？

11-5 常用的工程回访方式有哪些？如何做好回访工作？

参 考 文 献

[1] 美国项目管理协会（PMI）. 项目管理知识体系指南（PMBOK$^{®}$指南）[M]. 6版. 北京：电子工业出版社，2018.

[2] 哈罗德·科兹纳. 项目管理：计划、进度和控制的系统方法 [M]. 杨爱华，杨磊，王增东，等译. 12版. 北京：电子工业出版社，2018.

[3] 克莱门斯，吉多. 成功的项目管理 [M]. 张金成，杨坤，译. 5版. 北京：电子工业出版社，2012.

[4] 理查德·L. 达夫特. 组织理论与设计 [M]. 王凤彬，张秀萍，刘松博，等译. 10版. 北京：清华大学出版社，2011.

[5] 丁士昭. 工程项目管理 [M]. 北京：高等教育出版社，2017.

[6] 丁士昭. 工程项目管理 [M]. 2版. 北京：中国建筑工业出版社，2014.

[7] 全国一级建造师执业资格考试用书编写委员会. 建设工程法规 [M]. 北京：中国建筑工业出版社，2019.

[8] 全国一级建造师执业资格考试用书编写委员会. 建设工程项目管理 [M]. 北京：中国建筑工业出版社，2020.

[9] 全国一级建造师执业资格考试用书编写委员会. 机电工程管理及实务 [M]. 北京：中国建筑工业出版社，2020.

[10] 全国一级建造师执业资格考试用书编写委员会. 建设工程经济 [M]. 北京：中国建筑工业出版社，2019.

[11] 乐云，李永奎. 工程项目前期策划 [M]. 北京：中国建筑工业出版社，2011.

[12] 曹吉鸣. 工程施工组织与管理 [M]. 北京：中国建筑工业出版社，2012.

[13] 贾广社，陈建国. 建设工程项目管理成熟度理论及应用 [M]. 北京：中国建筑工业出版社，2012.

[14] 何清华. 项目管理 [M]. 上海：同济大学出版社，2011.

[15] 成虎. 工程管理概论 [M]. 2版. 北京：中国建筑工业出版社，2011.

[16] 陈建国，高显义. 工程计量与造价管理 [M]. 3版. 上海：同济大学出版社，2010.

[17] 吴昌江，杨光臣. 电气安装施工技术 [M]. 成都：四川科学技术出版社，1995.

[18] 胡鹏，郭庆军. 工程项目管理 [M]. 北京：北京理工大学出版社，2017.